北大社 "十三五"职业教育规划教材

21 世纪高职高专机电系列技能型规划教材

全新修订

AutoCAD 机械绘图基础教程与实训

（第 3 版）

主　编　欧阳全会

副主编　杨丽娥　李　英　吴景淑

主　审　何　伟　李光平

北京大学出版社

PEKING UNIVERSITY PRESS

内 容 简 介

本书以 AutoCAD 2015 版本，结合大量机械绘图实例，介绍了计算机绘图软件的基本功能、操作方法及应用技巧。全书共分 11 章，分别介绍了 AutoCAD 2015 的功能特点、用户界面、绘图环境设置和图形显示控制；绘制和编辑二维图形；设置文字、表格和标注样式，标注和编辑文字、表格和尺寸；创建、使用和管理块及属性，应用 AutoCAD 设计中心、选项板和参数化图形；创建三维实体模型，对三维实体进行编辑、着色和渲染；图形的布局、输出和打印。针对机械类专业的特点，本书还对机械设计图形样板的制作，三视图、轴测图、零件图和装配图的绘制等项目进行综合实训。

本书注重基本概念和实际操作的结合，语言简洁、条理清楚、实例丰富、通俗易懂；每章配以相应的实训实例和思考练习，使读者能够快速、准确、全面地掌握绘图软件并且应用于工程实际。

本书可作为高职高专机械类专业学生计算机绘图教材，也可作为 AutoCAD 初、中级用户的参考读物。

图书在版编目（CIP）数据

AutoCAD 机械绘图基础教程与实训 / 欧阳全会主编. —3 版. —北京：北京大学出版社，2017.6
（21 世纪高职高专机电系列技能型规划教材）
ISBN 978-7-301-28261-8

Ⅰ. ①A… Ⅱ. ①欧… Ⅲ. ①机械制图—AutoCAD 软件—高等职业教育—教材 Ⅳ. ①TH126

中国版本图书馆 CIP 数据核字(2017)第 095198 号

书　　　名	AutoCAD 机械绘图基础教程与实训（第 3 版）	
	AutoCAD JIXIE HUITU JICHU JIAOCHENG YU SHIXUN	
著作责任者	欧阳全会　主编	
策 划 编 辑	刘晓东	
责 任 编 辑	李娉婷	
标 准 书 号	ISBN 978-7-301-28261-8	
出 版 发 行	北京大学出版社	
地　　　址	北京市海淀区成府路 205 号　100871	
网　　　址	http://www.pup.cn　新浪微博：@北京大学出版社	
电 子 邮 箱	编辑部 pup6@pup.cn　总编室 zpup@pup.cn	
电　　　话	邮购部 010-62752015　发行部 010-62750672　编辑部 010-62750667	
印 刷 者	北京虎彩文化传播有限公司	
经 销 者	新华书店	

787 毫米×1092 毫米　16 开本　18.75 印张　432 千字
2007 年 9 月第 1 版　2011 年 11 月第 2 版
2017 年 6 月第 3 版　2024 年 7 月修订　2024 年 7 月第 7 次印刷

定　　　价 54.00 元

第 3 版前言

　　《AutoCAD 机械绘图基础教程与实训》出版发行近 10 年了。十年来受到广大高职高专院校读者和 CAD 绘图爱好者的支持和认可。随着高职高专院校教学改革的不断深入，为了落实教育部关于《国家中长期教育改革和发展规划纲要(2010—2020)》的精神，为满足高职高专机电类专业"计算机辅助设计与绘图"课程的教学需求，我们再次对本书第 2 版进行修订再版。

　　本次修订的主要目的是对本书中大量机械制图国家标准进行更新，对 AutoCAD 绘图软件版本进行升级，注重新知识、新技能和新标准的应用和推广，以就业为导向，满足高职高专机电类专业学生的岗位需求。编者总结了多年来教育改革和教学实践的经验，对本书第 2 版的内容和结构作了进一步优化和调整。

　　本书第 3 版主要有以下几方面的特点：

　　(1) 本书第 3 版按照 50～60 学时编写(包括学生上机实训)，可作为高职高专院校教学用书，也可为从事工程设计和绘图的技术人员提供参考，严格按照机械制图的国家标准和要求，以及 AutoCAD 绘图功能的应用为主线对章节进行编排，循序渐进，联系实际，便于阅读、上机操作和知识点归纳，适合教师的课程安排和学生上机实训。

　　(2) 本书第 3 版以 AutoCAD 2015 为版本。AutoCAD 2015 与新的计算机操作系统及其他常用软件同步升级，全新的用户界面和功能面板更加友好和方便。本书第 3 版重点介绍 AutoCAD 2015 新的功能特点，并用图解方式对操作面板、对话框和工具按钮进行演示和讲解，使初学者能够直观、准确地进行操作，便捷愉悦地学习软件功能，

　　(3) 本书第 3 版取材新颖，联系实际，大量采用工程实际中的图例作为教学素材，既可以训练学生应用 AutoCAD 软件进行计算机绘图的技能，又可加强学生对机械制图相关知识的应用和国家标准的贯彻执行，使课程内容和工作岗位零距离对接。

　　本书第 3 版由长期担任 AutoCAD 软件课程教学与研究的高校教师集体创作编写，由武汉交通职业学院欧阳全会老师担任主编，制定教材编写大纲并进行统稿工作，由云南国防工业职业技术学院杨丽娥老师、武汉交通职业学院李英老师和辽宁经济职业技术学院吴景淑老师担任副主编；武汉交通职业学院何伟教授和云南国防工业职业技术学院李光平老师担任主审。在此向各位的辛勤劳动表示感谢。

　　本书第 3 版配有电子教案，凡选用本书第 3 版作为教材的老师均可联系北京大学出版社，也可发送邮件至 64805615@qq.com 索取。

　　此外，由于时间仓促，加上编者水平有限，本书难免存在疏漏之处，敬请广大读者提出宝贵意见。

编　者
2017 年 1 月

第 2 版前言

《AutoCAD 机械绘图基础教程与实训》第 1 版自 2007 年 8 月出版问世以来，受到了广大读者的喜爱和支持。能为喜爱 AutoCAD 绘图软件的用户提供一点微不足道的帮助，是我们最大的心愿，在此对广大读者们的厚爱表示衷心的感谢。

本书第 1 版在使用过程中，我们收到许多读者提出的宝贵意见，为了更加适应广大读者的需求，更好贯彻教育部关于《以就业为导向深化高等职业教育改革的若干意见》，尤其是随着 AutoCAD 软件功能的不断更新和版本升级，以及这些年我们总结了教育改革与实践的经验，对本书进行了修订再版。本次再版主要做了以下几方面的修订：

(1) 突出了 AutoCAD 2010 新增功能的使用方法，软件的操作和使用更加便利和高效。

(2) 对部分章节的内容进行了增减和调整，编排更符合初学者的认知规律，内容由浅到深，循序渐进，有利于教、学、练一体化教学，使学生在工作任务驱动下，掌握 AutoCAD 软件的使用方法。

(3) 精选和增减了工程图形实例，例如增加了机械设计中最常用的零件齿轮的绘制与建模，箱体的绘制与建模等，使学生的学习内容与职业岗位的需求更加贴近。

(4) 本书共分 11 章：每章内容与第 1 版基本相似，第 5 章将文字、表格和图块的创建合为一章，有利于理解属性的概念及文字和属性的区别；第 7 章是 AutoCAD 设计中心、选项板及参数化图形的使用，可根据情况作为选学和自学内容。

本书由长期担任 AutoCAD 教学与研究的高校教师集体创作编写。第 1 章由云南国防工业职业技术学院杨丽娥编写；第 2、3、6、7、8、9、11 章由武汉交通职业学院欧阳全会编写；第 4 章由辽宁经济职业技术学院吴景淑编写；第 5 章和第 10 章由武汉交通职业学院李英编写。武汉交通职业学院欧阳全会老师担任主编，制定教材编写大纲并进行统稿工作；杨丽娥、李英和吴景淑老师担任副主编；武汉交通职业学院何伟教授、云南国防工业职业技术学院李光平老师担任主审。在此向各位的辛勤劳动表示感谢。在书稿编写过程中，我们还得到很多专家、学者的帮助和鼓励，在此也深表感谢。

此外，由于时间仓促，加上编者水平有限，本书难免存在疏漏之处，敬请广大读者提出宝贵意见。

编　者

2011 年 6 月

第 1 版前言

美国 Autodesk 公司的 AutoCAD 软件，是用于计算机辅助设计的通用绘图软件平台。由于该软件绘图功能丰富、编辑功能强大、用户界面友好，且具有易于掌握、使用方便、体系结构开放等优点，广泛应用于机械、建筑、电子等工程图形的绘制。工程绘图要求图形绘制精确，尺寸标注完整，打印输出规范，这些都是 AutoCAD 的基本功能范围。

自从 1982 年推出基于 MS-DOS 系统的第一个 AutoCAD 版本以来，Autodesk 公司不断推出新版本，完善和改进软件功能。改进较大的版本有 AutoCAD 14、AutoCAD 2000、AutoCAD 2006 和 AutoCAD 2007。AutoCAD 2007 最大的改进和提高在于二维绘图操作更加便捷高效，三维绘图功能得到扩展和增强。该版本已具备了完整的三维实体建模和图形渲染功能，改进后的三维设计环境上升到一个新的水平。

本书打破传统的 AutoCAD 书籍编写顺序，按照应用 AutoCAD 进行工程设计的编写思路，注重基本概念和实际操作相结合，以常用命令为主线，以"命令的调用""基本功能""格式分析""操作示例"和"提示说明"为基本构架，循序渐进地介绍了 AutoCAD 2007 的功能特点、操作方法及应用技巧；语言简练、条理清楚、实例丰富、通俗易懂；每章配以相应的实训实例和思考练习，并对实训实例的操作步骤叙述得详尽完整，特别适合教师的课程安排和学生的学习习惯；也可作为从事工程设计和绘图的技术人员的参考用书。

本书共分 11 章：

第 1 章全面介绍 AutoCAD 的功能特点、用户界面、基本操作、绘图环境和图形显示控制等方法，使初学者迅速了解 AutoCAD 的基本概貌，掌握软件操作的基本方法；

第 2～4 章介绍软件的二维绘图命令、二维编辑命令和基本的尺寸标注方法，学习绘制一幅完整的工程图形；

第 5～7 章介绍文字和表格的创建方法，文字、表格和标注样式的设置，尺寸标注与编辑的方法；块、属性块的创建和管理，外部参照和 AutoCAD 设计中心的使用方法；

第 8～9 章介绍三维绘图基础，三维网格和实体建模，三维实体对象的创建、编辑、着色和渲染；

第 10 章介绍在 AutoCAD 中进行工程图形的布局和规范打印输出的方法；

第 11 章进行 AutoCAD 综合实训，训练机械设计图形样板的制作、轴测图、零件图和装配图的绘制，以及三维实体造型；也为 AutoCAD 课程设计提供了参考和指导。

本书由长期担任 AutoCAD 教学与研究工作的高校教师集体创作编写。第 1 章和第 11 章由云南国防工业职业技术学院李光平编写；第 2 章由丽水职业技术学院林涛和武汉交通职业学院欧阳全会编写；第 3 章由潍坊职业技术学院张永军和武汉交通职业学院欧阳全会编写；第 4 章由辽宁经济职业技术学院吴景淑编写；第 5 章由广州华立科技职业学院郑明华编写；第 6 章、第 7 章由苏州工业职业技术学院石皋莲编写；第 8 章、第 9 章由武汉交通职业学院欧阳全会编写；第 10 章由天津工业大学方艳老师编写。全书由欧阳全会和李光平担任主编，编制教材编写大纲并进行统稿工作。由武汉交通职业学院何伟、孙超担任主审。在此向各位的辛勤劳动表示感谢。在书稿编写过程中，还有很多专家、学者为本书出版提出宝贵意见和建议，在此深表感谢。

此外，由于时间仓促，加上编者水平有限，本书难免存在不足之处，请读者发现书中错误及时告诉我们，我们将非常感激。

编　者
2007 年 7 月

目　　录

第 1 章

初识 AutoCAD

教学提示

AutoCAD 绘图软件，因其绘图功能丰富、编辑功能强大、用户界面友好，受到广大工程技术人员的欢迎。目前该软件已成为国际上最为流行的、使用最广泛的计算机绘图软件之一。

教学要求

◆ 了解 AutoCAD 的发展历程
◆ 熟悉 AutoCAD 的功能特点及用户界面
◆ 掌握 AutoCAD 的文件管理和基本操作方法
◆ 理解坐标系和坐标输入
◆ 掌握绘图环境的设置和精确绘图功能
◆ 了解图形显示控制方法
◆ 了解 AutoCAD 的基本绘图操作

1.1 AutoCAD 简介

1.1.1 AutoCAD 的发展历程

AutoCAD 是由美国 Autodesk 公司于 20 世纪 80 年代初开发的用于计算机辅助设计的通用绘图程序软件包。AutoCAD 用户界面友好，通过人-机交互模式进行操作，可完成工程图形的精确绘制，适用于机械、建筑、电子、船舶、航天航空等领域，经过几十年的不断完善，已经成为国际上广为流行的绘图工具。

AutoCAD 的发展历程可分为五个阶段：初级阶段、发展阶段、高级发展阶段、完善阶段和进一步完善阶段。自 20 世纪 80 年代基于 MS-DOS 操作系统的 AutoCAD1.0 问世以来，Autodesk 公司不断改进和升级软件功能。基于 Windows 操作系统的 AutoCADR 14 是划时代的升级版本，用户界面彻底改观，绘图功能极大完善。之后 Autodesk 公司每年推出新版本，AutoCAD 2015 是 Autodesk 公司推出的最新版本，在原有版本基础上又添加了一些新功能，功能改进更加顺应用户的操作思路与习惯，加快了任务执行速度，操作更加方便，新版本的启动界面采用新选项卡，使用更方便，用户界面暗色主题使视觉效果柔和养眼，命令行自动更正功能得到增强，功能区添加图块图表预览功能，状态栏简化并可自定义，选择对象添加了新的套索选择工具，以及标签式分页切换等。新版本与较低版本完全兼容。

1.1.2 AutoCAD 主要功能特点

1) 二维绘图功能

AutoCAD 提供了直线、多边形、圆、椭圆、多段线、样条曲线、图案填充等多种绘图工具，还提供了正交、对象捕捉、极轴追踪、对象捕捉追踪等辅助绘图工具，从而保证绘图的形状完整，定位准确，如图 1.1 所示。

2) 图形编辑功能

AutoCAD 提供了复制、移动、旋转、缩放、偏移、修剪、删除等强大的图形编辑工具，同时还能利用夹点或对象特性功能等对图形进行编辑修改，从而能使各种复杂图形的绘制高效快速。

3) 三维建模功能

AutoCAD 新的自由设计为用户提供了多种新的建模技术，这些技术几乎可以帮助用户创建任何样式流畅的三维模型。通过三维渲染可生成具有质感的画面，如图 1.2 所示。

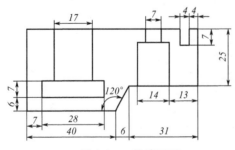

图 1.1 二维图形图

图 1.2 三维实体

4) 注释功能

AutoCAD 可以创建各种类型的尺寸标注、公差标注和添加引线标注等，还可书写编辑文字，创建表格，注释方法简便快捷，通过文字样式、标注样式和表格样式设置可以自行设定标注外观，以满足各类工程图形注释的需要。

5) 参数化图形

AutoCAD 具有二维图形参数化功能，用户可以为二维几何图形添加约束，可以按照设计意图控制绘图对象，即使对象发生变化，它们的关系和测量数据仍将保持不变。参数化绘图工具可以帮助用户极大缩短设计修订时间。

6) 动态块

AutoCAD 实现了参数化功能和动态块功能的集成。在动态块定义中使用几何约束和标注约束可以简化动态块创建，不需重新绘制重复的标准组件，可减少设计流程中庞大的块库。动态块功能支持对单个块图形进行编辑，并且不会因形状和尺寸发生变化而定义新块。

7) 输出打印功能

AutoCAD 提供了灵活、高质量的图形输出功能，可以输出 PDF 格式或其他图片格式，同时支持用户在 AutoCAD 设计中使用 PDF 文件中的设计数据，用户只需将 PDF 文件添加到 AutoCAD 工程图中，添加方式如同添加 DWG、DWF、DGN 和图像文件一样。AutoCAD 甚至可以利用对象捕捉功能捕捉到 PDF 几何图形中的关键要素。

1.1.3 AutoCAD 2015 工作界面

双击桌面"AutoCAD2015-Simplified Chinses"快捷图标，或单击"开始"|"程序"|"Autodesk"，在级联菜单中单击图标▲即可启动 AutoCAD 2015。

AutoCAD 2015 为用户提供了三个工作空间(也称工作界面)，即"草图与注释""三维基础"和"三维建模"，分别用于二维和三维图形的绘制。单击状态栏中"切换工作空间"按钮，在弹出的菜单中选择相应命令，即可切换工作界面。

"草图与注释"是二维绘图新版本的工作界面，由应用程序菜单、快速访问工具栏、标题栏、菜单栏、功能区选项板、绘图窗口、命令窗口和状态栏等组成，如图 1.3 所示。

1) 标题栏和快速访问工具栏

标题栏位于程序窗口最上方，显示软件名称、版本(AutoCAD 2015)和当前正在使用的文件名，默认文件名为 Drawing1。标题栏最右边是三个 Windows 标准按钮，可以最小化、最大化或关闭程序。默认时快速访问工具栏位于标题栏中，它显示了"新建""打开""保存""打印""放弃""重做"等常用工具。用户还可以向快速访问工具栏添加或删除工具按钮。单击快速访问工具栏右侧▼按钮，打开快捷菜单，用户可执行相应命令显示或隐藏工具按钮，并可显示或隐藏菜单栏，如图 1.4 所示。

2) 应用程序菜单和菜单栏

应用程序菜单▲按钮位于 AutoCAD 窗口的左上角，单击该按钮可以搜索 AutoCAD 的任意命令，以及访问常用的"文件"工具和查看最近使用过的文件，如图 1.5 所示。

菜单栏显示在标题栏下面。菜单栏由"文件""编辑""视图""绘图""修改"和"参数"等菜单组成，几乎包括了 AutoCAD 的全部功能和命令。单击菜单名称将出现下拉菜单，用户可在下拉菜单中执行相应的命令，如图 1.6 所示。

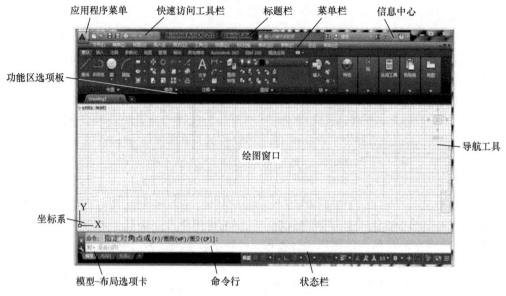

图 1.3　AutoCAD 2015 用户界面

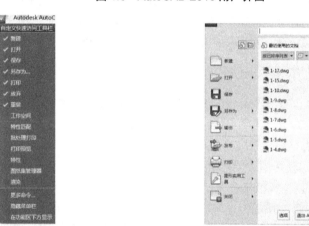

图 1.4　快速访问工具栏快捷菜单　　　　图 1.5　应用程序菜单

图 1.6　AutoCAD 2015 的下拉菜单

各菜单项有如下约定。

(1) 菜单名后括号内的英文字母，用于键盘操作，按下 Alt 键＋括号内的字母键，即可打开相应的下拉菜单。

(2) 菜单命令后括号内的英文字母为快捷键，打开菜单时，按下括号内的字母键，即可执行相应的命令。

(3) 命令后带…表示执行该命令会弹出一个对话框。

(4) 命令后带▶表示该命令有下一级菜单，称为级联菜单。

(5) 菜单命令前的图标(如✐)为该命令按钮，可在功能区直接使用。

(6) 若命令呈灰色，表示该命令在当前状态下不可使用。

3) 绘图窗口

绘图窗口是程序窗口中部最大的区域，是用户绘图的工作区域。绘图窗口的左下角是坐标系图标及原点。绘图窗口下面有"模型"和"布局"两类选项卡。"模型"选项卡是三维模型空间，用于绘制二维和三维图形；"布局"选项卡有"模型"和"图纸"两种状态，用于工程图形的输出设置。大多数图形都在模型空间绘制，二维状态下模型空间处于 XY 平面内，Z 轴垂直于绘图窗口指向用户的方向为正向。

4) 功能区选项板

功能区选项板由各选项卡组成，初始状态下选项卡包括"默认""插入""注释""参数化""视图""管理""输出"等十多项，每个选项卡内包含若干面板，每个面板又包含了 AutoCAD 的常用命令按钮，若面板下方带有三角按钮▾，则表示该面板还有一些命令按钮被折叠隐藏，用户可以单击三角按钮展开折叠区域，并可单击▣按钮使命令展开区处于固定或活动状态。有些命令按钮旁也带三角按钮▾，说明该命令有级联子菜单命令，如图 1.7 所示。

图 1.7　AutoCAD 2015 功能区选项板

5) 命令行与文本框

命令行位于绘图窗口下方，是 AutoCAD 用于人-机交互的接口，AutoCAD 的所有命令都可以在命令行里输入执行。对于初学者，应随时关注命令行中的提示信息。用户通过提示信息进行人-机对话，来完成图形的绘制与编辑。使用功能键 F2 可以切换打开或关闭文本框，文本框记录了已经运行过的命令，如图 1.8 所示。

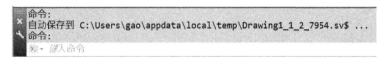

图 1.8　命令提示窗口

6) 状态栏

状态栏在用户界面的底部。AutoCAD 2015 状态栏更加简化并可以自定义工具，状态栏中主要显示绘图功能按钮，如"捕捉""栅格""正交""极轴追踪""对象捕捉追踪""对象捕捉""动态输入""线宽显示"等，单击各功能按钮可切换打开或关闭状态。另外还有注释工具、工作空间和自定义菜单等按钮，用户可通过自定义菜单向状态栏添加或隐藏功能按钮，如图 1.9 所示。

图 1.9　状态栏按钮

1.2　图形文件管理

1.2.1　创建新图形文件

1) 命令

菜单栏："文件" | "新建"

命令行：New

快速访问工具栏：□按钮

2) 说明

执行"新建"命令，系统弹出"选择样板"对话框，如图 1.10 所示。在"名称"列表中选定一个样板文件，单击"打开"按钮，即可创建一个名为 Drawing1.dwg 的图形文件。

建议初学者选择默认样板"acadiso"来创建新图形文件。该样板是 A3 图幅，单位为毫米(mm)。

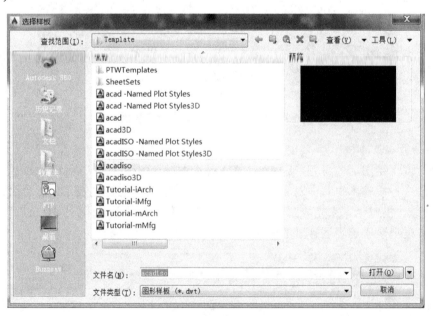

图 1.10　"选择样板"对话框

1.2.2 保存图形文件

1) 命令

菜单栏："文件" | "保存"、"另存为"

命令行：Save、QSave、Save as

快速访问工具栏：🖫、🖼按钮

2) 说明

执行"保存"命令，系统弹出"图形另存为"对话框，如图 1.11 所示。若是第一次保存创建的图形文件，需指定文件的保存位置和文件名，然后单击"保存"按钮，即可完成文件的保存操作。若是对原有文件进行保存，系统会自动将修改后的文件替代原文件，实现快速保存。也可以将当前文件重新命名保存，此时应使用"另存为"命令进行保存文件操作。

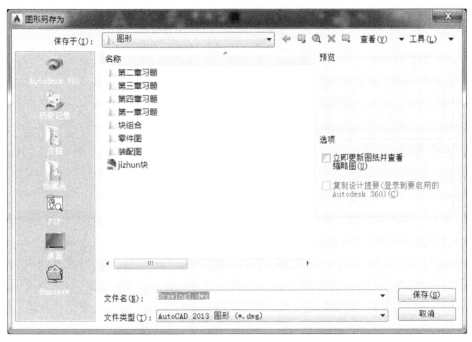

图 1.11　"图形另存为"对话框

1.2.3 打开图形文件

1) 命令

菜单栏："文件" | "打开"

命令行：Open

快速访问工具栏：📂按钮

2) 说明

执行"打开"命令，系统弹出"选择文件"对话框，如图 1.12 所示。通过"查找范围"下拉列表框，可以查找需要打开文件的目录路径，选定文件后，单击"打开"按钮，即可打开已有的图形文件。

图 1.12　"选择文件"对话框

1.2.4　关闭文件和退出程序

1) 命令

菜单栏："文件"|"关闭"、"退出"

命令行：Close、Quit

工作窗口右上角"关闭"、"退出"按钮

2) 说明

自 AutoCAD 2015 具有标签式分页切换功能，使得多窗口文件切换操作更加快捷方便。单击文件标签的"关闭"按钮，可关闭当前正在使用的文件，但并不退出 AutoCAD 程序。若要退出程序，可单击标题栏右上角的"退出程序"按钮，此时将关闭所有打开的图形文件，并退出程序。如果图形文件尚未保存，或者保存后有改动，系统会弹出"是否将改动保存到"*"*.dwg"对话框，如图 1.13 所示。单击"是"按钮，系统保存当前图形文件后关闭，若单击"否"按钮，系统不存盘直接关闭文件。

3) 操作示例

新建一个图形文件，绘制一个半径为 20 的圆，保存该图形并将文件名定义为"圆"，关闭文件，再打开图形文件进行查看，最后关闭文件退出程序。操作步骤如下。

(1) 启动 AutoCAD，新建文件；

(2) 命令: _circle

指定圆的圆心或 [三点(3P)/两点(2P)/切点、切点、半径(T)]:/在绘图区适当位置单击一点为圆心。

指定圆的半径或 [直径(D)]: 20✓/输入 20，按 Enter 键，如图 1.14 所示。

(3) 选择菜单"文件"|"保存"，指定路径将文件命名为"圆"进行保存，关闭文件。

(4) 选择菜单"文件"|"打开"，查找名为"圆"的图形文件打开查看，再关闭文件，退出程序。

图 1.13　是否保存文件对话框

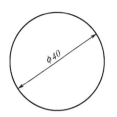

图 1.14　文件名为"圆"的图形

1.3　命令及系统变量

1.3.1　一般命令和透明命令

1) 一般命令

用户使用 AutoCAD 通过执行命令进行人-机交互，完成工作。命令不区分大小写。

启动命令可以使用菜单、功能区按钮、命令行输入命令、动态输入、使用选项板或快捷菜单等方法。AutoCAD 的命令调用非常灵活，用户可以选择适合自己的调用方式工作。

确认和结束命令按 Enter 键或空格键；再次按 Enter 键或空格键，可重复上一命令；取消命令按 Esc 键。以上操作都可以单击鼠标右键，用打开的快捷菜单来完成。

要放弃命令操作，可单击快速访问工具栏的 UNDO 按钮⇦。重做是放弃命令的相反功能，单击 REDO 按钮⇨可恢复前面放弃的操作。

2) 透明命令

透明命令是指在执行某一个命令的过程中可以插入执行的命令。透明命令经常用于更改图形设置或显示选项，如 GRID(栅格)、ZOOM(缩放)、CAL(计算)等命令。

要以透明的方式使用命令，需在命令之前输入单引号(')。完成透明命令后，将恢复执行原命令。

3) 操作示例

绘制直线，使用透明命令 CAL，完成表达式 45*SIN(30)的计算，使用 Zoom 命令缩放图形，选择 E 将图形缩放到范围，然后继续绘制直线。操作如下。

命令: L↙

LINE 指定第一点:/用鼠标在绘图区指定一点；

指定下一点或 [放弃(U)]: 'CAL↙ /使用透明命令 CAL；

>>>>表达式: 45*SIN(30)↙/输入表达式；

正在恢复执行 LINE 命令。

指定下一点或 [放弃(U)]:22.5↙/表示直线长度；

指定下一点或 [放弃(U)]:'Z↙/透明使用命令 Zoom；

>>指定窗口的角点，输入比例因子(nX 或 nXP)，或者

[全部(A)/中心(C)/动态(D)/范围(E)/上一个(P)/比例(S)/窗口(W)/对象(O)] <实时>: e↙/缩放到范围。

正在恢复执行 LINE 命令。

指定下一点或 [放弃(U)]:/继续绘制直线或结束命令，如图 1.15 所示。

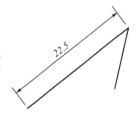

图 1.15　透明命令示例

1.3.2 系统变量

在 AutoCAD 中提供了各种系统变量(System Variables)，用于存储操作环境设置、图形信息和一些命令的设置(或值)等。利用系统变量可以显示当前状态，也可控制 AutoCAD 的某些功能和设计环境、命令的工作方式。系统变量通常有 6~10 个字符长的缩写名称，且都有一定的类型：整数型、实数型、点、开关或文本字符串等。

例如，系统变量 DYNMODE 具有打开或关闭动态输入功能：其值为 0 时，关闭所有动态输入功能(包括动态提示)；其值为 1 时，打开指针输入；其值为 2 时，打开标注输入；其值为 3 时，同时打开指针和标注输入。

1.3.3 坐标系与坐标输入

1) 坐标系

在 AutoCAD 中，坐标系分为世界坐标系(WCS)和用户坐标系(UCS)两种，在这两种坐标系下，都可以通过坐标值来精确定位点。

世界坐标系(WCS)是 AutoCAD 系统中固定不变的坐标系，用绘图区左下角的图标表示，坐标原点在绘图窗口的左下角点。

用户坐标系(UCS)是指用户根据需要相对于世界坐标系(WCS)自行建立的坐标系。用户坐标系 UCS 的原点可以相对 WCS 移动，也可绕其 X、Y、Z 轴转动。用户坐标系在三维绘图中十分有用。

2) 常用定点设备和鼠标操作

定点设备用于确定点的位置。最常用定点设备是鼠标。AutoCAD 中鼠标的光标在屏幕上的显示形状取决于光标的位置。光标在绘图窗口以外显示为指针状 ，在绘图窗口内有三种形态：光标显示为"靶框" 时，是处于待命状态；光标显示为"+"字线状时，表示处于输入数据状态；光标显示为"拾取方框" □ 时，表示处于选择对象状态。

鼠标键的功能通常有如下几种。

(1) 鼠标左键为拾取键，用于在绘图区域指定点或选择对象。

(2) 鼠标右键为 Enter 键，用于确认当前的命令。系统将根据绘图状态和光标的位置，显示不同的快捷菜单。

(3) 使用中键滚轮鼠标时，旋转或按下滚轮，可以快速缩放图形和实时平移图形；双击滚轮按钮，可快速缩放到图形范围。

3) 坐标输入方式

AutoCAD 坐标表示方法有直角坐标和极坐标，坐标输入方式分别有绝对坐标和相对坐标，如图 1.16 所示。

(1) 直角坐标。绝对直角坐标是指某点相对于坐标原点在 X、Y、Z 轴三方向的位移量，坐标值用 X、Y、Z 表示，坐标之间用逗号隔开。相对直角坐标是指某点相对于上一点在 X、Y、Z 轴三方向的位移量。其输入格式为：

绝对直角坐标：$(X、Y、Z)$；

相对直角坐标：$(@X、Y、Z)$。

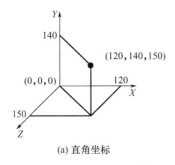
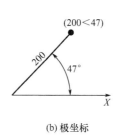

(a) 直角坐标　　　　　　　　　　(b) 极坐标

图 1.16　坐标表示

(2) 极坐标。绝对极坐标是指某点相对于原点移动的距离和相对于极轴的角度。默认时，水平向右为 0°，逆时针度量角度为正，顺时针度量角度为负。相对极坐标是指某点相对于上一点移动的距离和角度。极坐标用 X 表示距离，Y 表示角度。其输入格式为：

绝对极坐标：$(X<Y)$；

相对极坐标：$(@X<Y)$。

【注意】　在命令行输入绝对坐标时，"动态输入"应禁用。

4) 动态输入

"动态输入"是在执行命令时，光标附近提供的一个命令提示界面，可使用户专注于绘图区域，而无需经常将目光移到命令提示行上，从而极大地方便绘图操作。

启用"动态输入"功能时，在光标附近显示的信息称为"工具栏提示信息"，它将随着操作步骤而动态更新。当某个命令处于活动状态时，可以在"工具栏提示信息"中输入参数值。单击状态栏上的"动态输入"按钮┗┛或按功能键 F12，可以切换"动态输入"的启用或关闭状态。

【提示】　"动态输入"默认设置处于相对坐标的输入状态，此时在输入坐标时不需要加"@"符号。如果要使用绝对坐标，则需加"#"前缀。

5) 操作示例

启用"动态输入"模式绘制三角形，如图 1.17 所示。

操作步骤：

命令：_line

指定第一个点: 100,100✓ /指定直线的起点；

指定下一点或 [放弃(U)]:@ 50,30✓

指定下一点或 [放弃(U)]:@ –50,0✓

指定下一点或 [闭合(C)/放弃(U)]: c✓

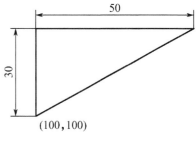

图 1.17　坐标输入示例

1.4　绘图环境设置

1.4.1　图形单位格式和精度

1) 命令

菜单栏："格式" | "单位"

命令行：UNITS

2）功能

用于定义绘图单位格式及精度，可以透明使用。

3）分析

命令执行后弹出"图形单位"对话框，如图 1.18 所示，长度单位设置为毫米，数据类型设置为小数，精度设置为小数点后 4 位数；角度类型设置为十进制度数，角度精度设置为整数，角度以正东方向为 0°，逆时针方向为正方向。

图 1.18 "图形单位"对话框

1.4.2 栅格显示界限的设置

1）命令

菜单栏："格式" | "图形界限"

命令行：LIMITS

2）功能

在当前的"模型"或"布局"选项卡上，设置并控制栅格显示的界限，可以透明使用。

3）操作示例

试设置 A4 规格的图幅。

命令: limits

重新设置模型空间界限:

指定左下角点或 [开(ON)/关(OFF)] <0.0000,0.0000>: ↙ /接受默认值。

指定右上角点<420.0000,297.0000>: 297,210↙

开启"栅格"功能，选择"视图" | "缩放" | "全部"命令，即设定了栅格显示的界限为 A4 规格的图幅。

【提示】 如果执行 LIMITS 命令时选择 ON，则绘图只能限制在栅格区域内进行。

1.4.3 精确绘图功能

1）"捕捉"与"栅格"

"栅格"是分布在图形界限区域内的点阵，类似于坐标纸，起对齐定位作用。"捕捉"

用于限制光标的移动方式。当"捕捉"打开时，光标只能按用户定义的间距在栅格点上移动。"栅格"和"捕捉"经常配合使用。

把光标置于状态栏"捕捉"或"栅格"按钮上，右击，打开"草图设置"对话框，如图 1.19 所示，可以在"捕捉和栅格"选项卡中对"栅格"与"捕捉"的参数进行设置。

2)"正交"与"极轴追踪"

"正交"是限制光标只能在水平或垂直方向上移动，以便精确地创建水平线和垂直线。工程制图中大多数图线都是水平线或垂直线，所以"正交"模式在工程制图中十分有用。

"极轴追踪"功能是按预先给定的角度增量来追踪特定方向上的点。"极轴追踪"功能打开时，在给定方向上极轴会出现虚光线，利用虚光线可以精确定位点的方向。

在"草图设置"对话框的"极轴追踪"选项卡中，可以设置极轴追踪的增量角度，如图 1.20 所示。设置的增量角即为追踪的极轴方向角，角增量的整数倍都将出现虚光线。例如，设角增量为 30°，则追踪的极轴在 30°、60°、90°、120°等方向出现虚光线。勾选"附加角"复选框可添加极轴追踪的任意角度，但附加角是绝对角度而非增量。勾选"用所有极轴角设置追踪"单选框，可将极轴追踪设置应用于对象捕捉追踪。

【注意】　"正交"和"极轴追踪"功能是互斥的，不能同时打开。

图 1.19　"捕捉和栅格"的设置

图 1.20　"极轴追踪"的设置

3)"对象捕捉"与"对象捕捉追踪"

"对象捕捉"功能是控制绘图过程中光标自动定位到对象上的特征点，如线段的中点、端点，圆和圆弧的圆心点等。"对象捕捉"是精确绘图的重要工具。"对象捕捉追踪"功能是按与对象的某种特定关系来追踪点。"对象捕捉追踪"功能应与"对象捕捉"功能一起使用。必须启用"对象捕捉"功能，才能从对象的捕捉点进行追踪。按住 Shift 键或 Ctrl 键并单击鼠标右键可显示"对象捕捉"快捷菜单。

可在"草图设置"对话框的"对象捕捉"选项卡中，设置自动"对象捕捉"模式，并可作"对象捕捉"和"对象捕捉追踪"的开启和关闭设置，如图 1.21 所示。

4) 操作示例

绘制一条与水平线 1-2 成 30°角并且与过端点 2 的垂直线相交的线段 1-3。

操作步骤如下。

开启对象捕捉"端点"模式，极轴追踪角设为 30°。选择直线命令，绘制直线 1-2，回车；再执行直线命令，对象捕捉到点 2，沿垂直虚光路径向上滑动光标，鼠标捕捉到点 1 沿 30°虚光路径滑动光标直至出现与 30°极轴追踪路径交点"×"为止，拾取"×"点为直线的端点 3，再单击点 1，直线 1-3 绘制完成，如图 1.22 所示。

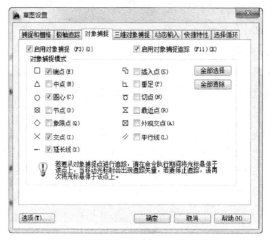

图 1.21　自动"对象捕捉"的设置

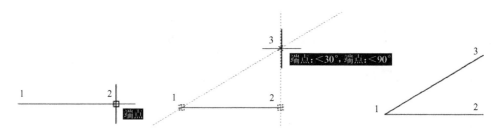

图 1.22　使用"对象捕捉追踪"

【提示】 对象捕捉追踪还有其他使用技巧，如在提示输入点时，先输入"tt"或"from"可利用临时追踪点或偏移起点简化图形绘制。

1.4.4　对象特性概述

在 AutoCAD 中，对象特性是一个比较广泛的概念，既包括颜色、图层、线型等通用特性，也包括各种几何信息，还包括与具体对象相关的附加信息，如文字的内容、样式等。

1) 图层的概念

AutoCAD 中的图层相当于完全重合在一起的透明纸，用户可以任意选择其中的一层绘制图形，而不会受到其他层上图形的影响。例如，在建筑图中，可以将基础、楼层、水管、电气和冷暖系统等放在不同的图层进行绘制，不同的图层叠加在一起，就形成了最后完整的图形。

AutoCAD 提供了一个名称为 0 的默认图层。用户可以创建新图层，对每个图层指定新名称，设置图线颜色、线型、线宽等特性。各图层有"开"/"关""冻结""锁定"等不同状态。

2) 颜色、线型和线宽

(1) 选择菜单"格式"|"颜色"命令，打开"选择颜色"对话框，如图 1.23 所示。用户可以选择自己需要的图线颜色，然后单击"确定"按钮。

(2) 选择菜单"格式"|"线型"命令，打开"线型管理器"对话框，如图 1.24 所示。默认情况下，"线型管理器"中已加载了一种线型 Continuous，如果需要使用其他线型，单击"加载"按钮，打开"加载或重载线型"对话框，如图 1.25 所示。用户从线型库中选择需要的线型，即可将选定的线型加载到"线型管理器"中供用户使用。

在"线型管理器"对话框中，通过设置"全局比例因子"，可以改变"虚线""点划线"等线型的长划、短划和间隔的长度。

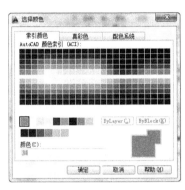

图 1.23 "选择颜色"对话框

图 1.24 "线型管理器"对话框

(3) 选择菜单"格式"|"线宽"命令，打开"线宽"对话框，AutoCAD 中有 20 多种线宽供选择，用户可选择需要的线宽，如图 1.26 所示。

【注意】 要在图形中显示线宽，需在状态栏上单击"线宽"按钮。

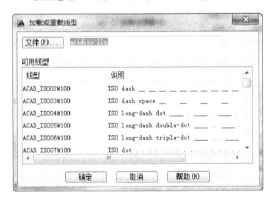

图 1.25 "加载或重载线型"对话框

图 1.26 "线宽"对话框

3) "特性"面板

"特性"面板位于默认选项卡中，如图 1.27 所示。使用"特性"面板的控件可以查看、设置及修改对象的颜色、线型、线宽特性。

对象特性的设置可分为如下几种。

(1) "随层(ByLayer)"：对象具有所在图层对应的特性。

(2) "随块(ByBlock)"：对象定义为块并插入图形时，具有块插入时对应的特性。

(3) 指定特性：为对象单独指定，独立于图层和图块的特性。

图 1.27　"特性"工具栏

【注意】　工程制图中，一般建议不改变对象特性的"随层(ByLayer)""随块(ByBlock)"设置，以便于图线的编辑和管理。

1.4.5　图层的设置与控制

1) 命令

菜单栏："格式"|"图层"

命令行：LAYER

功能区：默认-图层面板 按钮

2) 功能

用于创建新图层和设置图层特性。

3) 分析

命令执行后，弹出"图层特性管理器"对话框，如图 1.28 所示，可进行图层特性管理。

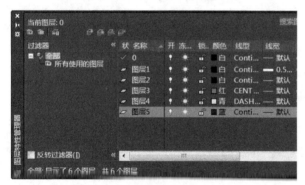

图 1.28　"图层特性管理器"对话框

图 1.29　"选择线型"对话框

(1) 单击"新建图层"按钮，创建图层 1，可重新指定图层名，设置颜色、线型和线宽等特性。使用同样的方法可以创建更多的图层。

(2) 在"图层特性管理器"对话框中，单击"颜色"列中的小方框，可以打开"颜色选择"对话框，设置图层颜色。单击"线型"列的名称"Continuous"，可打开"选择线型"对话框，如图 1.29 所示，单击"加载"按钮，可将线型库里的线型加载到"选择线型"对话框中，供用户选择图层的线型。单击"线宽"列的"——默认"选项，可以选择图层的线宽。

(3) 在"图层特性管理器"对话框中选中某一图层，可以控制该图层的状态。

单击"√"图标，可将选定的图层置为当前图层。

单击图层的"灯泡"图标，可以打开/关闭该图层，关闭后图层对象不可见，只有打开的图层才能显示、编辑修改和打印输出。

单击图层的"太阳/雪花"图标，可以冻结/解冻该图层，冻结图层的对象不能显示和打印输出。

单击图层的"挂锁"图标，可以锁定/解锁该图层，被锁定的图层只能绘图不能编辑。

1.5 图形显示控制

计算机显示屏幕的大小是有限的。在绘图时为了清晰观察图形的细节，AutoCAD 提供了图形显示控制命令，并且这些命令都可以透明使用，极大地方便了用户的绘图操作。

1.5.1 显示平移

1) 命令

菜单栏："视图"｜"平移"｜级联子菜单选项

命令行：PAN

导航栏：🖐 按钮

2) 功能

在当前视图中不改变图形显示的大小，只移动图形。

3) 分析

(1) 选择"实时平移"命令时，在绘图区的光标变成手形 🖐，按住左键移动光标，即可平移图形。当图形平移到达逻辑范围即图纸空间的边缘时，将在手形光标上显示边界栏。根据此逻辑范围处于图形顶部、底部还是两侧，将相应地显示出上、下水平边界或左、右垂直边界，如图 1.30 所示。

图 1.30 平移边界指示

释放拾取键，平移将停止。可以在释放拾取键后，将光标移动到其他位置，按拾取键再平移，按 Enter 键或 Esc 键退出。

(2) 选择"定点平移"命令时，系统通过给定两点来确定位移矢量，控制图形平移的距离和方向。

1.5.2 显示缩放

1) 命令

菜单栏："视图"｜"缩放"｜级联子菜单选项

命令行：ZOOM

导航栏：🔍 按钮

2) 功能

显示缩放命令用于放大或缩小图形的视觉尺寸，而实际尺寸保持不变。

3) 分析

执行 ZOOM 命令，系统提示：

指定窗口的角点，输入比例因子 (nX 或 nXP)，或者

[全部(A)/中心(C)/动态(D)/范围(E)/上一个(P)/比例(S)/窗口(W)/对象(O)] <实时>:

(1) 默认执行"实时缩放"命令，光标显示为 🔍，向上移动光标将放大图形，向下移动光标将缩小图形。

(2) 选择"窗口"选项，用光标指定两个角点，形成一个矩形框，矩形区域即为需要放大的窗口区域，如图 1.31 所示。

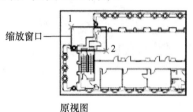
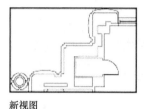

缩放窗口

原视图　　　　　　　　　　　　　　　　新视图

图 1.31　显示"窗口缩放"

(3) 选择"动态"选项，首先显示平移视图框，将其拖动到所需位置并单击鼠标左键，继而显示缩放视图框。视图框表示视口，可以改变它的大小，或在图形中移动它。如果缩小视图框则图形显示较大，放大视图框则图形显示较小；单击鼠标左键以返回平移视图框，重新调整位置和大小。调整好后按 Enter 键即可实现缩放，如图 1.32 所示。

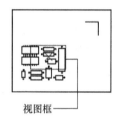
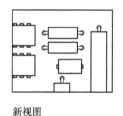

视图框

新视图

图 1.32　显示"动态缩放"

(4) 选择"比例"选项，系统根据当前视图指定的比例缩放视图。例如，输入"0.5×"将使屏幕上的每个对象显示为原大小的二分之一。

(5) 选择"全部"选项，系统在当前视口中缩放显示整个图形。即图形栅格界限充满当前视口，若栅格外有对象则将这些对象及栅格区域整个显示。选择"范围"选项，系统缩放以显示图形范围并使所有对象最大显示，如图 1.33 所示。

【提示】　在三维视图中，"全部"与"范围"选项等效，即显示所有对象和栅格界限。

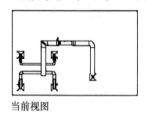
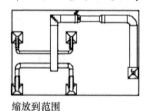
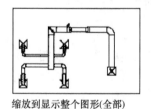

当前视图　　　　　　　　缩放到范围　　　　　　　　缩放到显示整个图形(全部)

图 1.33　显示"全部"和"范围"

1.5.3　图形的重画和重生成

1) 命令
菜单栏："视图"|"重画"、"重生成"

命令行：REDRAW、REGEN

2）功能

(1)"重画"命令用于快速刷新当前视口中的内容，去掉所有临时"点标记"和编辑图形时的残留"痕迹"。

(2)"重生成"命令用于在当前视口中重生成整个图形，并重新计算所有对象的屏幕坐标。并且重新创建图形数据库索引，从而优化显示和对象选择的性能。

1.6　实训实例（一）

1.6.1　图线练习

1）实训目标

按照图 1.34 所示尺寸绘制图形。

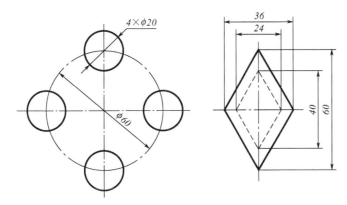

图 1.34　图线练习

2）实训目的

掌握程序启动，熟悉 AutoCAD 的用户界面，创建图层，设置图层特性，使用精确绘图功能，掌握坐标输入方法，使用 LINE、CIRCLE 命令绘制图形。

3）绘图思路

(1) 启动 AutoCAD 2015，建立一个新图形文件。

(2) 创建图层，设置图层特性。

(3) 启用"缩放"命令显示图形界限。

(4) 利用 LINE 命令绘制中心线，利用 CIRCLE 命令绘制定位圆，定位图形。

(5) 利用"对象捕捉"功能绘制圆，完成左侧图形。

(6) 利用"极轴追踪"功能绘制斜线，利用"相对直角坐标"绘制矩形，利用"对象捕捉追踪"功能绘制虚线，完成右侧图形。

(7) 保存文件，文件命名为"图线练习.dwg"，然后打开该文件。

4）操作步骤

(1) 启动程序。

启动 AutoCAD 2015，进入用户界面。

(2) 建立图层。

(a) 选择菜单"格式"|"图层"打开"图层特性管理器"对话框。单击对话框中的新建按钮 5 次，新建 5 个图层。将新建的 5 个图层分别重命名为表 1-1 所示的图层名。

(b) 单击"颜色"列表下的颜色框，在弹出的"选择颜色"对话框中选定表 1-1 中的对应颜色。

表 1-1 新建的 5 个图层

图 层 名	颜　　色	线　　型	线宽/mm	备　　注
粗实线	白(或黑)	Continuous	0.5	可见轮廓线
细实线	白(或黑)	Continuous	——默认(0.25)	引线、文字、表格等
中心线	红	CENTER2	——默认(0.25)	轴线、对称中线
虚线	绿	DASHED2	——默认(0.25)	不可见轮廓线
尺寸线	黄 (或蓝)	Continuous	——默认(0.25)	标注尺寸

(c) 单击"线型"列表下的 Continuous，在弹出的"选择线型"对话框中单击"加载"按钮，在弹出的"加载或重载线型"对话框中，选择 CENTER2 线型，单击"确定"按钮，回到"选择线型"对话框，选中 CENTER2 线型，单击"确定"按钮，即可将"中心线图层"指定为 CENTER2 线型。重复以上过程，将"虚线图层"指定为 DASHED2 线型。

(d) 单击"线宽"列表下的"——默认"，打开"线宽"对话框，选择相应的线宽。

(e) 退出"图层特性管理器"对话框。在功能区"图层"面板上单击 按钮，查看所建立的图层。在绘制工程图形的过程中，用户可在下拉列表框中切换图层。

(3) 安放图纸。

选择菜单"视图"|"缩放"|"全部"命令，此时的用户界面显示区域为一张 A3 规格的图纸幅面。

(4) 绘制图形。

(a) 将"中心线"图层设置为当前。启动"正交"模式。

(b) 选择菜单"绘图"|"直线"命令，用光标在绘图区适当位置拾取一点，确定直线的起点，沿水平方向适当位置拾取第二点，按 Enter 键，结束直线命令，如图 1.35 所示。用同样的方法绘制铅垂线，完成中心线绘制如图 1.36 所示。

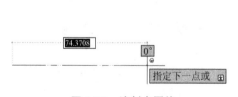

图 1.35 绘制水平线

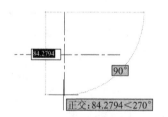

图 1.36 绘制铅垂线完成中心线

(c) 选择菜单"绘图"|"圆"|"圆心、半径"命令。启用对象捕捉"交点"模式，光标靠近两直线的交点处，屏幕提示捕捉到交点，如图 1.37 所示，拾取该点确定圆心。输入圆的半径 30，按 Enter 键，结果如图 1.38 所示。

(d) 切换"粗实线"图层为当前。利用"交点"捕捉模式，在定位圆与中心线的交点处绘制 4 个半径为 10 的小圆，如图 1.39 所示。

图 1.37　执行 INT 命令捕捉到交点　　　　图 1.38　完成直径为 60 的定位圆

(e) 在图形右侧适当位置绘制中心线。切换"粗实线"图层，单击╱按钮，使用"对象捕捉追踪"模式，捕捉到"交点"垂直向上追踪 30 得直线第一点，如图 1.40 所示。依次输入相对坐标(@18,–30)、(@–18, –30)、(@–18,30)，输入 c，按 Enter 键，完成菱形绘制，结果如图 1.41 所示。

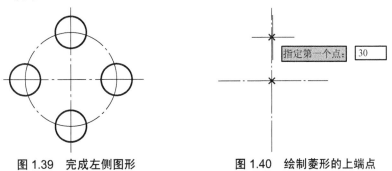

图 1.39　完成左侧图形　　　　图 1.40　绘制菱形的上端点

(f) 切换"虚线"图层。同理使用"对象捕捉追踪"捕捉到"交点"垂直向上追踪 20 得直线第一点，使用对象捕捉"平行"功能，光标靠近菱形对应边捕捉到"平行"，再与中心线捕捉到"交点"单击得第二点。依次绘制菱形的其他边长，如图 1.42 所示。

(g) 标注尺寸，完成图形的绘制，如图 1.34 所示。

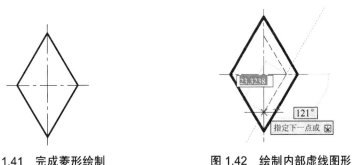

图 1.41　完成菱形绘制　　　　图 1.42　绘制内部虚线图形

(5) 保存、打开图形文件。

(a) 单击💾按钮，打开"图形另存为"对话框，在"保存于"下拉列表框中指定文件保存路径，在"文件名"列表框中输入文件名"图线练习.dwg"，单击"保存"按钮，完成文件保存，退出"图形另存为"对话框。关闭文件。

图 1.43　绘制五角星

(b) 单击 ⬚ 按钮，打开刚保存的"图线练习.dwg"文件。

1.6.2　绘制五角星

1) 实训目标

绘制端点距离为 100 的五角星，图形效果如图 1.43 所示。

2) 实训目的

创建新文件，使用 LINE 命令绘图，掌握用极坐标输入方法绘制图形。

3) 绘图思路

(1) 创建一个新的图形文件。

(2) 利用相对极坐标输入方法绘制五角星。

(3) 保存名为"五角星"的图形文件。

4) 操作步骤

(1) 选择菜单"文件"|"新建"命令，打开"选择文件"对话框，选择默认样板"acadiso"，创建一个新文件。

(2) 选择菜单"绘图"|"直线"命令，绘制直线。

鼠标在适当位置拾取点，(@100<72), (@100<−72), (@100<144), (@100<0)，输入 C，按 Enter 键。

1.7　思考与练习 1

1. AutoCAD 的主要功能有哪些？

2. AutoCAD 工作界面包括哪些内容？各有什么作用？

3. AutoCAD 中使用图层的目的和用途是什么？如何设置图层特性？

4. 试区分模型空间、图纸空间的概念。绘制工程图形时，通常在什么界面下绘制图形、在什么界面下打印图形？

5. AutoCAD 有哪些精确绘图功能？如何正确使用"动态输入"功能？

6. 利用极轴、对象捕捉追踪功能绘制如图 1.44、图 1.45 所示的图形。

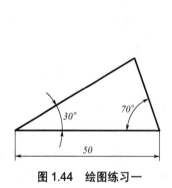

图 1.44　绘图练习一

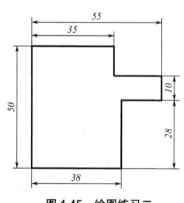

图 1.45　绘图练习二

第 2 章

基本绘图命令

教学提示

任何复杂图形都是由点、直线、圆弧等基本图元组成，要绘制一个完整的图形，首先要了解基本图元绘制命令的使用方法。基本绘图命令包括绘制点、直线、圆、圆弧、矩形、多边形等。基本绘图命令是二维绘图的基础，因此要熟练掌握其使用方法和技巧。

教学要求

◆ 掌握点、直线、圆、圆弧、矩形、多边形等基本绘图命令的使用方法
◆ 利用坐标输入方法绘制图形
◆ 利用极轴、对象捕捉、对象捕捉追踪等精确绘图功能绘制图形
◆ 掌握二维基本图形的绘制方法
◆ 初步掌握基本尺寸的标注方法

2.1 绘 制 点

2.1.1 绘制点

点是最基本的图形元素之一，在图形绘制中，主要起定位和参考作用。

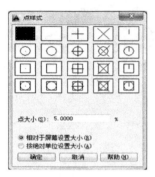

图 2.1 "点样式"对话框

1）命令

菜单栏："绘图"|"点"|"单点"、"多点"

命令行：POINT

2）功能

根据点的样式和大小绘制点。

3）说明

（1）如果执行"单点"命令，在指定点的位置后将结束操作；如果执行"多点"命令，则在指定点的位置后，还可继续绘制点，按 Esc 键结束命令。

（2）选择菜单"格式"|"点样式"命令，打开"点样式"对话框，利用该对话框可以设置点的样式和大小，如图 2.1 所示。

2.1.2 等分点和测量点

1）命令

菜单栏："绘图"|"点"|"定数等分"、"定距等分"

命令行：DIVIDE、MEASURE

功能区：默认-绘图面板 、 按钮

2）功能

将选定的实体对象按指定段数或给定长度进行等分。

3）分析

（1）等分点。

执行命令：_divide

选择要定数等分的对象：/选择直线、圆、圆弧、椭圆、样条曲线等；

输入线段数目或〔块(B)〕：/输入线段数目。

结果如图 2.2 所示。

图 2.2 等分点

（2）测量点。

执行命令：_measure

选择要定距等分的对象：/选择直线、圆、圆弧、椭圆、样条曲线等。

指定线段长度或 [块(B)]: /输入长度值。

系统自动从距拾取点较近的一端开始测量点，如图 2.3 所示。

(a) 从左端拾取点　　　　　　　　(b) 从右端拾取点

图 2.3　测量点

4) 说明

(1) 如果默认状态下的点样式过小，不易观察结果，可以重新设置点样式。

(2) 在等分点处，可以按当前点样式等分点，也可按插入的块等分点。

2.2　绘　制　线

2.2.1　绘制直线

1) 命令

菜单栏："绘图"|"直线"

命令行：LINE

功能区：默认-绘图面板　按钮

2) 功能

绘制直线段、折线段或闭合多边形。每个线段都是一个单独对象。

3) 分析

"直线"是最常用、最简单的命令，只要输入两点坐标就可确定一条直线。也可利用"极轴追踪"和"对象捕捉追踪"功能输入长度值绘制直线。

2.2.2　绘制射线

1) 命令

菜单栏："绘图"|"射线"

命令行：RAY

功能区：默认-绘图面板　按钮

2) 功能

绘制以指定点为起点，按规定的方向单向无限延伸的直线。

3) 分析

执行 RAY 命令后，指定射线的起点，再指定射线的通过点，即可绘制一条射线，移动光标再指定通过点可绘制多条射线，按 Enter 键结束命令，如图 2.4 所示。射线在图形绘制中主要用作辅助线。

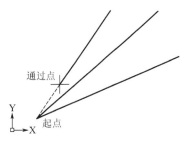

图 2.4　绘制射线

2.2.3　绘制构造线

1) 命令

菜单栏："绘图"|"构造线"

命令行：XLINE

功能区：默认-绘图面板 按钮

2）功能

绘制以指定点为起点，按规定的方向双向无限延伸的直线。

3）分析

执行 XLINE 命令，系统提示如下。

指定点或 [水平(H)/垂直(V)/角度(A)/二等分(B)/偏移(O)]： /指定一点为构造线根点。

指定通过点： / 指定另一点为通过点，绘出构造线。

命令提示中各选项的含义如下。

(1)"水平(H)"：用于绘制水平构造线，如图 2.5(a)所示。

(2)"垂直(V)"：用于绘制垂直构造线，如图 2.5(b)所示。

(3)"角度(A)"：按一定角度绘制构造线，如图 2.5(c)所示；或相对于一条直线绘制一定角度的构造线，如图 2.5(d)所示。

(4)"二等分(B)"：用于绘制角平分线，如图 2.5(e)所示。

(5)"偏移(O)"：按指定偏移距离绘制一条直线的平行线，如图 2.5(f)所示。

4）说明

可使用"修剪"命令对构造线进行修剪。修剪后的构造线转为直线特性。

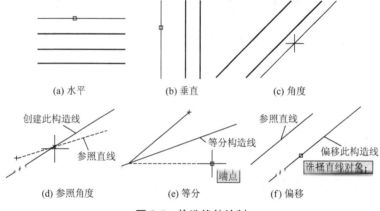

图 2.5　构造线的绘制

2.3　绘制矩形和多边形

2.3.1　绘制矩形

1）命令

菜单栏："绘图"|"矩形"

命令行：RECTANG

功能区：默认-绘图面板 矩形

2）功能

绘制底边与 X 轴平行的矩形，可带圆角、倒角，具有厚度或宽度。

3) 分析

执行 RECTANG 命令，系统提示如下。

指定第一个角点或[倒角(C)/标高(E)/圆角(F)/厚度(T)/宽度(W)]：　/指定矩形一个角点。

指定另一个角点：　/指定另一个角点。

绘制完成矩形，如图 2.6(a)所示。

命令提示中各选项的含义如下。

(1) "倒角(C)"：用于指定矩形的倒角距离，如图 2.6(b)所示。

(2) "圆角(F)"：用于指定矩形的圆角半径，如图 2.6(c)所示。

(3) "厚度(T)"：用于指定矩形的厚度，如图 2.6(d)所示。

(4) "标高(E)"：用于指定矩形的绘图平面与坐标面 *XOY* 的距离。

(5) "宽度(W)"：用于指定线宽，如图 2.6(e)所示。

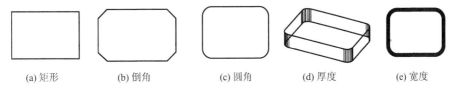

(a) 矩形　　　　(b) 倒角　　　　(c) 圆角　　　　(d) 厚度　　　　(e) 宽度

图 2.6　绘制矩形

2.3.2　绘制正多边形

1) 命令

菜单栏："绘图"|"多边形"

命令行：POLYGON

功能区：默认-绘图面板 按钮

2) 功能

创建具有 3~1024 条等边长的闭合多段线。创建的多边形作为一个对象。

3) 分析

执行 POLYGON 命令，系统提示如下。

_polygon 输入边的数目 <4>：/输入多边形数目。

指定正多边形的中心点或 [边(E)]：/光标拾取中心点。

输入选项 [内接于圆(I)/外切于圆(C)] <I>：/i 内接于圆。

指定圆的半径：/输入圆的半径值。

命令选项中"内接于圆"选项绘制的图形如图 2.7(a)所示，"外切于圆"选项绘制的图形如图 2.7(b)所示。选项"边"用于按指定边长绘制多边形，绘制的图形如图 2.7(c)所示。

(a) 中心和内接于圆　　　　(b) 中心和外切于圆　　　　(c) 边的两个端点

图 2.7　正多边形的 3 种画法

2.4 绘制圆和圆弧

2.4.1 绘制圆

1) 命令

菜单栏："绘图"|"圆"|级联子菜单命令

命令行：CIRCLE

功能区：默认-绘图面板◯按钮

2) 功能

用 6 种方法绘制圆。

3) 分析

执行 CIRCLE 命令，系统提示如下。

_circle 指定圆的圆心或 [三点(3P)/两点(2P)/切点、切点、半径(T)]:/指定圆心。

指定圆的半径或 [直径(D)]: /输入圆的半径。

菜单栏"圆"命令中，列出了 6 种绘制圆的方法，如图 2.8 所示。

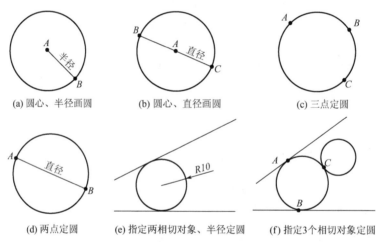

   (a) 圆心、半径画圆   (b) 圆心、直径画圆   (c) 三点定圆

   (d) 两点定圆   (e) 指定两相切对象、半径定圆   (f) 指定3个相切对象定圆

图 2.8　六种方法绘制圆

4) 操作示例

绘制一皮带传动示意图，尺寸如图 2.9 所示。操作步骤如下。

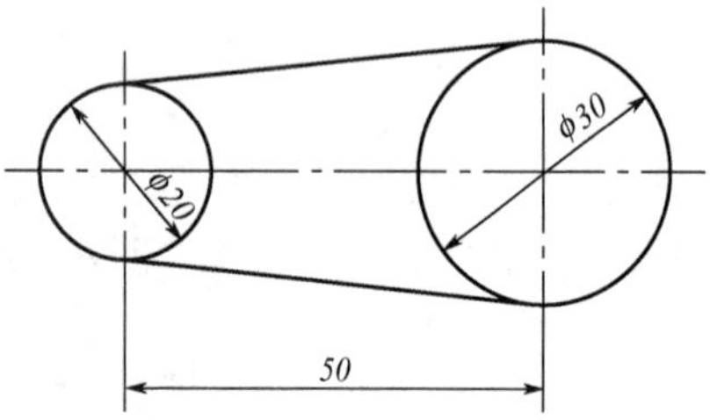

命令: _circle

指定圆的圆心或 [三点(3P)/两点(2P)/切点、切点、半径(T)]: /单击鼠标指定圆心;

指定圆的半径或 [直径(D)]: 10✓/输入半径值绘制圆;

图 2.9　皮带传动示意图

命令: _circle

指定圆的圆心或 [三点(3P)/两点(2P)/切点、切点、半径(T)]: 50✓/对象捕捉到 R10 的圆心，水平追踪 50，得第二个圆心;

指定圆的半径或 [直径(D)] <10.0000>: 15✓/输入半径。

启动对象捕捉"切点"模式，关闭其他特征点捕捉模式。

命令：LINE

指定第一个点:/单击 *R*10 圆_tan；

指定下一点或 [放弃(U)]:/单击 *R*15 圆_tan；

指定下一点或 [放弃(U)]:✓/结束命令。

在中心线图层补齐中心线，在尺寸线图层标注尺寸。

2.4.2　绘制圆弧

1) 命令

菜单栏："绘图" | "圆弧" |级联子菜单命令

命令行：ARC

功能区：默认-绘图面板█按钮

2) 功能

用 11 种方法绘制圆弧。

3) 分析

执行 ARC 命令，用光标指定圆弧起点、第二点和端点，即可绘制圆弧，如图 2.10(a) 所示。还可通过指定圆心、圆弧起点、圆弧端点绘制圆弧，如图 2.10(b)所示。菜单栏"圆弧"命令中，列出了 11 种画圆弧的方法，如图 2.11 所示，操作从略。

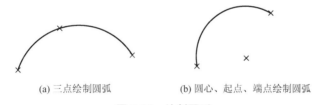

　　　　(a) 三点绘制圆弧　　　　　　　(b) 圆心、起点、端点绘制圆弧

图 2.10　绘制圆弧

4) 操作示例

绘制普通平键键槽，如图 2.12 所示。操作步骤如下。

图 2.11　11 种圆弧的画法

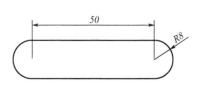

图 2.12　普通平键键槽图形

命令：_line

指定第一个点：

指定下一个点或 [放弃(U)]：50↙/绘制两条长为 50、间距为 16 的水平线；

命令：_arc/使用起点、端点、角度命令；

指定圆弧的起点或 [圆心(C)]：/单击下面一条直线右端点；

指定圆弧的第二个点或 [圆心(C)/端点(E)]：_e↙

指定圆弧的端点：/单击上面一条直线右端点；

指定圆弧的圆心或 [角度(A)/方向(D)/半径(R)]：_a↙

指定包含角：180↙

同理绘制左端圆弧。完成键槽绘制。

2.4.3 绘制椭圆和椭圆弧

1）命令

菜单栏："绘图"|"椭圆"|级联子菜单命令

命令行：ELLIPSE

功能区：默认-绘图面板◐、▣、◑按钮

2）功能

用于绘制椭圆和椭圆弧。

3）分析

执行 ELLIPSE 命令，系统提示如下。

命令：_ellipse

指定椭圆的轴端点或 [圆弧(A)/中心点(C)]：_c

指定椭圆的中心点：/鼠标点选椭圆中心；

指定轴的端点：/鼠标水平方向拾取一点为椭圆长半轴。

指定另一条半轴长度或 [旋转(R)]：/鼠标铅垂方向拾取一点为椭圆短半轴。

两种方法绘制椭圆如图 2.13 所示。同理绘制椭圆后，指定起点、端点可画椭圆弧。

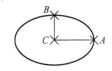  

(a) 指定中心、长短半轴画椭圆 (b) 指定长轴、短半轴画椭圆 (c) 绘制椭圆弧

图 2.13 椭圆（椭圆弧）的绘制

4）说明

系统变量 Pellipse 决定椭圆的类型：0——真正的椭圆；1——由多段线表示的椭圆。

【提示】 在等轴测绘图模式下，椭圆命令可用于绘制等轴测圆。

2.4.4 绘制圆环

1）命令

菜单栏："绘图"|"圆环"

命令行：DONUT

功能区：默认-绘图面板 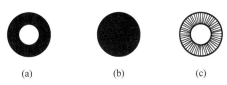 按钮

2）功能

创建圆环或实心填充圆。

3）分析

执行 DONUT 命令，系统提示如下。

_donut

指定圆环的内径 <0.5000>: 10✓

指定圆环的外径 <1.0000>: 20✓

指定圆环的中心点或 <退出>: /拾取圆心点。

指定圆环的中心点或 <退出>: ✓/圆环绘制完毕。

结果如图 2.14(a)所示。

4）说明

当内径设置为 0 时，绘制的图形为实心填充圆，如图 2.14(b)所示。系统变量 FILL 可以控制绘制的圆环是否填充。图 2.14(c)所示为 FILL 设置为"OFF"时绘制的圆环。

(a)　　　　　　(b)　　　　　　(c)

图 2.14　绘制圆环

2.5　基本尺寸标注方法

2.5.1　线性标注

1）命令

菜单栏："标注"|"线性"

命令行：DIMLINEAR

功能区：默认-注释面板 按钮

2）功能

用于标注水平、垂直和倾斜的线性尺寸。

3）分析

执行命令：_dimlinear

指定第一条尺寸界线原点或 <选择对象>: /指定第一条尺寸界线的起点。

指定第二条尺寸界线原点: /指定第二条尺寸界线起点。

指定尺寸线位置或[多行文字(M)/文字(T)/角度(A)/水平(H)/垂直(V)/旋转(R)]: /移动光标，在适当位置单击，完成标注，如图 2.15 所示。

在默认情况下，尺寸标注的数值是由系统自动测量的，通过选择选项可以修改尺寸数值，编辑标注文字，设置文字倾斜角度及尺寸线的倾斜方向。

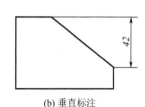

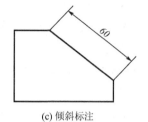

(a) 水平标注　　　　　　　　　(b) 垂直标注　　　　　　　　　(c) 倾斜标注

图 2.15　线性标注

2.5.2　对齐标注

1) 命令

菜单栏："标注"|"对齐"

命令行：DIMALIGNED

功能区：默认-注释面板▉按钮

2) 功能

创建与指定位置或对象平行的标注，如图 2.16 所示。

图 2.16　对齐标注

3) 分析

命令：_dimaligned

指定第一条尺寸界线原点或 <选择对象>: /选择第一点。

指定第二条尺寸界线原点: / 选择第二点。

指定尺寸线位置或 [多行文字(M)/文字(T)/角度(A)]: /指定适当位置单击，完成标注。

2.5.3　半径和直径标注

1) 命令

菜单栏："标注"|"半径"、"直径"

命令行：DIMRADIUS、DIMDIAMETER

功能区：默认-注释面板◯、◯按钮

2) 功能

用于标注圆或圆弧的半径、直径尺寸。

3) 分析

执行命令_dimradius / _dimdiameter

选择圆弧或圆: /选择需标注的圆或圆弧。

指定尺寸线位置或 [多行文字(M)/文字(T)/角度(A)]: /移动光标，在适当位置单击，完成圆或圆弧的半径、直径标注，如图 2.17 所示。

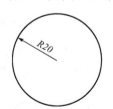

图 2.17　半径和直径标注

标注半径、直径时，系统自动带半径、直径符号"R""ϕ"。当通过选择选项重新确定尺寸数值时，符号"R""ϕ"就消失了，需在尺寸数值前重新加上"R""ϕ"。

2.5.4　角度标注

1）命令

菜单栏："标注"|"角度"

命令行：DIMANGULAR

功能区：默认-注释面板 按钮

2）功能

用于标注圆或圆弧的圆心角、两不平行直线之间的夹角以及不共线的三点之间的角度。

3）分析

执行命令：_dimangular

选择圆弧、圆、直线或 <指定顶点>：/选取包含角度的一条直线。

选择第二条直线：/选取另一条直线。

指定标注弧线位置或 [多行文字(M)/文字(T)/角度(A)]：/指定尺寸线的位置。

单击鼠标，完成角度标注。

角度标注类型如图 2.18 所示。

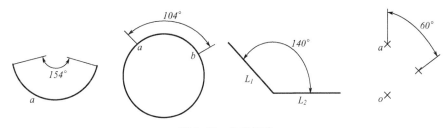

图 2.18　角度标注

2.6　实训实例（二）

2.6.1　点线连接

1）实训目标

按照如图 2.19 所示的尺寸，绘制点线连接图形。

2）实训目的

掌握二维直线的绘制方法；掌握"极轴""对象捕捉""对象捕捉追踪"的使用技巧；掌握基本尺寸的标注方法。

3）绘图思路

(1) 利用"极轴"功能绘制直线，绘出图形外框。

(2) 利用"对象捕捉追踪"临时追踪点功能绘制内部的三角形。

(3) 利用"对象捕捉追踪"基点偏移功能，绘制内部的四边形。

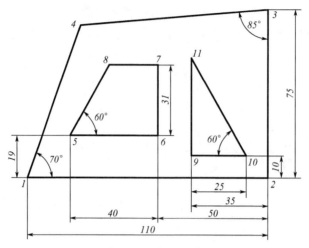

图 2.19 点线连接

4) 操作步骤

(1) 选择菜单"绘图"|"直线"命令，绘制图形外框，"极轴"开，设置 30°极轴角，新增附加角 70°和 185°，勾选"用所有极轴角设置追踪"。

命令：_line 指定第一点： /在适当位置指定一点为点 1。

指定下一点或 [放弃(U)]： 110↙/光标水平向右出现虚光线，输入长度得点 2。

指定下一点或 [放弃(U)]： 75↙/光标垂直向上出现虚光线，输入长度得点 3。

对象捕捉点 1，沿 70°极轴角虚光线移动，出现与 185°极轴虚光线追踪"交点"时，单击得点 4，如图 2.20 所示。

指定下一点或 [闭合(C)/放弃(U)]： c↙/结束命令，完成外框绘制。

(2) 选择菜单"绘图"|"直线"命令，利用"对象捕捉追踪"临时追踪点绘制内部三角形。

命令_line 指定第一点：tt↙/光标捕捉到点 2，水平向左移动，出现虚光。

指定临时对象追踪点：35↙/输入距离，得临时追踪点"+"，光标垂直向上，出现虚光。

指定第一点：10↙/输入距离得直线一端点 9，如图 2.21 所示。

指定下一点或 [放弃(U)]：25↙/光标水平向右，输入长度得直线另一端点 10。

光标捕捉点 9，垂直向上移动，出现与 120°极轴虚光追踪"交点"时，单击得点 11，如图 2.22 所示，输入 c，按 Enter 键，三角形绘制完毕。

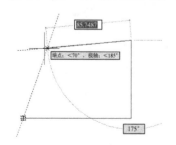

图 2.20 绘制"点线连接"外框

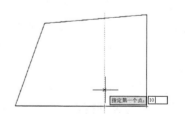

图 2.21 使用临时追踪确定直线端点

(3) 选择菜单"绘图"|"直线"命令，利用"对象捕捉追踪"基点偏移绘制四边形。

命令: _line 指定第一点: /_from↙

基点: /光标拾取点 1，<偏移>: @20,19↙/输入偏移点相对坐标得点 5。

指定下一点或 [放弃(U)]: 40↙/光标水平向右，输入直线长度得点 6。

指定下一点或 [放弃(U)]: 31↙/光标沿垂直向上，输入长度得点 7。

对象捕捉点 5，沿 60°极轴方向移动，出现与水平极轴虚光追踪"交点"时，单击得点 8，如图 2.23 所示，输入 c，按 Enter 键，完成图形绘制。

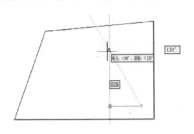

图 2.22　绘制内部三角形

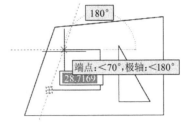

图 2.23　绘制内部四边形

2.6.2　多边形练习

1) 实训目标

按照图 2.24 所示绘制多边形图形。

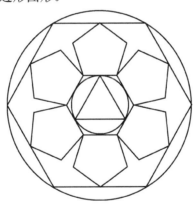

图 2.24　多边形练习

2) 实训目的

掌握多边形的绘制方法，掌握圆的绘制方法。使用"对象捕捉"功能精确绘制图形。

3) 绘图思路

(1) 绘制内圆。

(2) 绘制内接于圆的多边形。

(3) 绘制外切于圆的多边形。

(4) 绘制指定边长的多边形。

(5) 绘制外切于圆的多边形和外圆。

4) 操作步骤

(1) 选择菜单"绘图"|"圆"命令，绘制圆。

命令_circle: 指定圆的圆心或 [三点(3P)/两点(2P)/相切、相切、半径(T)]: /拾取一点。

指定圆的半径或 [直径(D)]: 10✓/输入半径值。

(2) 选择菜单"绘图"|"正多边形"命令，绘制内接三边形。

命令: _polygon 输入边的数目 <4>: 3✓

指定正多边形的中心点或 [边(E)]: /拾取圆心点。

输入选项 [内接于圆(I)/外切于圆(C)] <I>: i✓/内接于圆。

指定圆的半径: 10✓

(3) 选择菜单"绘图"|"正多边形"命令，绘制外切六边形。

命令: _polygon 输入边的数目 <4>: 6✓

指定正多边形的中心点或 [边(E)]: /拾取圆心点。

输入选项 [内接于圆(I)/外切于圆(C)] <I>: c✓/外切于圆。

指定圆的半径: 10✓

(4) 选择菜单"绘图"|"正多边形"命令，绘制五边形。

命令: _polygon 输入边的数目 <6>: 5✓

指定正多边形的中心点或 [边(E)]: e✓

指定边的第一个端点: /拾取六边形的一个顶点。

指定边的第二个端点: /按顺时针方向拾取六边形的另一个顶点。

同理，绘制另外 5 个五边形。

(5) 选择菜单"绘图"|"正多边形"命令，绘制六边形。

命令: _polygon 输入边的数目 <4>: 6✓

指定正多边形的中心点或 [边(E)]: /拾取到圆心点。

输入选项 [内接于圆(I)/外切于圆(C)] <I>: c✓/外切于圆。

指定圆的半径: /拾取五边形的一个顶点。

(6) 选择菜单"绘图"|"圆"命令，三点方式绘制圆。

命令: _circle 指定圆的圆心或 [三点(3P)/两点(2P)/切点、切点、半径(T)]: 3p✓

指定圆上的第一个点: 光标拾取六边形的一个顶点。

指定圆上的第二个点: 按顺时针方向光标拾取六边形的第二个顶点。

指定圆上的第三个点: 按顺时针方向光标拾取六边形的第三个顶点。

完成多边形图形绘制。

2.6.3 椭圆图形练习

1) 实训目标

绘制如图 2.25 所示椭圆图形。

2) 实训目的

掌握椭圆的绘制方法。

3) 绘图思路

(1) 绘制中心线。

(2) 绘制圆和椭圆。

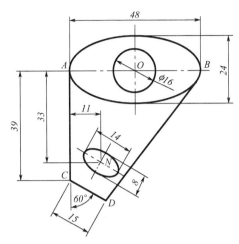

图 2.25 椭圆图形练习

(3) 利用"极坐标""对象捕捉"功能绘制直线。

(4) 利用 from 命令定位椭圆心，绘制椭圆。

4) 操作步骤

(1) 在"中心线"图层，选择菜单"绘图"|"直线"命令绘制中心线。

命令: _line

指定第一点: /任意指定一点。

指定下一点或 [放弃(U)]: /光标水平移动适当长度指定第二点。

指定下一点或 [放弃(U)]: ↙/结束命令。

重复"直线"命令，同理绘制垂直中心线。

(2) 切换到"粗实线"图层，选择菜单"绘图"|"圆"命令，使用"圆心、直径"方法绘制圆。

命令: _circle

指定圆的圆心或 [三点(3P)/两点(2P)/相切、半径(T)]: /拾取交点 *O*。

指定圆的半径或 [直径(D)]: d↙

指定圆的直径: 16↙

(3) 选择菜单"绘图"|"椭圆"命令，绘制椭圆。

命令: _ellipse

指定椭圆的轴端点或 [圆弧(A)/中心点(C)]: c↙

指定椭圆的中心点: /捕捉交点 *O* 为椭圆圆心。

指定轴的端点: 24↙/光标水平向右，输入椭圆长半轴。

指定另一条半轴长度或 [旋转(R)]: 12↙/光标垂直方向，输入椭圆短半轴。

(4) 选择菜单"绘图"|"直线"命令绘制直线。

命令: _line

指定第一个点: / 捕捉椭圆左端象限点 *A*。

指定下一点或 [放弃(U)]: 39↙/光标垂直向下输入直线长度得 *C* 点。

指定下一点或 [放弃(U)]: @15<-30↙/输入极坐标绘制斜线得 *D* 点。

指定下一点或 [闭合(C)/放弃(U)]: /对象捕捉椭圆右端切点。

指定下一点或 [闭合(C)/放弃(U)]:↙/结束直线命令。

(5) 选择菜单"绘图"|"椭圆"命令，绘制倾斜椭圆。

命令: _ellipse

指定椭圆的轴端点或 [圆弧(A)/中心点(C)]: c↙

指定椭圆的中心点: from /单击 A 点。

基点: <偏移>: @11,−33↙/输入相对偏移坐标，得椭圆心点 N。

指定轴的端点: 7↙/光标沿与 CD 平行方向，输入椭圆长半轴。

指定另一条半轴长度或 [旋转(R)]: 4↙/光标沿与 CD 垂直方向，输入椭圆短半轴。

补齐椭圆中心线，标注尺寸，完成椭圆图形绘制。

2.7　思考与练习 2

1. 在 AutoCAD 中，如何等分点、测量点？

2. 在 AutoCAD 中，绘制圆的方法有哪几种？

3. 在 AutoCAD 中，绘制多边形的方法有哪些？如何根据标注尺寸判断多边形是"内接于圆"还是"外切于圆"？

4. 设置图层及图层特性，利用所学的绘图命令绘制图 2.26～图 2.30 所示图形。

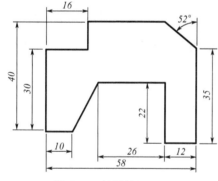

图 2.30　绘图练习

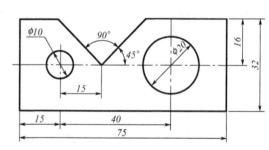

图 2.27　绘图练习一

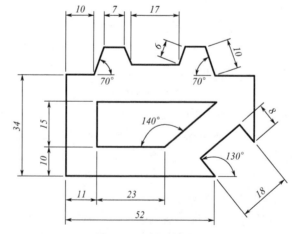

图 2.28　绘图练习三

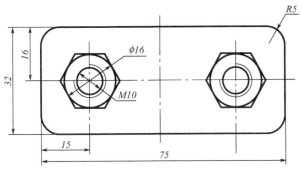

图 2.29 绘图练习四

图 2.30 绘图练习五

第 3 章

二维编辑命令

教学提示

AutoCAD 2015 具有强大的编辑功能，使用 AutoCAD 2015 中的编辑命令，可以复制、修整图形对象，变动图形对象的形状、位置和大小，还可使用"夹点"编辑功能编辑对象，在对象特性中修改对象。利用图形编辑功能，用户可以方便地实现复杂图形的绘制。因此熟练掌握图形编辑命令，对于保证绘图的准确性、提高绘图效率是十分重要的。

教学要求

- ◆ 掌握复制图形对象的方法
- ◆ 掌握改变图形位置和大小的方法
- ◆ 掌握修整图形对象的方法
- ◆ 使用"夹点"编辑功能编辑图形对象
- ◆ 掌握图形边、角、长度的编辑方法
- ◆ 使用特性修改编辑图形对象

3.1　选择和调整对象

3.1.1　选择对象

AutoCAD 在进行图形编辑操作时，经常要选择对象，这时光标在绘图区域变成一个拾取方框，选中的对象亮显为虚线。AutoCAD 选择对象的方式很多，以下重点介绍几种常用选择对象方式。

1) 基本选择方式

(1) 直接单击对象方式。

这是一种默认选择方式，当命令行提示"选择对象"时，移动光标，将拾取框放在所选对象上，单击鼠标左键，该对象变为虚线，表示被选中，还可继续选择其他对象。

(2) 窗口选择方式。

当命令行提示"选择对象"时，用光标指定两个顶点来确定一个窗口，如果从左向右移动光标来确定矩形窗口，则完全处于窗口内的对象将被选中，这种选择方式称为"窗选"，图 3.1 中只有椭圆和圆弧被选中。如果从右向左移动光标来确定矩形窗口，则处于窗口内的对象和与窗口相交的对象均被选中，这种选择方式称为"窗交"，图 3.1 中，椭圆、圆弧和直线都被选中。

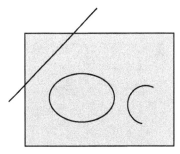

图 3.1　窗口选择方式

2) 其他选择方式

当系统提示"选择对象"，输入"?"，按 Enter 键，继续提示：

无效选择

需要点或窗口 (W) /上一个 (L) /窗交 (C) /框 (BOX) /全部 (ALL) /栏选 (F) /圈围 (WP) /圈交 (CP) /编组 (G) /添加 (A) /删除 (R) /多个 (M) /前一个 (P) /放弃 (U) /自动 (AU) /单个 (SI) /子对象 (SU) /对象 (O)

(1) "全部(ALL)"选项，用于选中绘图区中除冻结层和锁定层以外的所有对象。

(2) "上一个(L)"选项，用于选中绘图区中最后绘制的图形对象。

(3) "圈围(WP)"选项，用于创建一个多边形，绘图区中落在多边形内的对象被选中。

(4) "圈交(CP)"选项，用于创建一个多边形，绘图区中落在多边形内及与该多边形相交的对象被选中。

(5) "栏选 F"选项，用于绘制一条开放的线段，凡与这条线段相交的对象均被选中。

其余选项说明从略。

3.1.2　删除对象

1) 命令

菜单栏："修改"|"删除"

命令行：ERASE

功能区：默认-修改面板 按钮

2) 功能

从图形中删除选定的对象。

3) 分析

_erase

选择对象：/选中需删除的对象。

找到 1 个/按 Enter 键，删除所选的对象。

该命令的执行方式是可逆的。即可先选择需删除的对象，后执行"删除"命令。

3.1.3 修剪对象

1) 命令

菜单栏："修改"|"修剪"

命令行：TRIM

功能区：默认-修改面板 按钮

2) 功能

指定修剪边，使对象通过缩短或伸长的方式与修剪边对象的边相接。

3) 分析

执行命令：_trim

当前设置：投影=UCS，边=无

选择剪切边...

选择对象或 <全部选择>：↙/选择一个或多个对象为修剪边界。

选择要修剪的对象，或按住 Shift 键选择要延伸的对象，或 [栏选(F)/窗交(C)/投影(P)/边(E)/删除(R)/放弃(U)]：/选择要修剪的对象。

选择要修剪的对象，或按住 Shift 键选择要延伸的对象，或 /继续选择要修剪的对象或按 Enter 键退出，如图 3.2 所示。

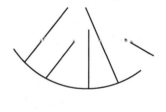

修剪边

图 3.2　修剪对象

在 AutoCAD 中，可作为修剪边的对象有直线、圆、圆弧、椭圆、样条曲线、多段线、射线和文字等，修剪边也可同时作为被修剪对象。该命令提示中的主要选项功能如下。

(1) 执行"修剪"命令时，按 Enter 键，即所有对象都为剪切边，可直接选择要修剪的对象。

(2) 当对象不与修剪边相交时，可设置"隐含边延伸"修剪模式，仍可修剪对象。若设置为"隐含边不延伸"模式，则只有与修剪边相交的对象可以被修剪。

(3) 按住 Shift 键选择修剪对象，可将不与修剪边相交的对象延伸到修剪边上。

3.1.4 延伸对象

1) 命令

菜单栏："修改"|"延伸"

命令行：EXTEND

功能区：默认-修改面板按钮

2) 功能

指定延伸边，将对象延伸到与延伸边相接。该命令是 TRIM 命令的相反操作。

3) 分析

执行命令：_extend

当前设置：投影=UCS，边=无

选择边界的边 …

选择对象或<全部选择>：✓ /选择一个或多个对象为延伸边界。

选择要延伸的对象，或按住 Shift 键选择要修剪的对象，或[栏选(F)/窗交(C)/投影(P)/边(E)/放弃(U)]：/选择要延伸的对象，或按住 Shift 键选择要修剪的对象，或输入选项，各选项含义与 TRIM 命令的各选项含义相同。

3.2 创建对象副本

3.2.1 复制对象

1) 命令

菜单栏："修改"|"复制"

命令行：COPY

功能区：默认-修改面板 按钮

2) 功能

将选中的对象复制到指定位置，该命令既可以进行单个复制，也可以进行多重复制。

3) 分析

执行命令：_copy

选择对象：/选择要复制的对象。

指定基点或 [位移(D)] <位移>：/指定一个坐标点，该点作为复制对象的基点。

指定第二个点或<使用第一个点作为位移>：/指定目标点，系统将根据由这两点确定的位移矢量把选择的对象复制到目标点处。

指定第二个点或 [退出(E)/放弃(U)] <退出>：/可不断地指定新目标点以实现多重复制，或按 Enter 键退出。图形复制如图 3.3 所示。

图 3.3 多重复制对象

3.2.2　镜像对象

1) 命令

菜单栏："修改" | "镜像"

命令行：MIRROR

功能区：默认-修改面板▲按钮

2) 功能

当图形或文本文字对称时，只需要画一半，然后用轴对称方式对指定对象作镜像复制。

3) 分析

执行命令：_mirror

选择对象：/选择要镜像的对象。

指定镜像线的第一点：/光标拾取镜像线的第一个点。

指定镜像线的第二点：/光标拾取镜像线的第二个点。

是否删除源对象?[是(Y)／否(N)]<N>: /"是"表示删除源对象，"否"表示保留源对象。

以两点确定一条镜像线，被选择的对象以该线为对称轴实现镜像复制，如图 3.4 所示。

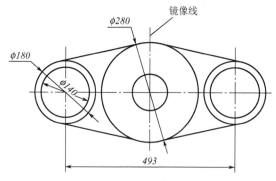

图 3.4　镜像复制对象

4) 说明

在 AutoCAD 中，使用系统变量 MIRRTEXT 可以控制文字对象的镜像方向。如果 MIRRTEXT 值为 0(默认值)，则文字对象的镜像文字方向不变；如果 MIRRTEXT 值为 1，则文字对象完全镜像，文字反转，如图 3.5 所示。

文字镜像 文字镜像
文字镜像 文字镜像
mirrtext=0　　　　mirrtext=1

图 3.5　镜像复制文字

3.2.3　偏移对象

1) 命令

菜单栏："修改" | "偏移"

命令行：OFFSET

功能区：默认-修改面板▲按钮

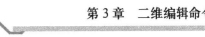

2) 功能

用于创建与选定对象平行或同心的新对象, 如图 3.6 所示。

图 3.6　偏移对象

3) 分析

AutoCAD 可用两种方法确定偏移对象。

(1) 指定距离偏移对象。

执行命令_offset

当前设置: 删除源=否　图层=源　OFFSETGAPTYPE=0

指定偏移距离或 [通过(T)/删除(E)/图层(L)] <通过>: /输入偏移距离。

选择要偏移的对象, 或 [退出(E)/放弃(U)] <退出>: /选择对象。

指定要偏移的那一侧上的点, 或 [退出(E)/多个(M)/放弃(U)] <退出>: /指定偏移方位。

选择要偏移的对象, 或 [退出(E)/放弃(U)] <退出>: /可继续偏移对象或按 Enter 键退出。

(2) 指定通过点偏移对象。

执行命令_offset

当前设置: 删除源=否　图层=当前　OFFSETGAPTYPE=0

指定偏移距离或 [通过(T)/删除(E)/图层(L)] <10.0000>: t↙

选择要偏移的对象, 或 [退出(E)/放弃(U)] <退出>: /选择对象。

指定通过点或 [退出(E)/多个(M)/放弃(U)] <退出>: /指定要通过的点。

选择要偏移的对象, 或 [退出(E)/放弃(U)] <退出>: ↙/结束命令。

3.2.4　阵列对象

1) 命令

菜单栏: "修改" | "阵列" | "矩形"、"环形"、"路径"

命令行: ARRAYRECT、ARRAYPOLAR、ARRAYPATH

功能区: 默认-修改面板 按钮

2) 功能

阵列是对选择的对象进行多重复制, 并将这些对象的副本按矩形、环形或沿指定的路径排列。

3) 分析

(1) 矩形阵列

执行命令: _arrayrect

选择对象: /拾取矩阵。

选择对象: 找到 1 个↙

打开"阵列创建"功能区上下文选项卡。设置列数为 4, 间距为 15, 行数为 3, 间距为 8, 矩形阵列如图 3.7 所示, 按 Enter 键完成矩形阵列。

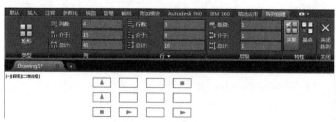

图 3.7　矩形阵列

(2) 环形阵列。

执行命令：_arraypolar

选择对象：/单击矩形。

选择对象：找到 1 个↙

类型 = 极轴　关联 = 是

指定阵列的中心点或 [基点(B)/旋转轴(A)]：/鼠标单击阵列中心点。

打开"阵列创建"功能区上下文选项卡。设置项目数为 6，角度间距为 60，行数为 1，环形阵列如图 3.8 所示，按 Enter 键完成环形阵列。

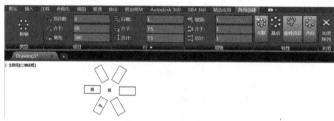

图 3.8　环形阵列

(3) 路径阵列。

执行命令：_arraypath

选择对象：/单击矩形。

选择对象：找到 1 个↙

类型 = 路径　关联 = 是

选择路径曲线：/选择弧线。

打开"阵列创建"功能区上下文选项卡。单击定数等分按钮，设置项目数为 10，行数为 1，路径阵列如图 3.9(a)所示，按 Enter 键完成路径阵列。

单击"对齐项目"按钮，阵列项目将不随曲线旋转，如图 3.9(b)所示。

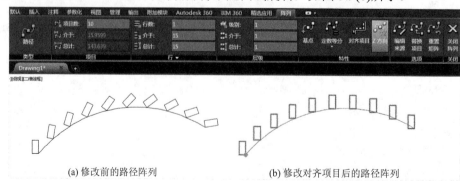

(a) 修改前的路径阵列　　　　　　　　　　(b) 修改对齐项目后的路径阵列

图 3.9　路径阵列

3.3　变动对象的形状和位置

3.3.1　移动对象

1) 命令

菜单栏："修改"|"移动"

命令行：MOVE

功能区：默认-修改面板按钮

2) 功能

在不改变对象的方向和大小的情况下，将对象平移到新的位置。

3) 分析

执行命令：_move

选择对象：/指定要移动的对象。

指定基点或 [位移(D)] <位移>: /指定移动的基点。

指定第二个点或 <使用第一个点作为位移>: /指定移动的目标点。

系统根据这两个点决定的位置矢量移动对象。对象被移动到新位置后，原位置处的对象消失。

3.3.2　旋转对象

1) 命令

菜单栏："修改"|"旋转"

命令行：ROTATE

功能区：默认-修改面板按钮

2) 功能

绕指定基点旋转图形对象，源对象可以删除也可以保留。默认情况下，逆时针旋转，角度值为正，顺时针旋转，角度值为负。

3) 分析

执行 ROTATE 命令后，选择要旋转的对象，指定旋转中心，系统提示如下。

指定旋转角度，或[复制(C)/参照(R)]

各选项含义如下。

(1) "复制(C)"：选择复制对象方式旋转，将保留源对象。

(2) "参照(R)"：如果不知道要旋转的角度值，只知道对象的第一个位置和第二个位置的绝对角度，可采用"参照(R)"方式旋转对象，输入绝对角度值或用光标拾取角度，均可实现按"参照"方式旋转对象。

4) 操作示例

使用"参照"方式旋转矩形对象，如图 3.10 所示。

命令：_rotate

UCS 当前的正角方向：　ANGDIR=逆时针　ANGBASE=0

选择对象: /选择矩形。

选择对象: 找到 1 个↙

指定基点: /光标拾取 A 点。

指定旋转角度，或 [复制(C)/参照(R)] <90>: r↙/使用参照选项。

指定参照角 <30>: /拾取 A 点。

指定第二点: /拾取 B 点。

指定新角度或 [点(P)] <0>: /拾取 C 点。将 AB 旋转到 AC 的位置。

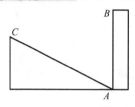
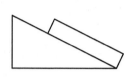

图 3.10　旋转对象

3.3.3　缩放对象

1) 命令

菜单栏："修改" | "缩放"

命令行：SCALE

功能区：默认-修改面板 □ 按钮

2) 功能

将对象按统一比例放大或缩小。缩放的源对象可以保留也可以删除。

3) 分析

执行 SCALE 命令后，选择要缩放的对象，然后指定缩放的基点，系统提示如下。

指定比例因子或 [复制(C)/参照(R)]:

各选项含义如下。

(1) "基点"：表示选定对象的大小发生改变时，位置保持不变的点。

(2) "比例因子"：按指定的比例缩放选定对象的尺寸。比例因子大于 1 放大对象，小于 1 缩小对象。

(3) "复制(C)"：创建要缩放的选定对象的副本。

(4) "参照(R)"：如果不知道具体缩放的比例，可采用"参照"方式缩放对象。指定缩放的两个点，再指定缩放的长度即可。

4) 操作示例

采用"参照"方式缩放如图 3.11 所示的五角星图形。

图 3.11　缩放对象

命令：_scale

选择对象：/选择整个图形。

选择对象：找到 1 个↙

指定基点：/拾取 A 点。

指定比例因子或 [复制(C)/参照(R)] <1.6262>：r↙/使用参照选项。

指定参照长度 <183.6296>：/拾取 A 点。

指定第二点：/拾取 B 点。

指定新的长度或 [点(P)] <298.6148>：50↙/将 A、B 两点的距离缩放为 50。

3.3.4　拉伸

1) 命令

菜单栏："修改" | "拉伸"

命令行：STRETCH

功能区：默认-修改面板 按钮

2) 功能

重新定位穿过交叉选择窗口或在交叉选择窗口内的对象的端点，用以调整图形的大小和位置。

3) 分析

执行命令：_stretch

以交叉窗口或交叉多边形选择要拉伸的对象…

选择对象：/采用交叉窗口的方式选择要拉伸的对象。

指定基点或位移：/指定拉伸的基点。

指定位移的第二个点或<用第一个点作位移>：/指定拉伸的移至点。

此时，系统将根据这两点决定的矢量距离拉伸对象。图 3.12 所示为拉伸螺栓的前后效果。

【提示】　圆、椭圆、块和文字对象不能拉伸。

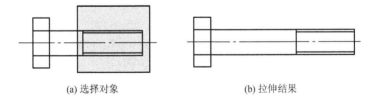

(a) 选择对象　　　　　　　　　　　　(b) 拉伸结果

图 3.12　拉伸对象

3.3.5　对齐

1) 命令

菜单栏："修改" | "三维操作" | "对齐"

命令行：ALIGN

功能区：默认-修改面板 按钮

2) 功能

通过移动、旋转或倾斜对象，使一个对象与另一个对象对齐。

3) 分析

执行 ALIGN 命令后，首先选择要对齐的对象，然后依次指定源点和目标点。可以指定一对、两对或三对源点和目标点，在二维或三维空间对齐选定对象。

4) 操作示例

使用两点对齐如图 3.13 所示的图形。

命令：_align

选择对象：/选择要对齐的源对象(方框中的对象)，如图 3.13(a)所示。

指定第一个源点：/指定点 1。

指定第一个目标点：/指定点 2，如图 3.13(b)所示。

指定第二个源点：/指定点 3。

指定第二个目标点：/指定点 4。

指定第三个源点：↙

是否基于对齐点缩放对象？[是(Y)/否(N)]<否>: y↙/选择 Y 表示对齐时缩放对象，选择 N 表示对齐时不缩放对象。结果如图 3.13(c)所示。

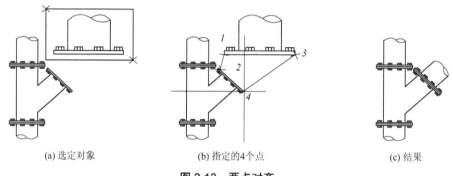

(a) 选定对象　　　　　(b) 指定的4个点　　　　　(c) 结果

图 3.13　两点对齐

5) 说明

当选择两对点时，用户可以在二维或三维空间移动、旋转和缩放选定对象，以便与另一对象对齐。第一对点(1,2)定义对象的移动，第二对点(3,4)定义旋转的角度。在输入了第二对点后，系统会提示是否缩放对象。如果选择"是"，将以两个目标点(2,4)之间的距离作为缩放对象的参考长度。只有在使用两对点对齐时才能进行缩放操作。

3.3.6　拉长

1) 命令

菜单栏："修改" | "拉长"

命令行：LENGTHEN

功能区：默认-修改面板　按钮

2) 功能

修改圆弧的包含角或直线、多段线等对象的长度。

3) 分析

执行 LENGTHEN 命令，系统提示如下。

选择对象或[增量(DE) / 百分数(P) / 全部(T) / 动态(DY)]: /选择要拉长的直线或圆弧，系统将显示对象的长度和包含角度。输入选项，选择一种改变长度的方式。

(1)"增量(DE)"：用指定增量值的方法改变对象的长度或角度。正值表示拉长，负值表示缩短。

(2)"百分数(P)"：用指定占总长度百分比的方法改变对象的长度。百分数大于100将拉长对象，百分数小于100将缩短对象。

(3)"全部(T)"：用指定新的总长度或总角度值的方法改变对象的长度或角度。

(4)"动态(DY)"：用拖动鼠标的方法动态地改变对象的长度或角度。

【提示】 执行拉长操作时，注意拾取点的位置，拉长将发生在靠近拾取点的一侧。

3.4　修整图形对象

3.4.1　分解对象

1) 命令

菜单栏："修改"|"分解"

命令行：EXPLODE

功能区：默认-修改面板■按钮

2) 功能

将合成对象如多边形、多段线、块、图案填充等分成独立的、简单的直线或圆弧对象。

3) 操作示例

将一个矩形对象分解成4个直线对象。

选择菜单"修改"|"分解"命令，选择矩形对象，按Enter键，对象被分解，如图3.14所示。

(a) 原对象　　　　　　　　(b) 对象分解前被选择　　　　　　(c) 对象分解后被选择

图 3.14　分解对象

3.4.2　打断对象

1) 命令

菜单栏："修改"|"打断"

命令行：BREAK

功能区：默认-修改面板■、■按钮

2) 功能

切掉对象的一部分或将一个对象打断成两个对象。

3) 分析

执行命令：break

选择对象：/选择要打断对象的第一个断开点。

指定第二个打断点或[第一点(F)]：/指定第二个断开点或输入"F"。

打断操作说明如下。

(1) 如果要精确打断点，选择"第一点(F)"选项，AutoCAD 将丢弃前面的第一个选择点，重新提示用户指定两个断开点。

(2) 如果对圆、矩形等封闭图形进行打断，AutoCAD 将沿逆时针方向把第一点和第二点之间的圆弧或直线打断并删除，如图 3.15 所示。

(3) 如果要将对象一分为二，但不删除某个部分，输入的第二点应与第一点重合。通过键入"@"后按 Enter 键即可实现。该操作类似于执行"打断于点"的命令。

(4) 如果要将对象一分为二且要精确确定分界点，单击"打断于点"按钮🔲，可以将对象在一点处断开成两个对象，该命令是"打断"命令派生出来的。

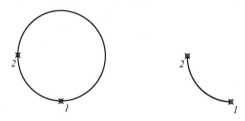

图 3.15　打断封闭图形

3.4.3　合并对象

1) 命令

菜单栏："修改"|"合并"

命令行：JOIN

功能区：默认-修改面板➖➖按钮

2) 功能

将同类多个对象合并以形成一个完整的对象。

3) 分析

执行"合并"命令后，根据对象不同，操作如下。

(1) 合并直线，提示信息如下。

选择源对象：/选择一条直线。

选择要合并到源的直线：/选择另一条或多条直线，按 Enter 键。

要合并的直线对象必须共线(即位于同一无限长的直线上)，它们之间可以有间隙。

(2) 合并多段线，提示如下。

选择源对象：/选择多段线。

选择要合并到源的对象：/选择其他与其相连的直线、圆弧、多段线等。

n 条线段已添加到多段线：↙

要合并的对象可以是直线、多段线或圆弧。但对象之间不能有间隙，且必须位于与 UCS 的 XY 平面平行的同一平面上。

(3) 合并圆弧或椭圆弧，提示如下。

选择源对象：/选择圆弧或椭圆弧。

选择圆弧，以合并到源或进行 [闭合(L)]: / 选择一个或多个圆弧或输入"L"。

要合并的圆弧或椭圆弧对象必须同心、同半径，它们之间可以有间隙。合并两条或多条圆弧时，将从源对象开始按逆时针方向合并，如图 3.16 所示。"闭合"选项可将源圆弧或源椭圆弧转换成圆或椭圆。

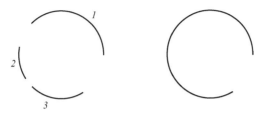

图 3.16　按逆时针方向合并圆弧

3.4.4　光顺曲线

1) 命令

菜单栏："修改"|"光顺曲线"

命令行：BLEND

功能区：默认-修改面板 按钮

2) 功能

在两条选定直线或曲线之间的间隙中创建相切或平滑的样条曲线。

3) 分析

执行命令: _BLEND

连续性 = 相切

选择第一个对象或 [连续性(CON)]: 选择曲线右端。

选择第二个点: 选择直线左端，创建的光顺曲线，如图 3.17 所示。

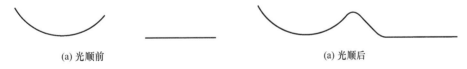

(a) 光顺前　　　　　　　　　　　　　　　　　(a) 光顺后

图 3.17　光顺曲线

3.4.5　倒角

1) 命令

菜单栏："修改"|"倒角"

命令行：CHAMFER

功能区：默认-修改面板 按钮

2) 功能

在两直线连接的顶点处以倒角相接。

3) 分析

倒角的方式有两种，分别是"距离"方式和"角度"方式。执行 CHAMFER 命令，系统提示如下。

（"修剪"模式）当前倒角距离 1=0.0000，距离 2=0.0000

选择第一条直线或 [放弃(U)/多段线(P)/距离(D)/角度(A)/修剪(T)/方式(E)/多个(M)]:

(1)"距离"方式倒角：输入选项 D，指定两边倒角距离，两倒角距离可以相等，也可以不相等，或为 0，如图 3.18 所示。

图 3.18　倒角距离示例

(2)"角度"方式倒角：输入选项 A，指定第一条线上的倒角距离和该线与斜线间的夹角来确定倒角的大小。

(3) 选择"修剪"模式：输入选项 T，可设置"修剪"或"不修剪"模式。选择"修剪"模式时，系统将自动修剪或延伸源对象；选择"不修剪"模式时，倒角后将保留源对象，既不修剪也不延伸。图 3.17 所示为采用修剪模式倒角。

(4) 连续倒角：输入选项 M，可连续倒角，按 Enter 键结束命令。

【提示】 当"倒角"方式和"修剪"模式确定后，将一直沿用，直到重新设定为止。

3.4.6　圆角

1) 命令

菜单栏："修改" | "圆角"

命令行：FILLET

功能区：默认-修改面板 按钮

2) 功能

用与对象相切且具有指定半径的圆弧连接两个对象。

3) 分析

执行 FILLET 命令后，系统提示如下。

当前设置：模式=修剪，半径=0.0000

选择第一个对象或[放弃(U)/多段线(P)/半径(R)/修剪(T)/多个(M)]: /选择圆角的一个对象。

选择第二个对象: /选择圆角的第二个对象。

系统将按当前设置完成倒圆角。输入选项可以修改当前设置。

(1) 设置圆角半径(R)：圆角半径是指连接被圆角对象的圆弧半径。 修改圆角半径将影响后续的圆角操作。如果设置圆角半径为 0，则被圆角的对象将被修剪或延伸直到它们相交，并不创建圆弧。若选择对象时，按住 Shift 键，这时也按圆角半径等于 0 操作。

(2)"修剪(T)"选项：选择"修剪"选项，指定是否自动修剪或延伸源对象。

(3)"多个(M)"选项：可以圆角多组对象而无需结束命令。

(4)"多段线(P)"选项：可在二维多段线中两相交线段的顶点处进行圆角。如果设置一个非零的圆角半径，FILLET 将在长度足够适合圆角半径的每条多段线线段的顶点处插入圆角弧，如图 3.19 所示。

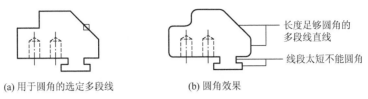

(a) 用于圆角的选定多段线　　　　(b) 圆角效果

图 3.19　为多段线加圆角

【提示】　执行"圆角"命令选择对象时，应注意拾取点的位置不同，圆角的效果也不同，如图 3.20 所示。

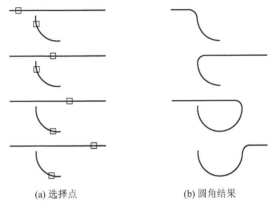

(a) 选择点　　　　(b) 圆角结果

图 3.20　不同位置拾取点的圆角效果

3.5　夹　点　编　辑

3.5.1　夹点简介

在没有执行任何命令的情况下，用光标选择对象后，对象关键点上出现的小方框称为夹点。夹点是对象本身的特征点，不同对象上，特征点的位置和数量也不相同，如直线的端点和中点为其特征点、圆的圆心和象限点为其特征点等。夹点有冷态和热态之分，选定的夹点称为热态夹点，未选定的夹点称为冷态夹点。常见实体上夹点的位置如图 3.21 所示。

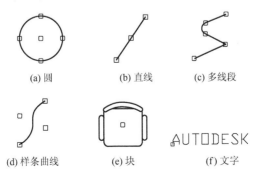

(a) 圆　　　　(b) 直线　　　　(c) 多线段

(d) 样条曲线　　　(e) 块　　　　(f) 文字

图 3.21　常见实体上夹点的位置

3.5.2 使用夹点编辑

1) 夹点编辑操作

使用夹点编辑对象，要选择一个夹点作为基点，该夹点称为基准夹点。然后选择一种编辑操作模式，夹点编辑可以进行拉伸、移动、旋转、缩放和镜像等一系列操作。

当选中对象出现夹点时，拾取一个夹点，则此夹点变为热点，当前选择集进入夹点编辑状态，按 Enter 键，可切换进行拉伸、移动、旋转、比例缩放和镜像 5 种编辑操作，信息提示顺序如下。

```
** 拉伸 **
指定拉伸点或 [基点(B)/复制(C)/放弃(U)/退出(X)]:
** 移动 **
指定移动点或 [基点(B)/复制(C)/放弃(U)/退出(X)]:
** 旋转 **
指定旋转角度或 [基点(B)/复制(C)/放弃(U)/参照(R)/退出(X)]:
** 比例缩放 **
指定比例因子或 [基点(B)/复制(C)/放弃(U)/参照(R)/退出(X)]:
** 镜像 **
指定第二点或 [基点(B)/复制(C)/放弃(U)/退出(X)]:
```

基点可以是当前拾取的热夹点，也可以是输入 B 选项后重新指定的基点。默认情况下，选中的热点就是拉伸点、移动基点、旋转中心点、缩放中心点或镜像线的第一点。

2) 操作示例

使用夹点编辑功能，完成如图 3.22 所示的操作。

(1) 拾取对象 12 出现夹点。单击点 2 变成热点，进入夹点编辑模式，如图 3.22(a) 所示。

```
* 拉伸 **
指定拉伸点或 [基点(B)/复制(C)/放弃(U)/退出(X)]:  <对象捕捉 开>
```

(2) 把点 2 拉伸到新位置点 3。

(3) 单击点 3 变成热点，进入夹点编辑模式。

```
* 拉伸 **
指定拉伸点或 [基点(B)/复制(C)/放弃(U)/退出(X)]: c/进入"复制"拉伸模式。
```

(4) 利用"对象捕捉"功能，把点 3 顺序拉伸到与另外三条直线连接。

(5) 按 Enter 键，退出编辑模式，按 Esc 键完成图形编辑，如图 3.22(b)所示。

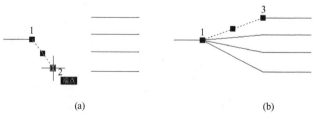

(a)　　　　　　　　　　(b)

图 3.22　使用夹点编辑

3.6 对象特性编辑

3.6.1 使用"对象特性"选项板

1) 命令

菜单栏："工具"|"选项板"|"特性"

命令行：PROPERTIES

功能区：默认-特性面板■按钮

2) 功能

修改所选对象的图层、颜色、线型和线宽等基本特性和几何特性。

3) 分析

执行 PROPERTIES 命令，打开"特性"面板，如图 3.23 所示。利用"特性"选项板可以方便地设置对象的各种特性。

"特性"选项板显示选定对象或对象集的特性。

当选择单个对象时，"特性"选项板显示该对象的所有特性及其当前的设置。当选择多个对象时，"特性"选项板显示选择集中所有对象的公共特性。如果未选择对象，"特性"选项板将只显示当前图层和布局的基本特性、附着在图层上的打印样式表名称、视图特性和 UCS 的相关信息。

调用"特性"选项板，可以指定新值以修改任何可以更改的特性。

修改对象特性可以用以下方法。

图 3.23 "特性"面板

(1) 使用夹点选中对象，然后调用"特性"命令，打开"特性"选项板，单击要修改的属性，输入新的属性值；按 Esc 键结束修改，关闭"特性"选项板。

(2) 调用命令，打开"特性"选项板，然后用夹点选择对象，再进行修改。

(3) 调用命令，打开"特性"选项板，单击选项板右上角的"快速选择"按钮，打开"快速选择"对话框，产生一个选择集，然后修改选择集的共同特性。

3.6.2 特性匹配

1) 命令

菜单栏："修改"|"特性匹配"

命令行：MATCHPROP

功能区：默认-特性面板■按钮

2) 功能

特性匹配是将源对象的某些或所有特性复制给目标对象的操作。利用"特性匹配"功能，可以方便快捷地修改对象属性。

3) 分析

执行"特性匹配"命令后，系统提示如下。

选择源对象：/选择要复制其特性的对象。

当前活动设置: 当前选定的特性匹配设置当前活动设置: 颜色 图层 线型 线型比例 线宽 厚度 打印样式 标注 文字 填充图案 多段线 视口 表格材质 阴影显示

选择目标对象或[设置(S)]: /选择一个或多个要复制特性的对象。

选项"设置(S)"可打开"特性设置"对话框，如图 3.24 所示，可以指定需要从源对象复制到目标对象上的特性。

【提示】 "特性匹配"命令只是复制图形的属性而不是复制图形。

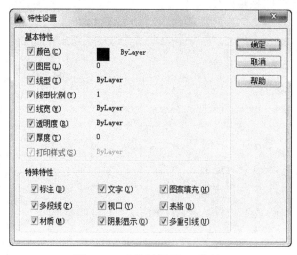

图 3.24 "特性设置"对话框

3.7 实训实例（三）

3.7.1 圆弧连接

1) 实训目标

按照如图 3.25 所示的尺寸，绘制圆弧连接图形。

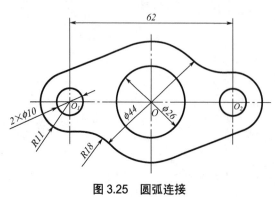

图 3.25 圆弧连接

2) 实训目的

掌握 6 种绘制圆的方法，使用"对象捕捉"功能绘图，掌握"偏移""修剪"等编辑命令的使用。

3) 绘图思路

(1) 绘制中心线。

(2) 绘制圆。

(3) 利用对象捕捉"相切"模式绘制切线。

(4) 利用"相切、相切、半径"选项绘制圆弧连接。

(5) 修剪多余图线。

4) 操作步骤

(1) 在"中心线"图层，选择菜单"绘图"|"直线"命令绘制中心线。

命令：_line

指定第一点：/任意指定一点。

指定下一点或 [放弃(U)]: /光标水平移动适当长度指定第二点。

指定下一点或 [放弃(U)]: ✓/结束命令。

重复"直线"命令。

命令：_line

指定第一点：/适当位置指定一点。

指定下一点或 [放弃(U)]: /光标垂直移动适当长度指定第二点。

指定下一点或 [放弃(U)]: ✓/结束命令。

(2) 将垂直中心线向左、右各偏移距离 31 。

命令：_offset

当前设置：删除源=否　图层=源　OFFSETGAPTYPE=0

指定偏移距离或 [通过(T)/删除(E)/图层(L)] <60.0000>: 31✓/输入偏移距离。

选择要偏移的对象，或 [退出(E)/放弃(U)] <退出>: /选择垂直中心线。

指定要偏移的那一侧上的点，或 [退出(E)/多个(M)/放弃(U)] <退出>: /光标在垂直线左侧单击。

选择要偏移的对象，或 [退出(E)/放弃(U)] <退出>:/选择垂直中心线。

指定要偏移的那一侧上的点，或 [退出(E)/多个(M)/放弃(U)] <退出>:/光标在垂直线右侧单击。

选择要偏移的对象，或 [退出(E)/放弃(U)] <退出>:✓/结束命令。

(3) 切换到"粗实线"图层，选择菜单"绘图"|"圆"命令，使用"圆心、直径"方法绘制圆。

命令_circle 指定圆的圆心或 [三点(3P)/两点(2P)/相切、半径(T)]: /拾取交点 O。

指定圆的半径或 [直径(D)]: d✓

指定圆的直径: 26✓

同理，使用"圆心、直径"方法分别以 O_1、O_2 为圆心绘制 $\phi 10$ 的圆。

(4) 选择菜单"绘图"|"圆"命令，使用"圆心、半径"方法绘制圆。

命令：_circle

指定圆的圆心或 [三点(3P)/两点(2P)/相切、半径(T)]: /拾取交点 O。

指定圆的半径或 [直径(D)] <11.0000>: 22✓

同理，使用"圆心、半径"方法分别以 O_1、O_2 为圆心绘制 $R11$ 的圆。

(5) 选择菜单"绘图"|"圆"命令，使用"切点、切点、半径"方法绘制圆。

命令: _circle 指定圆的圆心或 [三点(3P)/两点(2P)/切点、切点、半径(T)]: t✓

指定对象与圆的第一个切点: /单击 R11_tan。

指定对象与圆的第二个切点: /单击 R22_tan。

指定圆的半径 <22.0000>: 18✓

同理，使用"切点、切点、半径"方法绘制另一 *R*18 相切圆。

(6) 选择菜单"绘图"|"直线"命令，启用对象捕捉"切点"模式，关闭"圆心"模式，绘制与圆弧相切的直线。

命令：_line

指定第一点: /单击 R11_tan。

指定下一点或 [放弃(U)]: /单击 R22_tan。

指定下一点或 [放弃(U)]: ✓/结束命令。

同理，绘制另一相切直线。

(7) 利用"修剪"命令修剪图形。

选择菜单"修改"|"修剪"命令，修剪多余的图线，完成图形绘制。

3.7.2 异形扳手

1) 实训目标

绘制如图 3.26 所示图形。

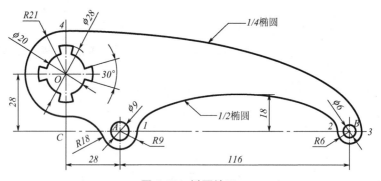

图 3.26　椭圆练习

2) 实训目的

掌握椭圆、椭圆弧的绘制方法。

3) 绘图思路

(1) 绘制中心线。

(2) 绘制圆和直线。

(3) 绘制椭圆、椭圆弧。

(4) 修剪多余图线。

4) 操作步骤

(1) 在"中心线"图层，选择菜单"绘图"|"直线"命令绘制中心线。

命令：_line

指定第一点: /任意指定一点。

指定下一点或 [放弃(U)]: /光标水平移动适当长度指定第二点。

指定下一点或 [放弃(U)]: ✓/结束命令。

重复"直线"命令，同理绘制垂直中心线。

(2) 切换到"粗实线"图层，选择菜单"绘图"|"圆"命令，使用"圆心、直径"方法绘制圆。

命令_circle 指定圆的圆心或 [三点(3P)/两点(2P)/相切、半径(T)]: /拾取交点 O。

指定圆的半径或 [直径(D)]: d↙

指定圆的直径: 20↙

同理，以 O 为圆心绘制 $\phi28$ 和 $R21$ 的圆。再分别以 A、B 为圆心绘制 $\phi9$、$R9$ 和 $\phi6$ 和 $R6$ 的圆。

(3) 选择菜单"绘图"|"椭圆"|"圆弧"命令，绘制椭圆弧。

命令: _ellipse

指定椭圆的轴端点或 [圆弧(A)/中心点(C)]: _a

指定椭圆弧的轴端点或 [中心点(C)]: /光标拾取点 1。

指定轴的另一个端点: /光标拾取点 2。

指定另一条半轴长度或 [旋转(R)]: 18↙/光标垂直向上，出现虚光线，输入短半轴径。

指定起始角度或 [参数(P)]: /光标拾取点 2。

指定终止角度或 [参数(P)/包含角度(I)]: /光标拾取点 1。

(4) 选择菜单"绘图"|"椭圆"|"中心"命令，绘制椭圆。

命令: _ellipse

指定椭圆的轴端点或 [圆弧(A)/中心点(C)]: c↙

指定椭圆的中心点: /光标拾取点 C。

指定轴的端点: /光标拾取点 3。

指定另一条半轴长度或 [旋转(R)]: /光标拾取点 4。

(5) 选择菜单"绘图"|"圆"命令，使用"相切、相切、半径"方法绘制圆。

命令: _circle 指定圆的圆心或 [三点(3P)/两点(2P)/切点、切点、半径(T)]: t↙

指定对象与圆的第一个切点: 单击 R21 _tan。

指定对象与圆的第二个切点: 单击 R9 _ tan。

指定圆的半径 <10.0000>: 18↙

(6) 选择菜单"绘图"|"构造线"命令绘制斜线。

命令: _xline 指定点或 [水平(H)/垂直(V)/角度(A)/二等分(B)/偏移(O)]: a↙

输入构造线的角度 (0) 或 [参照(R)]: r↙

选择直线对象: /选择 $\phi20$ 的水平中心线。

输入构造线的角度 <0>: 15↙

指定通过点: /光标拾取 O 点。

命令: _xline 指定点或 [水平(H)/垂直(V)/角度(A)/二等分(B)/偏移(O)]: a↙

输入构造线的角度 (0) 或 [参照(R)]: r↙

选择直线对象: /选择 $\phi20$ 的水平中心线。

输入构造线的角度 <0>: −15↙

指定通过点: /光标拾取 O 点。

同理，绘制另外两条构造线。

(7) 选择菜单"修改"|"修剪"命令，将多余的图线修剪掉，完成图形绘制。

3.7.3 挂轮架

1) 实训目标

按照图 3.27 所示尺寸绘制挂轮架图形，并标注尺寸。

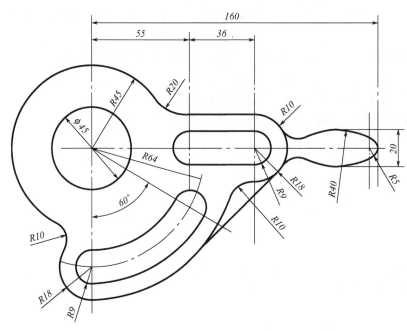

图 3.27 挂轮架

2) 实训目的

巩固 LINE、CIRCLE、ARC 等绘图命令的使用方法；掌握使用 OFFSET、TRIM、ERASE、COPY、ROTATE、MIRROR 和 FILLET 等命令编辑修改图形的方法；灵活使用"对象捕捉"功能，掌握基本尺寸标注的方法。

3) 绘图思路

(1) 绘制中心线定位图形。

(2) 使用 CIRCLE 命令绘制左侧同心圆。

(3) 使用 COPY 命令复制圆。

(4) 使用 CIRCLE、LINE、OFFSET、TRIM 命令连接圆弧，修剪圆弧。

(5) 使用 CIRCLE 命令绘制右端手柄的一半，使用 MIRROR 命令绘制手柄另一半。

(6) 使用 TRIM、ERASE 命令去掉多余图线。

4) 操作步骤

(1) 在"中心线"图层单击直线 ✏ 按钮，绘制水平、垂直中心线。单击偏移 ▱ 按钮，将垂直线 AB 依次向右偏移 55、36，再将 AB 向右偏移 160，再将偏移到最右端的垂直线向左偏移 5。单击旋转 ○ 按钮，将垂直线 AB 绕 O 点复制旋转 60°。单击打断 ▯ 按钮，将旋转直线精确在 O 点处打断并删除左上部分。单击圆弧 ✏ 按钮，绘制 R64 的圆弧，如图 3.28 所示。

(2) 切换"粗实线"图层，单击圆 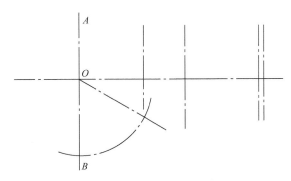 按钮，以 O 为圆心画 $R45$、$\phi45$ 的同心圆，在圆弧与直线交点处绘制 $R9$、$R18$ 的同心圆，如图 3.29 所示。

图 3.28　画中心线定位图形

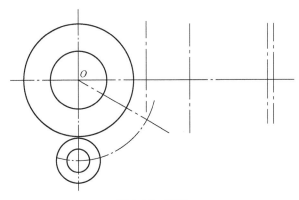

图 3.29　画圆

(3) 单击复制 按钮，在如图 3.30 所示位置，复制 3 个 $R9$ 的小圆和一个 $R18$ 的大圆。执行"直线"命令，拾取"象限点"绘制 4 条水平直线。修剪多余的线条。

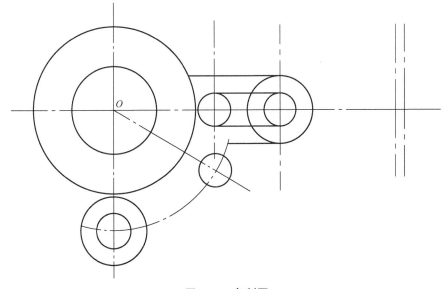

图 3.30　复制圆

（4）单击圆角 按钮，分别对 $R45$ 和 $R18$ 的圆倒 $R10$ 的圆角，对 $R45$ 和直线倒 $R20$ 的圆角。单击圆弧 命令，以 O 为圆心，画两条与 $R9$ 圆相切的圆弧，再画一条与 $R18$ 圆相切的圆弧，对该圆弧和最下一条水平线倒 $R10$ 的圆角。单击修剪 按钮，修剪多余的线条，如图 3.31 所示。

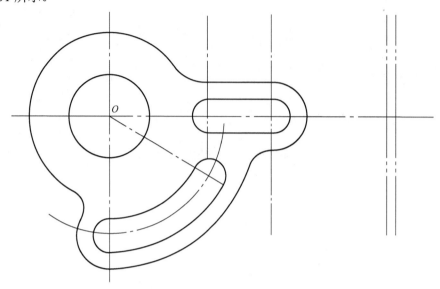

图 3.31　画圆弧倒圆角

（5）执行"直线"命令，捕捉切点画切线。执行"偏移"命令，将水平中心线上、下各偏移 10。执行"圆"命令画 $R5$ 的小圆。执行"圆"|"切点、切点、半径"命令，画 $R40$ 的大圆。执行"圆角"命令，对 $R40$ 和 $R18$ 的圆弧倒 $R10$ 的圆角，如图 3.32 所示。

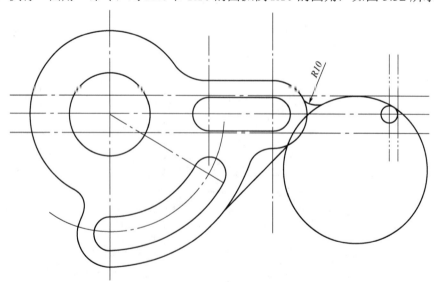

图 3.32　连接切线画手柄的一半

（6）修剪多余的图线。执行"镜像"命令，绘制右端手柄，如图 3.33 所示。

（7）标注尺寸，删除多余图线，完成图形绘制。

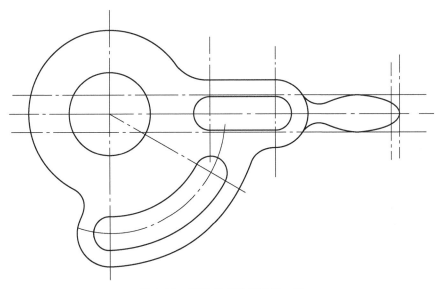

图 3.33 镜像完成手柄的另一半

3.7.4 链盒盖

1) 实训目标

按照图 3.34 所示尺寸绘制链盒盖图形，并标注尺寸。

2) 实训目的

巩固 RECTANG、POLYGON、LINE、CIRCLE 等绘图命令的使用方法；掌握使用
OFFSET、TRIM、ERASE、ROTATE、ARRAY 和 CHAMFER 等命令编辑修改图形的方法；
灵活使用"对象捕捉""对象捕捉追踪"功能；掌握基本尺寸标注的方法。

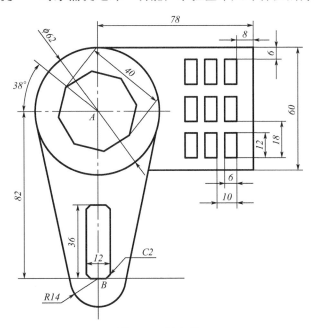

图 3.34 链盒盖

3) 绘图思路

(1) 绘制中心线。使用 CIRCLE 命令绘制圆。

(2) 使用 POLYGON 命令绘制多边形。给定参照角度旋转多边形。

(3) 绘制小圆；绘制切线。

(4) 使用 RECTANG 命令绘制内部矩形并倒角。

(5) 使用 LINE 命令绘制右侧外框。

(6) 绘制一个小矩形，矩形阵列图形。

4) 操作步骤

(1) 在"中心线"图层单击直线 按钮，绘制水平、垂直中心线。单击偏移 按钮，将水平线向下偏移 82。

(2) 切换到"粗实线"图层，单击圆 按钮，以 A 为圆心绘制 $\phi62$ 圆。单击多边形 按钮，以 A 为中心绘制内接于 $R20$ 圆的八边形，如图 3.35 所示。

(3) 单击旋转 按钮，使用"参照"选项旋转多边形，使多边形的一个顶点与 38° 角对齐，如图 3.36 所示。

 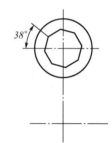

图 3.35　绘制圆和多边形　　　　图 3.36　给定参照旋转多边形

(4) 单击圆 按钮，以 B 为圆心绘制 $R14$ 圆。单击直线 按钮，使用"切点"模式绘制切线。单击矩形 按钮，绘制 12×36 的矩形。单击倒角 按钮，对矩形倒角距离为 2，如图 3.37 所示。

(5) 单击直线 按钮，绘制右侧外框。单击矩形 按钮，绘制一个 6×12 的矩形。矩形阵列如图 3.38 所示。

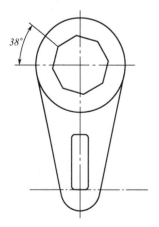 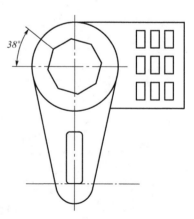

图 3.37　绘制矩形并倒角　　　　图 3.38　矩形阵列编辑图形

3.8　思考与练习 3

1. 在 AutoCAD 中，如何使用"阵列"命令进行"矩形""环形"和"路径"阵列？

2. 在 AutoCAD 中，"打断"和"打断于点"命令有什么区别？

3. "修剪"和"延伸"命令是相对应的命令，有哪些相同和不同？

4. "修改"菜单中的"复制"命令与剪贴板中"复制"命令有什么不同？如何应用？

5. "修改"菜单中的"移动"和"缩放"命令与导航栏中的"实时平移"和"实时缩放"有何不同？如何应用。

6. 灵活使用 AutoCAD 的编辑命令绘制图 3.39～图 3.44 所示的图形。

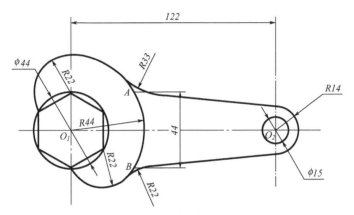

图 3.39　绘图练习一

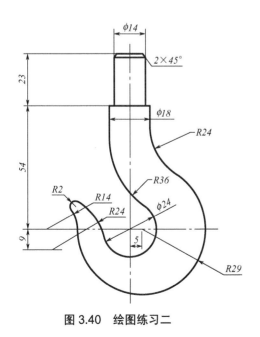

图 3.40　绘图练习二

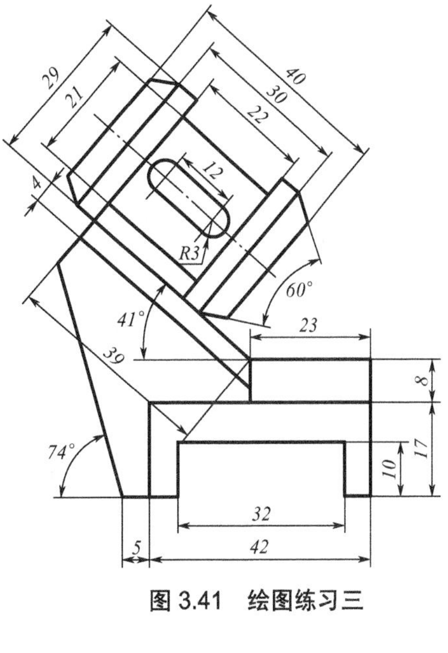

图 3.41　绘图练习三

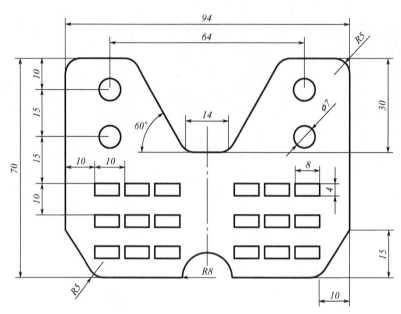

图 3.42　绘图练习四

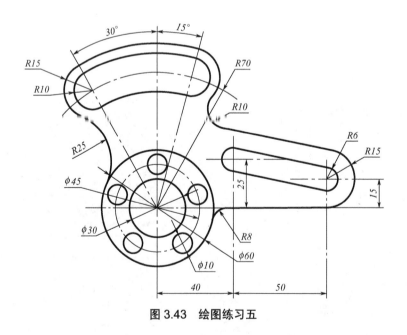

图 3.43　绘图练习五

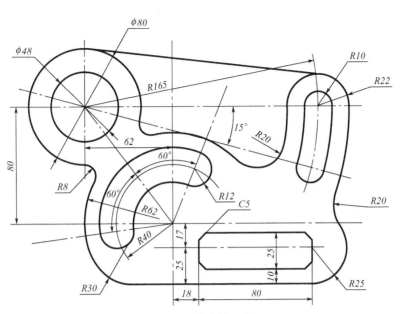

图 3.44　绘图练习六

第 **4** 章

复杂二维图形的绘制与编辑

教学提示

第 2 章和第 3 章已经介绍了二维基本绘图和编辑命令，使用这些命令可以绘制大多数工程图形。然而，在工程制图上还有一些特殊要求，如表现物体的纹理或材质、机械制图中的波浪线、剖视图中的剖面线、建筑图中的墙体线及一些不规则线条、签名等。AutoCAD 为用户提供了各种特殊场合使用的绘图及编辑命令，能够满足各个行业的绘图需求。

教学要求

◆ 掌握多段线的绘制及编辑
◆ 掌握样条曲线的绘制及编辑
◆ 掌握多线的绘制及编辑
◆ 掌握"修订云线""区域覆盖"和"徒手画线"命令
◆ 掌握图案填充的设置、创建和编辑
◆ 掌握边界和面域的创建

4.1　多段线及编辑

多段线是 AutoCAD 中特殊的图形实体,它由一系列头尾相接的直线或圆弧组成。在数控加工中,刀具轨迹信息由 AutoCAD 图形数据库中描述零件轮廓的图形实体获取,而零件轮廓的图形实体则须连接成一条多段线(可封闭也可不封闭)。多段线与三维 CAD 图形绘制有很大关联,是 AutoCAD 中较为复杂的图元对象。

4.1.1　绘制多段线

1) 命令
菜单栏:"绘图"|"多段线"
命令行:PLINE
功能区:默认-绘图面板 按钮
2) 功能
用于绘制由多个直线段或弧线连续构成的单一对象。
3) 分析
执行 PLINE 命令,系统提示如下。
指定起点: /拾取第一点。
当前线宽为 0.0000
指定下一个点或 [圆弧(A)/半宽(H)/长度(L)/放弃(U)/宽度(W)]: /拾取第二点。
该命令提示选项功能如下。
(1)"宽度(W)"和"半宽(H)":可以设置要绘制的多段线的线宽。
(2)"长度(L)":用于指定直线长度。
(3)"圆弧(A)":将下一个线段转换成圆弧。执行该选项,系统进一步提示如下。
指定圆弧的端点或
[角度(A)/圆心(CE)/闭合(CL)/方向(D)/半宽(H)/直线(L)/半径(R)/第二个点(S)/放弃(U)/宽度(W)]:
根据提示可继续操作,结束命令按 Enter 键。
4) 操作示例 1
使用"多段线"命令,绘制如图 4.1 所示的样板件。操作如下。

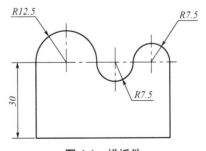

图 4.1　样板件

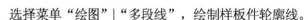

选择菜单"绘图"|"多段线"，绘制样板件轮廓线。

命令：_pline

指定起点：/拾取左下角起点。

指定下一点或 [圆弧(A)/半宽(H)长度(L)/放弃(U)/宽度(W)：30↙/绘制直线。

指定下一点或 [圆弧(A)/半宽(H)长度(L)/放弃(U)/宽度(W)：A↙/绘制圆弧状态。

指定圆弧的端点或[角度(A)/圆心(CE)/闭合(CL)/方向(D)/半宽(H)/直线(L)/半径(R)/第二个点(S)/放弃(U)/宽度(W)：A↙/输入角度状态。

指定包含角：-180↙/输入角度值，逆时针为正，顺时针为负。

指定圆弧的端点或 [圆心(CE)/半径(R)]：R↙/输入半径状态。

指定圆弧半径：12.5↙/输入半径值。

指定圆弧的弦放方向<90>：0↙/指定弦的角度方向。

指定圆弧的端点或 [角度(A)/圆心(CE)/闭合(CL)/方向(D)/半宽(H)/直线(L)/半径(R)/第二个点(S)/放弃(U)/宽度(W)：A↙/输入角度状态。

指定包含角：180↙/输入角度值。

指定圆弧的端点或 [圆心(CE)/半径(R)]：R↙/输入半径状态。

指定圆弧半径：7.5↙/输入半径值。

指定圆弧的弦放方向<270>：0↙/指定弦的角度方向。

指定圆弧的端点或 [角度(A)/圆心(CE)/闭合(CL)/方向(D)/半宽(H)/直线(L)/半径(R)/第二个点(S)/放弃(U)/宽度(W)：A↙/输入角度状态。

指定包含角：-180↙/输入角度值。

指定圆弧的端点或 [圆心(CE)/半径(R)]：R↙/输入半径状态。

指定圆弧半径：7.5↙/输入半径值。

指定圆弧的弦放方向<90>：0↙/指定弦的角度方向。

指定圆弧的端点或 [角度(A)/圆心(CE)/闭合(CL)/方向(D)/半宽(H)/直线(L)/半径(R)/第二个点(S)/放弃(U)/宽度(W)：L↙/绘制直线状态。

指定下一点或 [圆弧(A)/半宽(H)长度(L)/放弃(U)/宽度(W)：30↙/光标向下输入线段长。

指定下一点或 [圆弧(A)/半宽(H)长度(L)/放弃(U)/宽度(W)：U↙/闭合多段线。

5) 操作示例 2

使用多段线命令，绘制如图 4.2 所示的三菱图案，操作如下。

选择菜单"绘图"|"多段线"绘制菱形。

命令：_pline

指定起点：/光标拾取菱形图案的一个顶点。

当前线宽为 0.0000

指定下一个点或 [圆弧(A)/半宽(H)/长度(L)/放弃(U)/宽度(W)：W↙/切换线宽。

指定起点宽度<0.0000>：↙/默认起点宽度为 0。

指定端点宽度<0.0000>：15↙/指定端点宽度 15。

指定直线的长度：15↙/光标向下，输入长度值。

指定下一个点或 [圆弧(A)/半宽(H)/长度(L)/放弃(U)/宽度(W)：W↙/切换线宽。

指定起点宽度<15.0000>：↙/默认起点宽度为 15。

指定端点宽度<15.0000>：0↙/指定端点线宽为 0。

指定直线的长度：15✓/光标向下，输入长度值。绘制好一个菱形，如图 4.3 所示。

选择菜单"修改"|"阵列"|"环形阵列"命令，编辑菱形图案如图 4.2 所示。

图 4.2　菱形图案

图 4.3　一叶菱形

4.1.2　编辑多段线

1) 命令

菜单栏："修改"|"对象"|"多段线"

命令行：PEDIT

功能区：默认-修改面板✍按钮

2) 功能

修改多段线。PEDIT 命令具有特殊的编辑功能以处理多段线的独特属性，它包括 7 个选项："合并""宽度""编辑顶点""拟合""样条曲线""非曲线化"和"线型生成"。

3) 分析

执行 PEDIT 命令，系统提示如下。

选择多段线或 [多条(M)]:

输入选项 [打开(O)/合并(J)/宽度(W)/编辑顶点(E)/拟合(F)/样条曲线(S)/非曲线化(D)/线型生成(L)/放弃(U)]:

各选项功能如下。

(1) "打开"(闭合)：将闭合的多段线打开，将打开的多段线闭合。

(2) "合并(J)"：将直线、圆弧或多段线添加到一条多段线中，使之成为新的多段线。这些对象必须是首尾相连的。若选择对象不是多段线，根据提示可将其转换成多段线。

(3) "宽度(W)"：重新设置多段线的宽度，使多段线具有统一线宽。

(4) "编辑顶点(E)"：顶点是多段线两段的交点。执行该命令时，会在第一个顶点上出现一个×标记，表明要编辑哪个顶点。

执行该选项，系统进一步提示如下。

输入顶点编辑选项

[下一个(N)/上一个(P)/打断(B)/插入(I)/移动(M)/重生成(R)/拉直(S)/切向(T)/宽度(W)/退出(X)] <N>:

选择相应选项，即可执行相应的编辑功能。

(5) "拟合(F)"：创建一系列的圆弧线，且圆弧线的端点穿过多线段的端点，每个弧线弯曲的方向依赖于相邻圆弧的方向，因此产生了平滑的效果。

(6) "样条曲线(S)"：将多段线编辑成样条曲线的近似线，多线段的各个顶点为样条曲线的控制点。

(7)"非曲线化(D)"：删除由拟合或样条曲线插入的其他顶点并拉直所有多段线线段。

(8)"线型生成(L)"：生成经过多段线顶点的连续图案的线型。

4) 操作示例

绘制如图 4.5 所示的拼图图案，操作如下。

(1) 选择菜单"绘图"|"多段线"命令，绘制如图 4.4 所示的闭合多段线。

(2) 编辑多段线。

命令：pedit 选择多段线或 [多条(M)]: /选择图 4.4 所示多段线。

输入选项 [打开(C)/合并(J)/宽度(W)/编辑顶点(E)/拟合(F)/样条曲线(S)/非曲线化(D)/线型生成(L)/放弃(U): F↙/拟合多段线。编辑结果如图 4.5 所示。

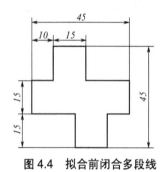

图 4.4　拟合前闭合多段线　　　　　图 4.5　拟合后的拼图图形

4.2　样条曲线及编辑

4.2.1　绘制样条曲线

1) 命令

菜单栏："绘图"|"样条曲线"|"拟合点"、"控制点"

命令行：SPLINE

功能区：默认-绘图面板 ▩、▩ 按钮

2) 功能

绘制样条曲线。样条曲线是在指定的公差范围内，用一系列拟合点建立的平滑曲线。可以使用控制点或拟合点创建曲线。

3) 分析

(1) 用拟合点创建样条曲线。

命令：_spline

当前设置：方式=拟合　　节点=弦　/两拟合点为曲线弦方向，如图 4.6(a)所示。

指定第一个点或 [方式(M)/节点(K)/对象(O)]:/光标拾取一点为样条曲线的起始点。

输入下一个点或 [起点切向(T)/公差(L)]:/拾取第二点作为样条曲线的一般点。

输入下一个点或 [端点相切(T)/公差(L)/放弃(U)]:/继续拾取点。

输入下一个点或 [端点相切(T)/公差(L)/放弃(U)/闭合(C)]:/按 Enter 键，完成样条曲线绘制，如图 4.6(b)所示。

(a)　　　　　　　　　　　　　　　　　　　　　　　(b)

图 4.6　拟合点创建样条曲线

(2) 用控制点创建样条曲线。

命令: _spline

当前设置: 方式=控制点　　阶数=3 /两控制点为曲线切线方向，如图 4.7(a)所示。

指定第一个点或 [方式(M)/阶数(D)/对象(O)]: /光标拾取一点为样条曲线的起始点。

输入下一个点: /拾取第二点作为样条曲线的一般点。

输入下一个点或 [放弃(U)]: : /继续拾取点。

输入下一个点或 [闭合(C)/放弃(U)]: /按 Enter 键，完成样条曲线绘制，如图 4.7(b)所示。

(a)　　　　　　　　　　　　　　　　　　　　　　　(b)

图 4.7　控制点创建样条曲线

(3) 设置拟合公差创建样条曲线。

公差是指样条曲线与指定拟合点之间的接近程度，公差越小，样条曲线与拟合点越接近。公差为 0 时，样条曲线通过所有的拟合点，如图 4.8 所示。公差大于 0，只能保证样条曲线通过拟合起点和终点，如图 4.9 所示。

图 4.8　样条曲线公差为 0　　　　　　　　图 4.9　样条曲线公差大于 0

4.2.2　编辑样条曲线

1) 命令

菜单栏: "修改"|"对象"|"样条曲线"

命令行: SPLINEEDIT

功能区: 默认-修改面板 按钮

2) 功能

修改样条曲线。该编辑功能突出显现在移动顶点和优化控制上，如增减拟合点、修改样条曲线起点和终点切线方向、修改拟合偏差等。

3) 分析

执行_splinedit 命令，提示信息如下。

选择样条曲线：

输入选项 [拟合数据(F)/闭合(C)/移动顶点(M)/优化(R)/反转(E)/转换为多段线(P)/放弃(U)]：

各选项功能如下。

(1) "拟合数据(F)"：编辑样条曲线拟合点的数据。

执行该选项，系统进一步提示如下。

输入拟合数据选项

[添加(A)/闭合(C)/删除(D)/移动(M)/清理(P)/相切(T)/公差(L)/退出(X)] <退出>：

根据选项可编辑样条曲线。

(2) "移动顶点(M)"：重新定位样条曲线的控制顶点并清理拟合点。

(3) "优化(R)"：调整样条曲线的精度。

(4) "反转(E)"：反转样条曲线的方向。

(5) "转换为多段线(P)"：将样条曲线转换为多段线。

4.3 多线的绘制与编辑

多线是由若干条平行线组成的组合对象，可包含 1～16 条平行线，这些平行线称为元素。常用于绘制墙体、电子线路图和机械轮廓等。

4.3.1 多线样式设置

1) 命令

菜单栏："格式" | "多线样式"

命令行：MLSTYLE

2) 功能

定义、管理自己创建和保存的多线样式。

3) 分析

执行 MLSTYLE 命令，打开如图 4.10 所示的"多线样式"对话框。

"当前多线样式"显示当前正在使用的样式。"样式"列表框显示已经创建好的多线样式。"预览"框显示当前多线样式的图样。

单击"新建"按钮，弹出"创建新的多线样式"对话框，如图 4.11 所示。在"新样式名"文本框中输入新样式名。单击"继续"按钮，弹出如图 4.12 所示的"新建多线样式"对话框。

"新建多线样式"对话框中各选项功能如下。

(1) "说明"文本框：可对多线样式进行简单的说明和描述。

(2) "封口"选项组：用于设置多线起点和终点的封口样式。封口有"直线""外弧""内弧"和"角度"4 种样式，如图 4.13 所示。

(3) "图元"选项组可以设置多线元素的特性。元素特性包括每条直线元素的偏移量、颜色和线型。单击"添加"按钮，可以将新的多线元素添加到多线样式中，单击"删除"按钮，可以从当前的多线样式中删除不需要的直线元素。"偏移"文本框用于设置当前多线样式中某个直线元素相对于"零线"的偏移量，正值表示向上偏移，负值表示向下偏移。"颜色"下拉列表框用于选择元素的颜色。单击"线型"按钮，弹出"选择线型"对话框，可以选择已经加载的线型，或按需要加载线型以供选择。

图 4.10　"多线样式"对话框

图 4.11　"创建新的多线样式"对话框

图 4.12　"新建多线样式"设置对话框

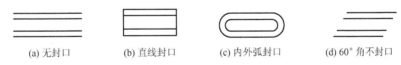

(a) 无封口　　　　　(b) 直线封口　　　　(c) 内外弧封口　　　(d) 60°角不封口

图 4.13　封口样式

4.3.2　绘制多线

1) 命令

菜单栏："绘图"|"多线"

命令行：MLINE

2) 功能

可绘制由 1～16 条平行线组成的组合对象。

3) 分析

执行 MLINE 命令后提示如下。

当前设置：对正 = 上，比例 = 20.00，样式 = STANDARD

指定起点或[对正(J)/比例(S)/样式(ST)]:

命令提示显示了当前的绘图格式。选择选项可改变格式，各项含义如下。

(1)"对正(J)"：确定绘制多线时的对正类型，即多线上的某条线与光标对齐，将随光标移动。对正类型有"上(T)""无(Z)"和"下(B)"这 3 种对正方式，如图 4.14 所示。

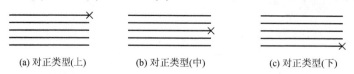

(a) 对正类型(上)　　　　(b) 对正类型(中)　　　　(c) 对正类型(下)

图 4.14　三种对正类型

(2)"比例(S)"：指定多线的宽度相对于多线的定义宽度的比例因子。如定义多线宽度为 1 个绘图单位、比例因子为 20，则整个多线宽度为 20 个图形单位。

(3)"样式(ST)"：该命令选项用于输入应用的多线样式，选择该选项后，如果用户要查找多线样式，可输入"？"，弹出"文本"窗口，供用户参考选择。

4.3.3　多线的编辑

1) 命令

菜单栏："修改" | "对象" | "多线"

命令行：MLEDIT

2) 功能

用来修改多线的交点、相交的形式，以及对多线中段进行剪切与接合。

3) 分析

执行 MLEDIT 命令，弹出如图 4.15 所示的"多线编辑工具"对话框。通过该对话框，可对多线进行交点合并、角点结合、多线剪切和接合等编辑。

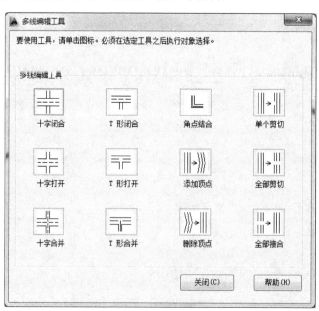

图 4.15　"多线编辑工具"对话框

4.4　修订云线、区域覆盖和徒手画线

4.4.1　修订云线

1) 命令

菜单栏："绘图"|"修订云线"

命令行：REVCLOUD

功能区：默认-绘图面板🔲按钮

2) 功能

云线是由圆弧组成的多段线，用于检查或用作红线圈阅图形。

3) 分析

执行 REVCLOUD 命令，系统提示如下。

命令：revcloud

最小弧长：15　　最大弧长：15　　样式：普通

指定起点或 [弧长(A)/对象(O)/样式(S)] <对象>：/指定一个
起点。

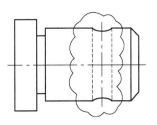

沿云线路径引导十字光标…/沿着需要的云线路径拖动光标。

修订云线完成/当光标移动到起点附近时，云线自动闭合。修订
云线如图 4.16 所示。

图 4.16　修订云线

信息提示中各选项含义如下。

(1)"弧长(A)"选项：用于设定云线的最小弧长和最大弧长。

(2)"对象(O)"选项：用于将图形对象转换为云线。

(3)"样式(S)"选项：用于选择绘制云线的圆弧样式，分普通和手绘两种。

4.4.2　区域覆盖

1) 命令

菜单栏："绘图"|"区域覆盖"

命令行：WIPEOUT

功能区：默认-绘图面板🔲按钮

2) 功能

区域覆盖是用一个多边形区域，使用当前背景色屏蔽底层的对象生成一个空白区域，用于
添加注释或详细的屏蔽信息。该区域与区域覆盖边框进行绑定，可以打开此区域进行编辑，也
可以关闭此区域进行打印。

3) 分析

使用空白区域覆盖现有对象，需创建或确定区域覆盖对象的多边形边界。

执行 WIPEOUT 命令，提示信息如下。

_wipeout 指定第一点或 [边框(F)/多段线(P)] <多段线>：p↙

选择闭合多段线:/选择多边形边界。

是否要删除多段线？[是(Y)/否(N)] <否>:↙/结果如图 4.17 所示。

(a) 多段线边界　　　　　　　　(b) 区域覆盖

图 4.17　区域覆盖

4.4.3　徒手画

1) 命令

命令行：SKETCH

2) 功能

在绘图时，常需要绘制一些不规则的线条，签名等，AutoCAD "徒手绘制" 功能，对于创建不规则边界或使用数字化仪追踪非常有用。

3) 分析

徒手绘图时，光标作为定点设备，就像画笔一样。单击鼠标左键即可将画笔放到屏幕上，这时可以进行绘图，再次单击将提起画笔并停止绘图。徒手画由许多条线段组成，每条线段都可以是独立的对象或多段线。可以设置线段的最小长度或增量。使用较小的线段可以提高精度，但会明显增加图形文件的大小。

执行 SKETCH 命令，提示信息如下。

记录增量 <1.0000>: /徒手画的最小线段长度。

徒手画. 画笔(P)/退出(X)/结束(Q)/记录(R)/删除(E)/连接(C). <笔 落> <笔 提>

单击鼠标左键，创建徒手画的起始点。徒手画是从单击鼠标左键时，十字光标所在的位置开始画线，移动光标将以指定的最小线段长度为单位绘图。再单击鼠标左键时提笔，按 Enter 键确认。图 4.18 所示为徒手画模具图案。

图 4.18　徒手画模具图案

4.5　创建和编辑图案填充

4.5.1　创建和设置填充图案

1) 命令

菜单栏："绘图" | "图案填充"

命令行：HATCH

功能区：默认-绘图面板■按钮

2) 功能

使用预定义填充图案填充区域。可用于绘制剖面符号，表现物体表面的纹理或材质。

3) 分析

执行 HATCH 命令，打开功能区上下文选项卡 "图案填充创建"，如图 4.19 所示，用户可以设置填充时的类型和图案、角度、比例等特性。在"图案填充创建"选项卡中单击"选项"面板的■按钮，系统弹出"图案填充和渐变色"对话框，单击对话框右下角的⊙按钮，展开对话框如图 4.20 所示。

图 4.19　"图案填充创建"选项卡

图 4.20　"图案填充和渐变色"对话框

(1) "类型和图案"选项组。

"类型"下拉列表框："预定义"类型表示可以使用 AutoCAD 提供的图案；"用户定义"类型是由一组平行线组成的图案，用户可定义间隔和倾角，或选用相互垂直网格线；"自定义"类型是用户事先定义好的图案。

"图案"下拉列表框：可以根据图案名选择图案(符合机械制图的图案是 ANSI31)，也可以单击其后的按钮，在打开的"填充图案选项板"对话框中选择图案，如图 4.21 所示。

"样例"预览窗口：显示当前选中的图案样例，单击"图案样例"窗口，也可打开"填充图案选项板"对话框，选择图案。

(2) "角度和比例"选项组。

"角度"下拉列表框：可设置填充图案的旋转角度，每种图案默认的旋转角度都为零，用户可按需要进行调整。

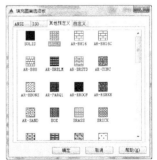

图 4.21　"填充图案选项板"对话框

"比例"下拉列表框：可设置图案填充时的比例值，每种图案默认的初始比例都为 1，可以根据需要放大或缩小。图 4.22 所示为角度和比例的调整效果。

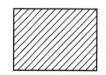　　　　

(a) 角度0°，比例1　　　　　　　(b) 角度90°，比例1.5

图 4.22　角度和比例的调整效果

(3) "图案填充原点"选项组。

"使用当前原点"单选框：单击可以使用当前 UCS 的原点(0,0)作为图案填充对齐点。

"指定的原点"单选框：单击可以使用指定图案填充对齐点。指定图案填充原点后的填充效果如图 4.23 所示。

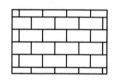　　　　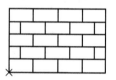

(a) 默认的图案填充原点　　　　　(b) 新的图案填充原点

图 4.23　设定图案填充原点效果

(4) "边界"选项组。

"拾取点"按钮：单击该按钮切换到绘图窗口，可在需要填充的区域内拾取一点，系统会自动计算出包围该点的封闭填充边界，同时显示填充效果。如果在拾取点后，填充边界未能封闭，系统会自动检测到无效的图案填充边界，并用红圆圈显示，以提示问题区域的位置。

"选择对象"按钮：单击该按钮切换到绘图窗口，可以通过选择对象的方式来定义填充区域的边界。

(5) "选项"选项组。

"注释性"复选框：指定所填充的图案是否为注释性图案。

"关联"复选框：用于创建图案或填充随其边界改变而更新。

"创建独立的图案填充"复选框：控制当指定了几个单独的闭合边界时，是创建单个图案填充对象，还是创建多个图案填充对象。

"绘图次序"下拉列表框：用于指定图案填充的绘图顺序，图案填充可以放在图案填充边界及所有其他对象之后或之前。

"继承特性"按钮：可以将现有图案填充或填充对象的特性应用到其他图案填充或填充对象上。

"允许的间隙"选项：设定将对象用作图案填充边界时可以忽略的最大间隙。默认值为 0，此值表明对象必须是封闭区域而没有间隙。

(6) "孤岛"选项组。

"孤岛检测"复选框，用于控制是否检测内部闭合边界(孤岛)。AutoCAD 图案填充是从最外层边界向内检测填充区域，区域内的孤岛可以选择填充也可选择不填充，孤岛填充包括三种样式："普通""外部"和"忽略"。

4) 说明

以"普通"方式填充时，如果填充边界内有文字、属性等特殊对象，默认情况下，这些对象也被检测为边界，填充时图案在文字对象处会自动断开，使文字对象更加清晰。若不选择"孤岛检测"选项，则边界内的文字对象将被忽略，如图 4.24 所示。

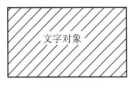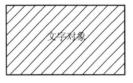

(a) 包含在选择集   (b) 不包含在选择集

图 4.24　设定图案填充原点效果

5) 操作示例

使用图案填充绘制泵盖的剖视图，如图 4.25 所示，操作如下。

(1) 选择菜单"绘图"|"图案填充"命令，打开功能区上下文"图案填充创建"选项卡。

(2) 在"图案"面板中，选择 ANSI31 预定义图案。

(3) 单击"拾取点"按钮，将光标置于绘图窗口需填充图案的区域上，系统将预览填充效果，满意单击该区域，按 Enter 键确认，不满意重新设置参数。

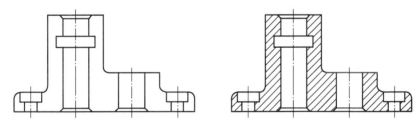

图 4.25　图案填充绘制泵盖的剖视图

4.5.2　编辑填充图案

图案是一种特殊的块，无论形状多复杂，它都是一个单独的对象。可以使用"分解"命令来分解已存在的关联图案，然后进行图案填充编辑。

1) 命令

菜单栏："修改"|"对象"|"图案填充"

命令行：HTACHEDIT

功能区：默认-修改面板█按钮

2) 功能

对已有的图案填充对象进行修改，可以修改其类型、特性参数等。

3) 说明

执行 HTACHEDIT 命令，选择已有图案填充对象，打开"图案填充编辑"对话框，它的内容与"图案填充和渐变色"对话框完全一样。利用对话框可以改变图案类型、角度和比例，改变图案样式和其他特性参数。

4.6　面域和布尔运算

4.6.1　创建面域

面域是由封闭边界构成的二维闭合区域。它具有面的物理特性(质心)和几何特性(面积)，可以进行填充、着色和布尔运算。面域对象可以生成三维图形。

1) 命令

菜单栏："绘图"|"面域"

命令行：REGION

功能区：默认-绘图面板 按钮

2) 功能

将由直线、圆弧、多段线等多个对象围成的封闭边界转换成一个面域对象。

3) 分析

执行命令：_region

选择对象：找到 1 个/ 选择要建立面域的对象。

选择对象：↙

已提取 1 个环。

已创建 1 个面域。/面域创建完毕。

结果如图 4.26 所示。

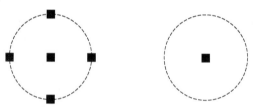

图 4.26　创建面域前后的夹点形式

4.6.2　布尔运算

1) 并集

并集运算是将两个或两个以上的面域或实体合并成一个新面域或新实体。

选择菜单"修改"|"实体编辑"|"并集"命令，依次选择待合并的面域，按 Enter 键，即可得到新面域，如图 4.27 所示。

(a) 创建一个面域　　　(b) 阵列成4个面域　　　(c) 并集

图 4.27　"并集"运算

2) 差集

差集运算是从一个或多个面域或实体中减去另一个或多个面域或实体,从而得到一个新面域或新实体。

选择菜单"修改"|"实体编辑"|"差集"命令后,首先,选择求差的源面域或实体,按Enter 键,再选择被减去的面域或实体,按 Enter 键,得到新面域或新实体,如图 4.28 所示。

【注意】　作差集运算时,实体必须有重叠部分,否则无法运算。

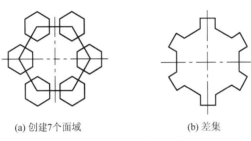

(a) 创建7个面域　　　　　　　(b) 差集

图 4.28　"差集"运算

3) 交集

交集运算是从两个或两个以上的面域或实体中抽取其重叠部分,得到新的面域或实体。

选择菜单"修改"|"实体编辑"|"交集"命令后,单击所有需要作交集运算的面域或实体,按 Enter 键,即可得到新的面域或实体,如图 4.29 所示。

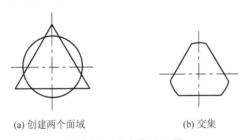

(a) 创建两个面域　　　　　　　(b) 交集

图 4.29　"交集"运算

4.7　实训实例 (四)

4.7.1　模具图案

1) 实训目标

绘制如图 4.30 所示的模具图案。

2) 实训目的

掌握多段线的绘制方法,灵活应用"镜像""阵列""偏移"和"移动"等编辑命令绘制图形。

3) 绘图思路

(1) 利用渐变多段线绘制一叶图形的一半。

(2) 利用"镜像"命令绘制另一半。

(3) 利用"偏移"命令绘制一组叶片。

(4) 移动叶片,利用"阵列"命令绘制整个图形。

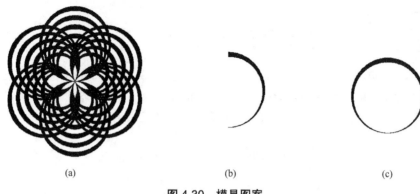

(a)　　　　　　　　　(b)　　　　　　　　　(c)

图 4.30　模具图案

4）操作步骤

(1) 单击 按钮。

命令: _pline 指定起点：　/在屏幕中指定第一点。

指定下一个点或 [圆弧(A)/半宽(H)/长度(L)/放弃(U)/宽度(W)]: w↙/选择宽度。

指定起点宽度 <0.0000>: 0↙/设置起点宽度为 0。

指定端点宽度 <0.0000>: 10↙/设置端点宽度为 10。

指定下一个点或 [圆弧(A)/半宽(H)/长度(L)/放弃(U)/宽度(W)]: a↙/绘制圆弧状态。

[角度(A)/圆心(CE)/方向(D)/半宽(H)/直线(L)/半径(R)/第二个点(S)/放弃(U)/宽度(W)]: a↙ /输入角度状态。

指定包含角：　180↙/输入包含角。

指定圆弧的端点或 [圆心(CE)/半径(R)]: r↙/输入半径状态。

指定圆弧的半径：　80↙/输入半径。

指定圆弧的弦方向 <180>:　90↙/设置圆弧的弦方向 90°。

按 Enter 键，结果如图 4.30(b)所示。

(2) 单击镜像 按钮，镜像图 4.30(b)所示的图形，结果如图 4.30(c)所示。

(3) 单击偏移 按钮，依次向内偏移距离为 10，次数为 4，结果如图 4.31(a)所示。

(4) 单击移动 按钮，分别以图 4.31(a)中的 1、2、3、4 点为基点，移动相应多段线图 形到 0 点位置，结果如图 4.31(b)所示。

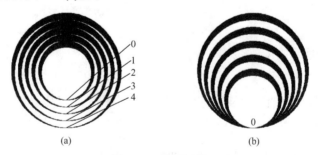

(a)　　　　　　　　　(b)

图 4.31　绘图过程

(5) 单击环形阵列 按钮，环形阵列图 4.31(b)所示图形，阵列中心为 O 点。阵列结果 如图 4.30(a)所示。

4.7.2　皮带轮

1) 实训目标

按照图 4.32 所示尺寸绘制皮带轮图形，并标注尺寸。

2) 实训目的

熟练掌握 LINE、CIRCLE 和 POINT 等绘图命令的使用方法，使用 OFFSET、TRIM、ERASE、ARRAY、FILLET 和 MIRROR 等编辑命令修改图形，创建图案填充，使用"对象捕捉"功能。

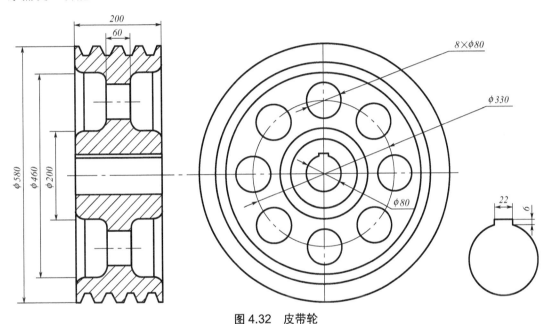

图 4.32　皮带轮

3) 绘图思路

(1) 绘制带轮主视图的上半部分。

(2) 利用"镜像"命令绘制带轮下半部分。

(3) 根据投影关系绘制带轮的左视图的圆。

(4) 利用"阵列"命令绘制圆孔。

(5) 利用"偏移""修剪"命令绘制键槽，复制和局部放大键槽。

(6) 补齐主视图线条，图案填充剖视图。

(7) 标注尺寸。

4) 操作步骤

(1) 绘制两条相互垂直的直线。使用 OFFSET 命令偏移出基本轮廓。水平线向上偏移 290、230、100、40。垂直线向右偏移 200。再分别将最左、最右垂直线向内偏移 70，如图 4.33 所示。

(2) 使用 TRIM 命令修剪超出轮廓外部的直线，如图 4.34 所示。然后修剪内部线段，得到带轮上半部轮廓，如图 4.35 所示。

(3) 将顶圆线向下偏移 20，设置点样式，将轮槽顶线和底线定数等分为 24 段。

命令：_divide

选择要定数等分的对象：/拾取轮槽顶线。

输入线段数目或 [块(B)]： 24↙/轮槽顶线插入等分点。

重复 DIVIDE 命令等分轮槽底线，如图 4.36 所示。

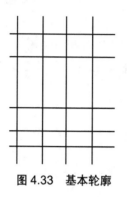

图 4.33　基本轮廓

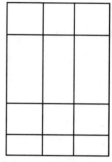

图 4.34　外部修剪结果

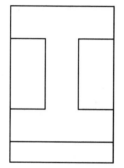

图 4.35　内部修剪结果

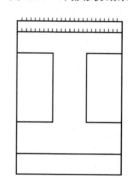

图 4.36　等分点

(4) 使用对象捕捉"节点"功能，用直线连接可用点，设置擦除点样式，修剪多余线段，得到带轮槽，如图 4.37 所示。

(5) 使用 FILLET 命令，作倒圆角处理，圆角半径 15。注意选择"修剪"(或"不修剪")模式，如图 4.38 所示。

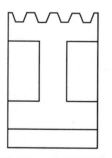

图 4.37　绘制带轮槽

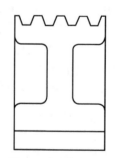

图 4.38　倒圆角处理

(6) 绘制辐板孔，补齐圆角处交线，变换"中心线"线型，如图 4.39 所示。

(7) 使用 MIRROR 命令镜像图形，得到带轮的下半部，如图 4.40 所示。

(8) 绘制左视图的中心线及圆，半径依次为 290、230、100、40，定位辅助圆半径为 165，圆孔半径为 40，如图 4.41 所示。

(9) 使用 ARRAY 命令，以"环形"阵列方式绘制圆孔，如图 4.42 所示。

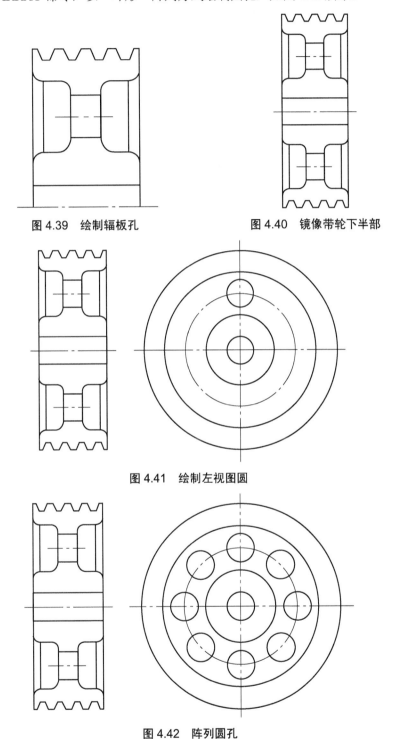

图 4.39　绘制辐板孔

图 4.40　镜像带轮下半部

图 4.41　绘制左视图圆

图 4.42　阵列圆孔

(10) 局部放大显示，绘制键槽，如图 4.43 所示。修剪线条，如图 4.44 所示。

(11) 补齐主视图上键槽的投影。使用 BHATCH 命令，绘制剖面线，如图 4.45 所示。

(12) 使用 COPY 命令在图形左下角复制键槽的局部视图，使用 SCALE 命令，局部放大键槽。标注尺寸，完成带轮图形绘制。

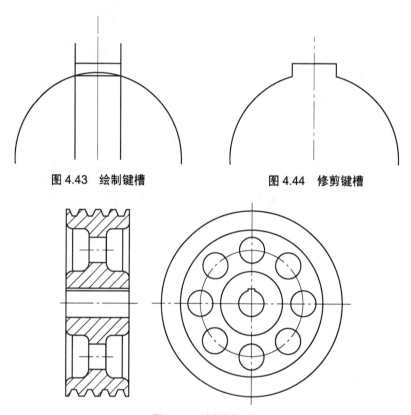

图 4.43　绘制键槽　　　　　　　　　图 4.44　修剪键槽

图 4.45　绘制剖面线

4.7.3　绘制槽轮

1) 实训目标

绘制如图 4.46 所示的槽轮外轮廓，编辑外轮廓线为多段线。

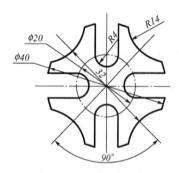

图 4.46　槽轮外轮廓

2) 实训目的

熟练掌握"直线""圆"等绘图命令的使用方法，掌握"旋转""阵列"等编辑命令的使用方法，掌握多段线编辑命令的使用方法。

3) 绘图思路

(1) 使用"圆""直线"命令绘制四分之一图形。

(2) 使用"阵列"命令绘制整个图形。

(3) 使用多段线编辑命令将图形合并成多段线。

4) 操作步骤

(1) 利用基本绘图、编辑方法，参照图 4.46 所示尺寸绘制基本图形，如图 4.47 所示。

(2) 将图 4.47 所示的基本图形编辑为多段线。

选择菜单"修改"|"对象"|"多段线"命令。

命令行显示如下提示。

命令：pedit 选择多段线或[多条(M)]: 　/选择一个圆弧。

选择的对象不是多段线

是否将其转换为多段线？<Y>↙/将圆弧转换为多段线。

输入选项[闭合(C)/合并(J)/宽度(W)/编辑项点(E)/拟合(F)/样条曲线(S)

/非曲线化(D)/线型生成(L)/放弃(U): J↙/选择合并选项。

选择对象：指定对角点：找到 26 个　/选择槽轮全部对象。

选择对象：↙

23 条线段已添加到多段线↙/完成多段线编辑。

结果如图 4.48 所示。

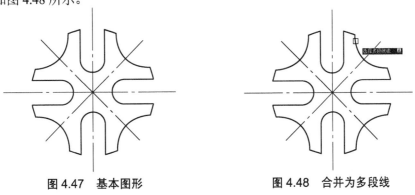

图 4.47　基本图形　　　　　　　图 4.48　合并为多段线

4.7.4　绘制房屋平面图

1) 实训目标

绘制如图 4.49 所示的房屋平面图。

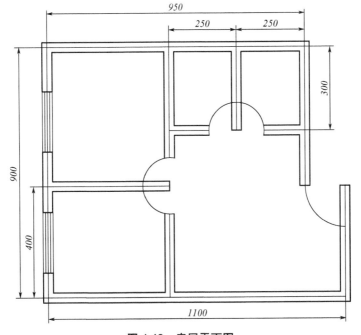

图 4.49　房屋平面图

2) 实训目的

掌握射线、构造线的绘制方法，掌握多线的设置、多线的绘制和多线的编辑方法，掌握圆弧的绘制方法，设置图层和特性，使用"对象捕捉"功能。

3) 绘图思路

(1) 在图层 1 使用构造线、射线绘制辅助线。

(2) 设置多线样式。

(3) 在图层 2 使用"多线"命令绘制房屋墙体。

(4) 利用多线编辑命令修改墙角。

(5) 利用"圆弧"命令绘制门。

(6) 使用"直线"命令绘制窗户，关闭图层 1。

4) 操作步骤

(1) 在图层 2 绘制通过点(0，0)、(0，400)、(0，900)的水平构造线和通过点(0，0)、(450，0)、(1100，0)的垂直构造线。

(2) 分别绘制通过(450，600)、(950，600)两点，(700，600)、(700，900)两点和(950，400)、(950，900)两点的射线。

(3) 切换到图层 0。设置多线样式。选择菜单"格式"|"多线样式"命令，打开"多线样式"对话框，单击"新建"按钮，打开"创建新的多线样式"对话框，输入新样式名 OUT，单击"继续"按钮，打开"修改多线样式"对话框，在对话框中设置参数，如图 4.50 所示。单击"确定"按钮，返回"多线样式"对话框，将 OUT 样式置为当前，关闭对话框。

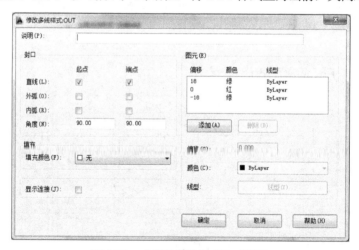

图 4.50 "修改多线样式"对话框

(4) 选择菜单"绘图"|"多线"命令，系统提示如下。

命令: _mline

当前设置: 对正 = 上，比例 = 20.00，样式 = OUT

指定起点或 [对正(J)/比例(S)/样式(ST)]: j↙ /设置对正方式。

输入对正类型 [上(T)/无(Z)/下(B)] <上>: z↙ /输入对正类型。

当前设置: 对正 = 无，比例 = 20.00，样式 = OUT

指定起点或 [对正(J)/比例(S)/样式(ST)]: s↙ /设置多线比例。

输入多线比例 <20.00>: 1↙/输入比例值。

当前设置: 对正 ＝ 无，比例 ＝ 1.00，样式 ＝ OUT

指定起点或 [对正(J)/比例(S)/样式(ST)]:

指定下一点: /在刚绘制的辅助线上绘制外墙线，如图 4.51 所示。

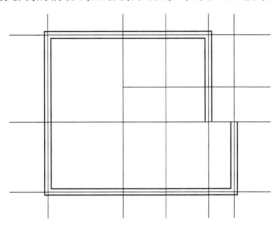

图 4.51　在辅助线上绘制多线

(5) 使用"多线"命令绘制内墙线。然后选择菜单"修改"|"对象"|"多线"命令，在打开的"多线编辑工具"对话框中，选择"T 形合并"选项，修改内外墙线交点处的图形。

(6) 选择菜单"绘图"|"圆弧"|"三点"命令绘制房门。关闭图层 2，房屋平面图形绘制完毕。

4.8　思考与练习 4

1. 用"直线"命令绘制图形和用"多段线"命令绘制图形有何异同？

2. 如何将用"直线"命令绘制的对象转换成多段线？

3. 如何设置多线样式？

4. 如何对样条曲线的顶点进行编辑？

5. 如何创建图案填充？什么是孤岛？孤岛有几种填充方式？

6. 用"多段线"命令绘制如图 4.52 所示的图形。

7. 使用"图案填充"命令绘制如图 4.53 所示的滚花轴头。

图 4.52　习题 6

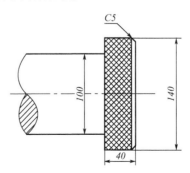

图 4.53　习题 7

8. 使用"样条曲线""图案填充"等命令绘制如图 4.54 所示的箱体零件。

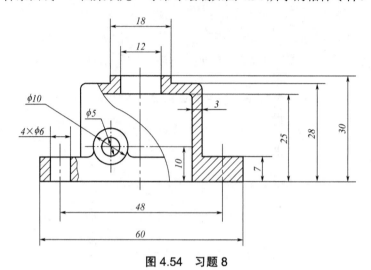

图 4.54　习题 8

第 5 章

文字、表格和图块

教学提示

在工程图样中，图形只能表达物体的形状，而物体的大小及各部分之间的相对位置，必须通过标注尺寸来确定。另外，工程图样中还需标注技术要求、注释说明等信息，这些都需要使用文字标注。AutoCAD 提供了强大的文字标注功能和表格创建功能，使用户可以轻松便捷地创建文字和表格。

图块是 AutoCAD 提供给用户最有用的工具之一。它可以将经常使用的图形命名、存储，以便当前图形文件或其他图形文件调用。利用"块"可以简化绘图过程，减少重复劳动，提高绘图效率。外部参照的功能类似于块，但实质有很大区别。它将外部图形文件链接到当前图形中，为同一设计项目多个设计者的协同工作提供了极大的方便。

教学要求

- ◆ 掌握文字样式的设置和单行、多行文字的标注
- ◆ 掌握表格样式的设置与创建
- ◆ 理解块的概念，掌握块的创建、保存和插入方法
- ◆ 掌握属性块的创建方法
- ◆ 掌握在图形中附着外部参照

5.1 文字的标注

5.1.1 设置文字样式

1) 命令

菜单栏："格式"|"文字样式"

命令行：STYLE

功能区：注释-文字面板■按钮

2) 功能

定义和修改文字样式，创建新的文字样式。

3) 分析

执行 STYLE 命令，打开"文字样式"对话框，如图 5.1 所示。

对话框各选项说明：

(1) "当前文字样式"标签：显示当前正在使用的文字样式名称。

(2) "样式"列表框：显示了已有的文字样式名称。默认时系统为用户提供了名为 "Standard"和"Annotative"的文字样式，其中"Annotative"样式名前有一个 ▲ 图标，表明该样式为注释性文字样式。用户可从中选择一种样式作为当前样式或对样式进行修改。

(3) "新建"按钮：单击该按钮弹出"新建文字样式"对话框，如图 5.2 所示。在"样式名"文本框中输入新文字样式的名称，单击"确定"按钮，可以创建新的文字样式。新的文字样式名将显示在"样式"列表框中。

(4) "删除"按钮：可删除选中的文字样式。

【提示】 Standard 样式不能被删除，且当前文字样式和已使用的文字样式不能被删除。

图 5.1 "文字样式"对话框

图 5.2 "新建文字样式"对话框

(5) "字体"选项组：设置文字的字体和样式。

AutoCAD 支持两种字体格式文件：一种是扩展名为".shx"的字体，该字体采用形技术创建，由 AutoCAD 系统提供；另一种是扩展名为".tif"的字体，该字体为 TrueType 字体，通常是 Windows 系统提供。采用 SHX 字体，应激活"大字体"选项。符合机械制图国标规定要求的字体文件是"gbeitc.shx""gbenor.shx"和"txt.shx"，样式文件为"gbcbig.shx"，一般分别用于标注斜体字母、数字和汉字。

(6)"大小"选项组：设置文字字高或注释性文字。

文字高度一般采用默认设置。在输入文字时，可根据命令提示设置当前字高。

(7)"效果"选项组：用以控制文字的修饰效果，如图5.3所示。

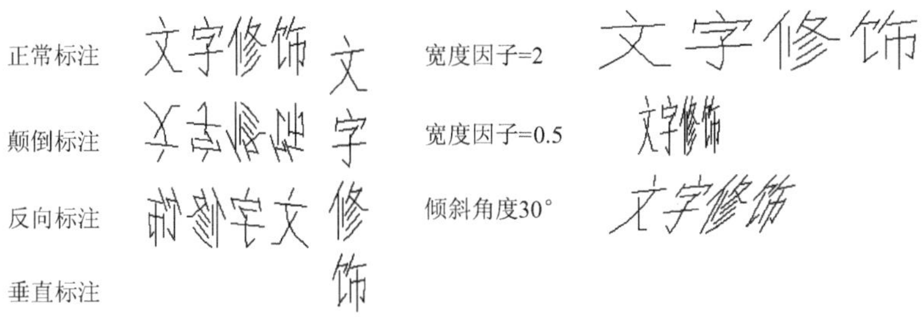

正常标注	文字修饰	文	宽度因子=2	文 字 修 饰
颠倒标注		字	宽度因子=0.5	文字修饰
反向标注		修	倾斜角度30°	文字修饰
垂直标注		饰		

图 5.3　文字修饰效果

【提示】　建议统一采用"gbenor.shx"字体，勾选大字体，样式文件为"gbcbig.shx"，以避免在书写不同字符时更换字体。

5.1.2　输入单行文字

1) 命令

菜单栏："绘图"|"文字"|"单行文字"

命令行：TEXT

功能区：默认-注释面板 🅰 按钮

2) 功能

用于创建一行或多行文字，其中每行文字都是一个独立的对象。"单行文字"命令主要用于一些不需要多种文字或多行的简短输入，特别是工程图纸中的标题栏和标签的输入等。

3) 分析

执行 TEXT 命令后，命令行显示如下提示信息。

命令: dtext

当前文字样式: 样式 1　文字高度: 2.5000　注释性: 否

指定文字的起点或 [对正(J)/样式(S)] :/光标拾取一点为文字插入点，默认在左下角。

指定高度<2.5>/设置字高。若在文字样式中已经设置文字高度，则不再提示。

指定旋转角度<0> /指定文字书写的方向。

命令提示各选项含义如下。

(1)"对正(J)"：指定文字插入点的位置，输入"J"，系统进一步提示如下。

输入选项: [对齐(A)/调整(F)/中心(C)/中间(M)/右(R)/左上(TL)/中上(TC)/右上(TR)/左中(ML)/正中(MC)/右中(MR)/左下(BL)/中下(BC)/右下(BR)]:

文字对正方式各选项的含义，如图5.4所示。

(2)"指定旋转角度"：指定文字书写的方向，如图5.5所示。

4) 特殊字符

在创建单行文字时，有些符号不能使用键盘输入，如直径符号、角度符号、正负公差符号和下划线等。为此，AutoCAD 提供了专用控制码。每个控制码由"%%"加字母组成。常用控制码含义见表 5-1。

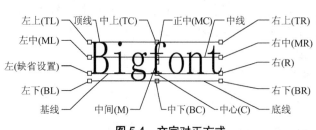

图 5.4　文字对正方式　　　　　　　　图 5.5　文字书写方向

表 5-1　AutoCAD 常用的标志控制码

控制码	意　义
%%C	直径符号
%%D	角度符号
%%O	加上划线符号
%% U	加下划线符号
%% P	正负公差符号
%%%	百分号

5) 操作示例

创建如图 5.6 所示的单行文字。

$$该孔\underline{直径}为\varnothing 20$$

图 5.6　用控制码创建文字符号

（1）选择菜单"格式"|"文字样式"命令，打开"文字样式"对话框，单击"新建"按钮，打开"新建文字样式"对话框，在"样式名"文本框中输入"工程字"，单击"确定"按钮。选择字体为"gbenor.shx"，勾选"使用大字体"，大字体名为"gbcbig.shx"。将"工程字"置为当前，关闭对话框。

（2）选择"绘图"|"文字"|"单行文字"命令，系统提示如下。

指定文字的起点或 [对正(J)/样式(S)]: /在绘图区的适当位置单击，指定文字起点。

指定高度 <30>: 10✓/输入文字高度。

指定文字的旋转角度 <0>: ✓/文字水平书写。

在绘图区的光标处输入"该孔%%U 直径为%%C20"，按 Enter 键结束。

5.1.3　输入多行文字

1) 命令

菜单栏："绘图"|"文字"|"多行文字"

命令行：MTEXT

功能区：默认-注释面板Ａ按钮

2) 功能

多行文字一般是由两行以上文字组成的单一对象，将各行文字作为一个整体进行处理，"多行文字"命令常用来编辑复杂文字，如技术要求等。

3) 分析

执行 MTEXT 命令，系统提示如下信息。

命令：_mtext 当前文字样式："Standard" 当前文字高度：5　注释性：否
指定第一角点：
指定对角点或 [高度(H)/对正(J)/行距(L)/旋转(R)/样式(S)/宽度(W)/栏(C)]：

在绘图窗口中，指定一个用来放置多行文字的矩形区域，将打开功能区上下文选项卡"文字编辑器"，如图 5.7 所示。在文字窗口中可输入多行文字，并可在"文字编辑器"中设置多行文字的各种参数和格式。其主要功能及操作说明如下。

图 5.7　"文字编辑器"选项卡

(1) 文字编辑器。包含了"样式""格式""段落""插入""工具""拼写检查""工具"和"选项"等面板。

"样式"面板：用于设置多行文字的样式、是否为注释性文字、字高及文字背景等。

"格式"面板：可匹配文字格式，控制多行文字的字体、文字颜色、加粗、斜体、加上下划线、加删除线、字母大小写、堆叠及将文字转换为上、下角标等属性。

"段落"面板：用于设置多行文字的对正方式、行距及项目符号和编号等。

"插入"面板：用于插入符号、字段，并可将多行文字进行分栏设置等。

"拼写检查"：可启动或关闭拼写检查功能，还可添加或删除在拼写检查过程中使用的自定义词典。

"工具"面板：可以查找和替换文字，单击"输入文字"命令可将 ASCII 或 RTF 格式的文件导入文字输入窗口，并可对导入文字进行编辑。

"选项"面板：可以控制标尺的显示与隐藏，可以放弃或重做文字编辑中的执行动作。

(2) 文字堆叠。在"文字编辑器"中，使用"堆叠"🔳 按钮可以标注分数形式或公差形式等文字效果。作为堆叠的文字或字母之间要用"/""#"或"＾"符号分隔开。"堆叠"符号左侧文字将堆叠在该符号右侧文字之上，选中这部分的文字和符号，并单击🔳 按钮即可实现堆叠文字的效果，如图 5.8 所示。还可使用🔳和🔳按钮直接设置上、下角标。

$$"/" —— 垂直堆叠文字 \quad 23/47 —— \frac{23}{47}$$

$$"\#" —— 对角堆叠文字 \quad 23\#47 —— {}^{23}\!/\!_{47}$$

$$"\widehat{}" —— 创建公差堆叠 \quad +0.003\widehat{}-0.001 —— {}^{+0.003}_{-0.001}$$

$$X\widehat{}1 —— X_1 \qquad X2\widehat{} —— X^2$$

图 5.8　堆叠效果

（3）文字编辑快捷菜单。在文字输入窗口，右击，打开文字编辑快捷菜单，通过快捷菜单，可对多行文字进行编辑操作，如图 5.9 所示。

选择"符号"命令，可输入直径、角度和正负号等特殊字符，选择"符号"|"其他"命令，系统将打开"字符映射表"对话框，如图 5.10 所示。可以将所需的其他字符进行复制，然后粘贴到文字输入窗口。

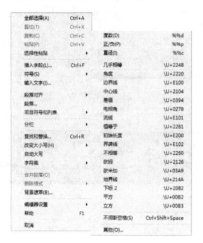

图 5.9　"多行文字"快捷菜单

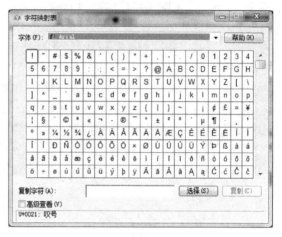

图 5.10　"字符映射表"对话框

5.1.4　文字的编辑与修改

1）命令

菜单栏："修改"|"对象"|"文字"|级联子菜单选项

命令行：DDEDIT

2）功能

修改已标注的单行或多行文字的内容或属性。

3）分析

执行 DDEDIT 命令，提示信息如下。

命令：_ddedit

选择注释对象或 [放弃(U)]: /选择要修改的单行或多行文字对象，进入文字编辑模式。

选择的文字对象不同，系统响应也不同。若选择的对象是单行文字，可对文字内容、字体高度和对正方式进行修改；若选择的对象是多行文字，系统打开文字编辑器，可对多行文字内容、属性进行编辑修改。

【提示】　直接双击已有的文字对象，系统将快速进入文字编辑模式以进行编辑修改。

5.2　设置并创建表格

5.2.1　设置表格样式

1）命令

菜单栏："格式"|"表格样式"

命令行：TABLESTYLE

功能区：注释-表格面板按钮

2）功能

设置当前表格样式，以及创建、修改和删除表格样式。

3）分析

执行 TABLESTYLE 命令，打开"表格样式"对话框，如图 5.11 所示。系统默认提供一个名为 Standard 的表格样式。用户可以修改或建立新表格样式。

单击"新建"按钮，打开"创建新的表格样式"对话框，如图 5.12 所示。在"新样式名"文本框中输入新建表格样式名称，在"基础样式"下拉列表中选择文件已有的表格样式，新样式将在该样式的基础上进行修改。单击"继续"按钮，打开"新建表格样式"对话框，如图 5.13 所示。该对话框包括起始表格、常规、单元样式选项组，用户定义新表格样式或修改表格样式都可在此对话框中进行。

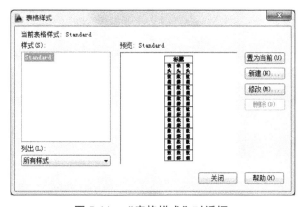

图 5.11　"表格样式"对话框

图 5.12　"创建新的表格样式"对话框

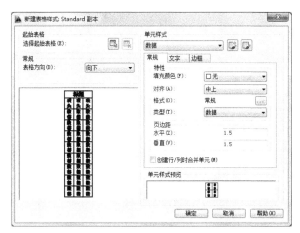

图 5.13　"新建表格样式"对话框

"新建表格样式"对话框各选项含义如下。

(1)"起始表格"选项组：单击"起始表格"按钮，用户可以在图形中指定一个表格作样例来设置新表格的格式。

使用"删除表格"按钮，可以将复制的表格从当前指定的表格样式中删除。

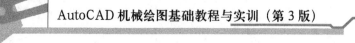

(2) "常规" 选项组：设置表格的读取方向。"向下" 则标题行和表头行位于表格的顶部。"向上" 则标题行和表头行位于表格的底部。

(3) "单元样式" 选项组：选择或修改需应用到表格的单元样式，分为 "常规" "文字" 和 "边框" 3 个选项卡，可分别对标题、表头和数据单元作常规、文字和边框特性的设置，如图 5.14 所示。

(a) "常见" 选项卡   (b) "文字" 选项卡   (c) "边框" 选项卡

图 5.14   "常规" "文字" 和 "边框" 选项卡

5.2.2   创建表格

1) 命令

菜单栏："绘图" | "表格"

命令行：TABLE

功能区：默认-注释面板 按钮

2) 功能

可以在图形中按指定格式创建空白表格，并可在表格中输入文字数据。

3) 分析

执行 TABLE 命令，弹出 "插入表格" 对话框，如图 5.15 所示，对话框分 5 个区域。

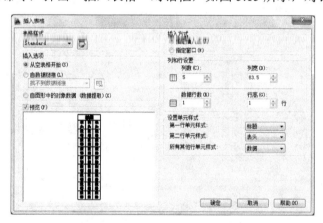

图 5.15   "插入表格" 对话框

(1) "表格样式" 区域：在 "表格样式" 下拉列表中可以选择已定义的表格样式，预览框中将显示选中表格样式的效果。单击 按钮，打开 "表格样式" 对话框，可以创建新的表格样式。

(2) "插入选项"区域：指定插入表格的方式。"从空表格开始"用于创建可以手动填充数据的空表格。"从数据链接开始"用于从外部电子表格中的数据创建表格。"从数据提取开始"用于启动"数据提取"向导。

(3) "插入方式"区域：指定表格的位置。选择"指定插入点"单选框，可以在绘图区指定一点插入固定大小的表格；选择"指定窗口"单选框，可以在绘图区通过拖动表格边框来创建任意大小的表格。

(4) "列和行设置"区域：通过输入"列"的数目、"列宽"的数值、"数据行"的数目和"行高"的数值来确定表格的外观和尺寸。

(5) "设置单元样式"区域：默认情况下，"第一行单元样式"使用标题单元样式，"第二行单元样式"使用表头单元样式。"所有其他行单元样式"使用数据单元样式。用户可根据需要修改各行单元样式。

4) 操作示例

在图形中插入图 5.16 所示的钻模零件明细表格。

(1) 选择菜单"绘图"|"表格"命令，打开"插入表格"对话框。在"表格样式"区域，单击 按钮，打开"表格样式"对话框。

(2) 在"表格样式"对话框的"样式"列表中选择 Standard，然后单击"修改"按钮，打开"修改表格样式"对话框，分别对"单元样式"中的"标题""表头""数据"进行设置，在"常规"选项卡中，设置"正中"对齐。在"文字"选项卡中，"文字样式"设为"工程字"，"标题"文字高度设为 5，"表头"和"数据"文字高度设为 3.5；其余参数默认，单击"确定"按钮，返回"表格样式"对话框。

钻模零件明细表					
序号	代号	零件名称	数量	材料	说明
1	ZM-02	套筒	1	Q235	
2	GB/T68	螺钉M6×35	10	45钢	
3	ZM-01	模座	1	HT150	

图 5.16　钻模零件明细表格

(3) 单击"关闭"按钮，返回"插入表格"对话框，在"列与行设置"区域，设置"列"和"数据行"分别为 6 和 3，"列宽"为 25，"行高"为 1。

(4) 单击"确定"按钮，在绘图区拾取一点作为表格的插入点。此时，在表格上方将出现"文字格式"工具栏，并且标题单元格处于数据输入状态。在标题单元中输入文字"钻模零件明细表"。

(5) 按上、下、左、右键在其他单元格中输入如图 5.16 所示的数据，完成表格创建。

【提示】　双击单元格，也可进入表格数据输入状态。

5.2.3　编辑表格及表格单元

1) 编辑表格

选中整个表格，右击，打开表格编辑的快捷菜单。通过快捷菜单，可以对表格进行剪切、复制、删除、移动、缩放和旋转等操作，还可以进行表格行、列的调整，删除所有特性替代等表格的编辑和修改。

2) 编辑表格单元

选中任一表格单元，右击，打开表格单元编辑快捷菜单，通过快捷菜单可以进行行、列的插入或删除，单元格的合并或取消，还可在单元格内修改文字，插入块、公式等，进行表格单元的编辑。

5.3　创建与编辑块

5.3.1　图块的概念

图块是一组图形实体的总称。将一个或多个实体组合成一个整体，加以命名、保存，在需要时可以将图块插入图形。图块被视为一个独立完整的对象，可以对其进行复制、移动、旋转、缩放、阵列和删除等操作。

自 AutoCAD 2006 起推出了动态块功能。用户在创建块时可以对块的局部或其属性编辑动作(如旋转、拉伸等)。当动态块插入图形后，可以方便地对块的局部或其属性执行已编辑的动作(如旋转、拉伸等)。

图形文件中插入的图块只保存了图块的特征性参数，而不是保存图块中每一实体的特征参数。因此，在绘制相对复杂的图形时，使用图块可以节省磁盘空间。对于在绘图中多处使用的图形，采用图块插入可明显提高绘图效率。如果对当前图块进行修改或重新定义，则图形中的所有该图块均会自动修改，从而节省了编辑修改的时间。

图块分为内部块和外部块。内部块(BLOCK)只能用于当前图形，而外部块(W BLOCK)能被任意图形文件调用，增强了资源共享。

5.3.2　创建图块

1) 命令
菜单栏："绘图"|"块"|"创建"
命令行：BLOCK
功能区：插入-块定义面板 按钮
2) 功能
用于创建当前图形内的块。
3) 分析
执行 BLOCK 命令，弹出"块定义"对话框，如图 5.17 所示，该对话框中各选项的含义如下。

(1) "名称"文本框：输入块的名称。

(2) "基点"选项组：由屏幕指定或设置块插入时的基点。单击"拾取点"按钮，切换到绘图区选择块的插入基点。一般选择角点、中心点等特征点作为基点。

(3) "对象"选项组：由屏幕指定或设置组成块的对象。单击"选择对象"按钮，切换到绘图区选择用于创建块的对象。

(4) "方式"选项组：设置块的缩放比例，指定块是否为注释性的。

(5)"设置"选项组：设置块的单位。

(6)"说明"选项组：输入块的说明信息。

图 5.17　"块定义"对话框

(7)"在块编辑器中打开"复选框：选中该复选框，单击"确定"按钮后，系统将打开"块编辑器"窗口，如图 5.18 所示。在"块编辑器"中可添加块的参数和动作，以定义动态块。若未选中该复选框，单击"确定"按钮后，将完成创建块的操作。

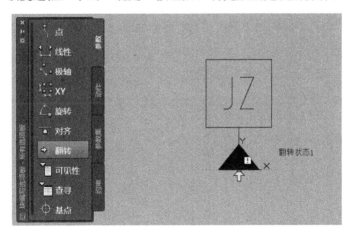

图 5.18　在"块编辑器"中定义动态块

4）操作示例

创建当前图形内的块。

(1) 在 0 图层中绘制如图 5.19 所示的图形。

(2) 选择菜单"绘图"|"块"|"创建"命令，打开"块定义"对话框。在"名称"文本框中输入名称"RUF"。单击"基点"选项组中的"拾取点"按钮，在绘图区指定基点为下交点，返回对话框。

(3) 单击"对象"选项组中的"选择对象"按钮，在绘图区选择绘制的表面粗糙度符号，按 Enter 键，返回对话框，此时，在对话框右上角显示"块"的预览，如图 5.20 所示。

(4) 单击"确定"按钮，完成创建块的操作。

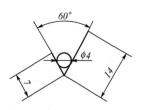

图 5.19 绘制块图形

图 5.20 "块定义"对话框的设置

5.3.3 写块操作

1) 命令

命令行：WBLOCK

2) 功能

写块也称创建外部块。用于将当前图形中的块写入文件并保存。

3) 分析

执行 WBLOCK 命令，弹出"写块"对话框，如图 5.21 所示。该对话框中各选项的含义如下。

图 5.21 "写块"对话框

(1)"源"选项组：设置图块的定义范围。

"块"单选框：用于将当前图形文件中已定义的块存盘，可在下拉列表中选择块名称。

"整个图形"单选框：用于将当前整个图形文件存盘。

"对象"单选框：用于将当前图形中指定的图形对象赋名存盘。

(2)"基点"和"对象"选项组：其含义与创建内部图块时选项组的含义相同。

(3) "目标"选项组：用于指定图块文件的名称和路径。

"文件名和路径"文本框：用于输入块文件的名称和保存位置，也可单击[...]按钮，打开"浏览图形文件"对话框，指定块文件的名称和保存路径。

"插入单位"文本框：用于设置图块的单位。

4) 操作示例

将图 5.22 所示六角螺母视图保存为外部块。

(1) 绘制六角螺母图形。

(2) 执行 WBLOCK 命令，弹出"写块"对话框。单击"拾取点"按钮，在绘图区指定圆心为基点。单击"选择对象"按钮，在绘图区选择六角螺母视图，按 Enter 键，返回对话框。

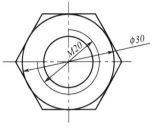

图 5.22　六角螺母

(3) 指定文件路径，将六角螺母命名、保存。单击"确定"按钮，完成写块操作。

5.3.4　插入图块

1) 命令

菜单栏："插入" | "块"

命令行：INSERT

功能区：插入-块面板[⬛]按钮

2) 功能

将块或另一图形文件按指定位置插入当前图形中。

3) 分析

执行 INSERT 命令，弹出"插入"对话框，如图 5.23 所示。该对话框中，各选项的含义如下。

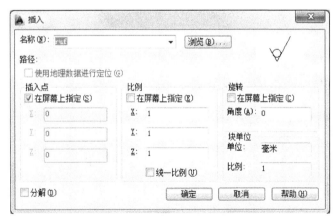

图 5.23　"插入"对话框

(1) "名称"下拉列表框：用于选择已有的图块名称。单击"浏览"按钮，可以选择存于外部的块或图形文件。

(2) "插入点"选项组：用于设置块插入点的位置。在屏幕上指定或在文本框中输入插入点的坐标值。

（3）"比例"选项组：用于设置块的插入比例。在屏幕是指定或在文本框中输入 X、Y、Z 向的比例值。若选中"在屏幕上指定"复选框，则 X、Y、Z 方向比例因子相同。

（4）"旋转"选项组：用于设置块插入时的旋转角度。在屏幕上指定或在文本框中输入块的旋转角度值。

（5）"分解"复选框：用于确定图块插入后是否分解。

设置各参数后，单击"确定"按钮，即可将图块插入指定的位置。

【提示】 将外部块插入当前图形后，会自动生成对应当前图形的内部块。

5.3.5 编辑和重定义图块

1) 编辑图块

除非定义为动态块，插入当前图形后的图块作为一个整体可以被复制、移动、删除，但是不能直接对其进行编辑。要想编辑图块中的某一部分，首先要将图块分解成若干实体对象，再对其进行编辑修改。

2) 重定义图块

如果需要修改已被引用的块，就需要对块重新定义。块的重定义与创建块的方法相同。

5.4 图块的属性

属性是与图块相关联的注释信息，是从属于图块的非图形信息即图块中的文本对象。它是图块的一个组成部分，与图块构成一个整体。在插入图块时用户可以根据提示，输入属性值，从而快捷地使用图块。

5.4.1 定义属性

1) 命令

菜单栏："绘图"|"块"|"定义属性"

命令行：ATTDEF

功能区：插入-块定义面板 按钮

2) 功能

定义图块注释信息即文本对象。

3) 分析

选择菜单"绘图"|"块"|"定义属性"命令，弹出"属性定义"对话框，如图 5.24 所示。此对话框中各选项含义如下。

（1）"模式"选项组：设置属性模式。

"不可见"复选框：用于确定属性值是否可见。

"固定"复选框：用于确定属性值是否是常量。

"验证"复选框：用于在插入带属性的图块时，提示用户确认已输入的属性值。

"预设"复选框：用于在插入图块及属性时，系统是否直接将默认值自动设置为实际属性值，而不再提示用户输入新值。

"锁定位置"复选框：用于锁定块参照中属性的位置。

"多行"复选框：用于指定属性值可以包含多行文字。

图 5.24 "属性定义"对话框

(2) "属性"选项组：用于设置与属性相关的文字显示。

"标记"文本框：用于设置所定义属性的标志。

"提示"文本框：用于设置插入图块时的属性提示。

"默认"文本框：用于设置属性的默认值。

(3) "插入点"选项组：用于设置属性的插入点。用户可以直接输入插入点的坐标值，也可以选中"在屏幕上指定"复选框，在绘图区指定属性文本的插入点。

(4) "文字设置"选项组：用于设置属性文本的格式。

"对正"下拉列表框：用于选择文字的对齐方式。

"文字样式"下拉列表框：用于选择字体样式。

"注释性"复选框：用于设置属性是否为注释性的。

"文字高度"按钮：用于在绘图区指定文字的高度，也可以在文本框中输入高度值。

"旋转"按钮：用于在绘图区指定文字的旋转角度，也可以在文本框中输入旋转角度值。

4) 操作示例

创建带属性的图块，如图 5.25(a)所示。

(1) 按照如图 5.25(b)所示尺寸绘制图形。

(2) 选择菜单"绘图" | "块" | "定义属性"命令，在打开的对话框中按图 5.24 所示设置参数。

(3) 单击"确定"按钮，进入绘图区，将属性值插入方框中心。

(4) 执行 BLOCK 命令，打开"块定义"对话框。在"名称"文本框中输入块名 JZ。单击"拾取点"按钮，在绘图区拾取基点。

(5) 单击"选择对象"按钮，选择图形及属性对象，单击"确定"按钮，弹出"编辑属性"对话框，如图 5.26 所示。输入属性值 A，单击"确定"按钮，完成带属性图块的定义。

【提示】 一个图块中可以附带多个属性。

5.4.2 编辑属性块

1) 命令

菜单栏："修改" | "对象" | "属性" | "单个"

命令行：EATTEDIT

功能区：插入-块面板按钮

2) 功能

编辑图块的属性。

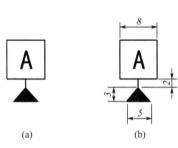

图 5.25 定义图块属性示例

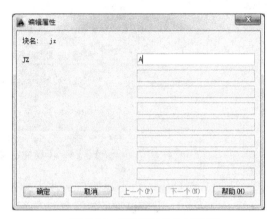

图 5.26 "编辑属性"对话框

3) 分析

执行 EATTEDIT 命令后，在绘图窗口中选择包含属性的块，弹出"增强属性编辑器"对话框。该对话框有 3 个选项卡，各选项卡的含义如下。

(1) "属性"选项卡：用于显示图块中的所有属性的标记、提示和值，可以通过它来修改属性值。

(2) "文字选项"选项卡：用于修改属性文字的格式。

(3) "特性"选项卡：用于修改属性文字的图层，以及线宽、线型、颜色及打印样式等特性。

4) 操作示例

创建带属性的粗糙度图块 CCD，然后编辑属性值。操作如下。

(1) 按照图 5.27（a）所示尺寸绘制 ccd 图形。

(2) 为 ccd 块定义属性，创建属性块如图 5.27（b）所示。

(3) 选择菜单"修改"|"对象"|"属性"|"单个"命令，弹出"增强属性编辑器"对话框，如图 5.28 所示，在属性值文本框中可以进行属性值修改。

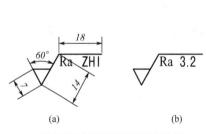

图 5.27 创建粗糙度图块示例

图 5.28 "增强属性编辑器"对话框

5.4.3　编辑动态块

1) 命令

菜单栏："工具" | "块编辑器"

命令行：BEDIT

功能区：插入-块定义面板按钮

2) 功能

定义和编辑动态块。

3) 操作示例

(1) 执行 BEDIT 命令，打开"编辑块定义"对话框，在对话框中，选择图形中保存的块名称"JZ"，如图 5.29 所示。单击"确定"按钮，关闭"编辑块定义"对话框，显示"块编辑器"，用以编辑动态块。

(2) 单击"块编写选项板"的"参数"选项卡，为块定义翻转参数。

命令：_BParameter 翻转

指定投影线的基点或 [名称(N)/标签(L)/说明(D)/选项板(P)]: /单击 JZ 的基点

指定投影线的端点: /水平向右任意一点单击。

指定标签位置: /在适当位置单击放置翻转标签。

(3) 单击"块编写选项板"的"动作"选项卡，为块定义翻转动作。

命令：_BActionTool 翻转

选择参数: /选择刚定义的翻转标签。

指定动作的选择集。选择对象: 指定对角点: 找到 5 个 /窗选整个块图形，如图 5.30 所示。

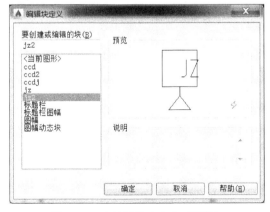

图 5.29　"编辑块定义"对话框

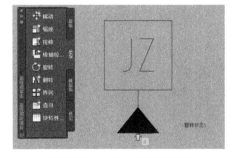

图 5.30　为块定义翻转参数

(4) 单击块编辑器"关闭"按钮，保存块定义，完成动态块的设置。绘图区显示效果如图 5.31(a)所示。

(5) 选择"插入" | "块"命令，出现"插入"对话框，如图 5.32 所示。单击"确定"按钮，用光标在绘图区插入动态块。

(6) 单击插入的 JZ 符号，出现翻转夹点，单击翻转夹点即可翻转 JZ 块，如图 5.31(b)所示。

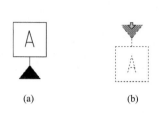

图 5.31　完成定义的动态块

图 5.32　插入动态块对话框

5.5　外　部　参　照

5.5.1　外部参照

1) 外部参照的概念

外部参照是一幅图形对另外一幅图形的引用，功能类似于外部块。

外部参照是将已有的图形文件引用到当前图形文件中的方法。当前图形记录外部参照的位置和名字，外部参照的图形并不属于当前图形。当前图形中的参照对象会随着原图形的修改而自动更新。

2) 外部参照与插入块的区别

(1) "外部参照"命令可以将多个图形链接到当前图形中，而不像插入块那样，把块的图形数据全部存储到当前图形中。并且作为外部参照的图形会随着原图形的修改而自动更新，而当图形作为图块插入时，它就永久性地属于当前图形的一部分。

(2) "外部参照"命令不会明显地增加当前图形的文件大小，从而可以节省磁盘空间，有利于保持系统的性能。

5.5.2　附着外部参照

1) 命令

菜单栏："插入" | "DWG 参照"

命令行：XATTACH

2) 功能

将外部图形文件作为外部参照引用到当前图形文件中。

3) 分析

执行 ATTDEF 命令，弹出"选择参照文件"对话框，如图 5.33 所示。在该对话框中，选择附着的文件，单击"打开"按钮，弹出"附着外部参照"对话框，如图 5.34 所示。该对话框与"插入"块对话框相比，有两个特殊选项。

(1) "参照类型"选项组：确定外部参照的类型。"附着型"表示将显示嵌套参照中的嵌套内容。"覆盖型"表示将不显示嵌套参照中的嵌套内容。

(2) "路径类型"选项组：在下拉列表中选择保存外部参照的路径类型，其中有"完整路径""相对路径"和"无路径"3 种类型。

图 5.33　"选择参照文件"对话框

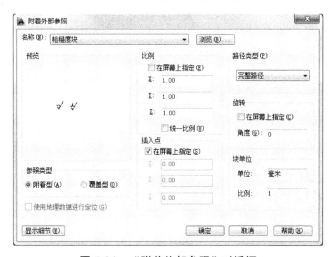

图 5.34　"附着外部参照"对话框

5.5.3　管理外部参照

1) 命令
菜单栏："插入"|"外部参照"
命令行：XREF
2) 功能
对当前图形文件中的外部参照进行管理和编辑。
3) 分析
执行 XREF 命令，弹出"外部参照"面板，如图 5.35 所示。
右击已加载的外部参照图标，弹出快捷菜单，如图 5.36 所示。"打开"用于打开选中的外部参照；"附着"用于在当前图形中附着新外部参照；"卸载"用于从当前图形中暂时移走不需要的外部参照文件；"重载"用于在不退出当前图形的情况下更新外部参照文件；"拆离"用于将文件参照列表框中选中的外部参照文件从当前图形文件中拆除；"绑定"用于绑定列表框中的外部参照。

图 5.35 "外部参照"面板

图 5.36 快捷菜单

5.6 实训实例 (五)

5.6.1 创建齿轮参数表

1) 实训目标

创建一个如图 5.37 所示的齿轮参数表。

模数		m	2
齿数		z_1	13
齿形角		α	20°
精度等级		7	
配偶	件号		
齿轮	齿数	z_2	23

图 5.37 齿轮参数表

2) 实训目的

掌握表格样式设置、表格创建和编辑方法，掌握文字样式设置、表格文字的输入方法，掌握特殊字符、字符堆叠等输入方法。

3) 绘图思路

(1) 设置和创建表格样式。

(2) 编辑修改表格。

(3) 设置文字样式

(4) 输入表格文字。

4) 操作步骤

(1) 在"绘图"工具栏中单击"表格"按钮 ▦，打开"插入表格"对话框。

(2) 在"表格样式"下拉列表中选择 Standard，在"插入方式"区域中选择"指定插入点"选项，在"列与行设置"区域中输入列数为 4，列宽 40，数据行 4，行高为 1。"第一、二行单元样式"都改为"数据"。

单击"确定"按钮,在绘图区指定一插入点,插入表格,如图 5.38 所示。

(3) 同时选中第 1～第 4 行的第 1、第 2 列,右击弹出快捷菜单,选择"合并"|"按行"命令,所选中的表格单元即按行合并。

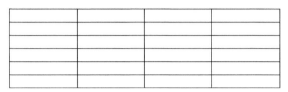

图 5.38　插入的表格

(4) 同理,选中第 4、第 5 行的第 3、第 4 列,将所选中的表格单元按行合并。

(5) 单击表格单元的第 1 行第 1 列,在表格单元中输入文字"模数",如图 5.39 所示。使用同样的方法输入其余文字,最终得到如图 5.37 所示的表格。

图 5.39　输入文字时的表格

5.6.2　创建动态块图幅

1) 实训目标

创建如图 5.40 所示的动态块图幅。

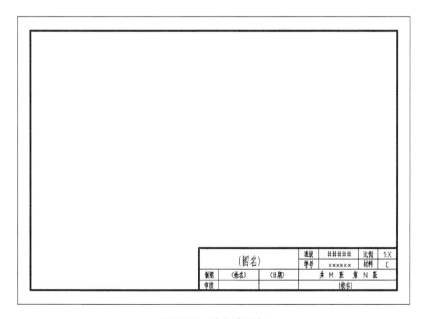

图 5.40　动态块图幅

2) 实训目的

掌握块的创建和插入方法，灵活掌握表格创建方法，掌握定义属性的方法，掌握动态块的编辑方法及动态块的使用。

3) 绘图思路

(1) 绘制图框。

(2) 利用表格插入命令绘制编辑标题栏。

(3) 在表格中输入文字，定义属性。

(4) 创建块，编辑动态块。

(5) 插入块，执行块动作。

4) 操作步骤

(1) 绘制图框。在 0 图层绘制矩形，角点坐标(0,0)、(297,210)。左竖线向内偏移 25，其余线段向内偏移 5，修剪，加粗内框。完成图框绘制。

(2) 绘制标题栏。单击“插入表格”命令按钮，打开插入表格对话框，在表格样式选项组单击按钮，打开“表格样式”对话框，单击“修改”按钮，进入“修改表格样式”对话框，将“标题”“表头”“数据”的文字高度都改为 3.5，如图 5.41 所示。单击“确定”按钮，返回“插入表格”对话框。参数设置：列数 10，列宽 15，数据行 3，行高 1，单元样式全部改为数据，如图 5.42 所示。

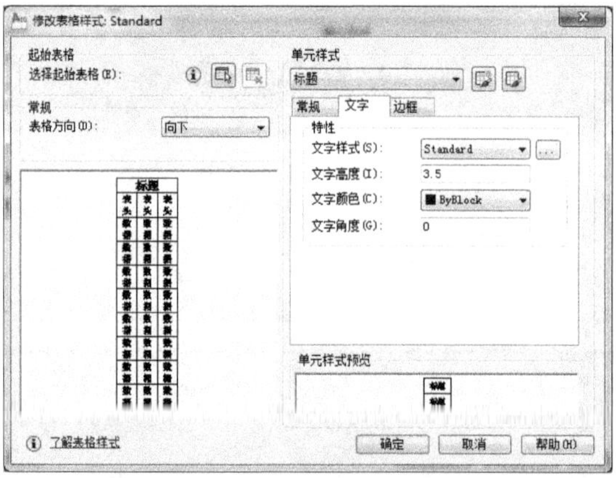

图 5.41 “修改表格样式”对话框

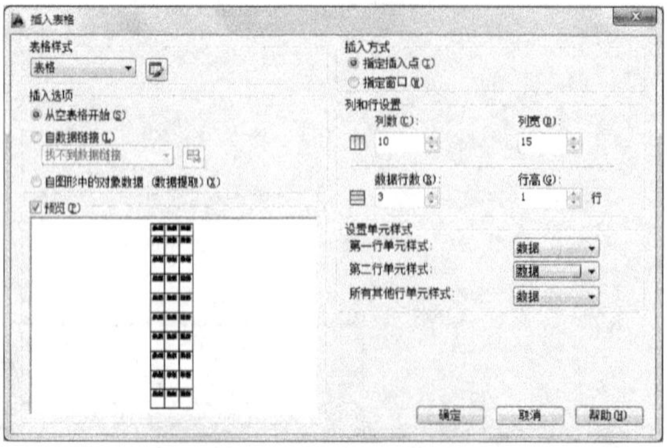

图 5.42 表格参数设置

(3) 标题栏推荐尺寸如图 5.43 所示，按尺寸编辑表格，分解表格。输入文字，文字样式为"工程字"，样式名为"gbenor.shx"大字体"gbcbig"，字高为 5。

(4) 定义属性。将所有带括号的文字和字母符号定义为属性，然后将标题栏移动到图框的右下角，如图 5.40 所示。

(5) 创建动态块。执行 BLOCK 命令，打开"块定义"对话框，输入块名称"图幅"，单击"拾取点"按钮，在绘图区拾取图框左下角点。单击"选择对象"按钮，选择图 5.40 所示的所有图形对象及属性。

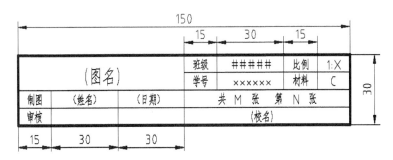

图 5.43 标题栏尺寸

选中"在块编辑器中打开"复选框，单击"确定"按钮，弹出"编辑属性"对话框，输入属性值，单击"确定"按钮。系统打开"块编辑器"窗口。

(6) 单击"块编写选项板"上的"参数"选项卡，为块定义线性参数"高"和"宽"。夹点选中参数"宽"，打开"特性面板"，在"值集"中将距离类型选为"列表"，在距离列表值中添加数值 210、297、420，如图 5.44 所示。同理选中参数"高"修改特性值。

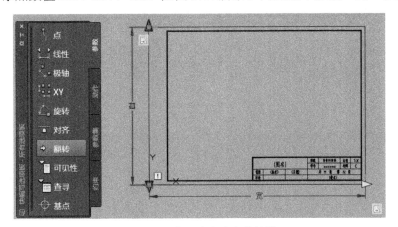

图 5.44 定义动态块参数特性

(7) 单击"块编写选项板"上的"动作"选项卡，为线性参数定义拉伸动作。

命令: _BActionTool 拉伸

选择参数: /选择刚定义的参数"宽"。

指定要与动作关联的参数点或输入 [起点(T)/第二点(S)] <起点>: /拾取图框的右下角点。

指定拉伸框架的第一个角点或 [圈交(CP)]: /从右至左窗交选择图框。

指定对角点: 指定要拉伸的对象 /窗交选择如图 5.45 所示对象。

选择对象: 指定对角点: 找到 37 个✓/完成定义拉伸动作。

同理，为参数"高"定义拉伸动作。

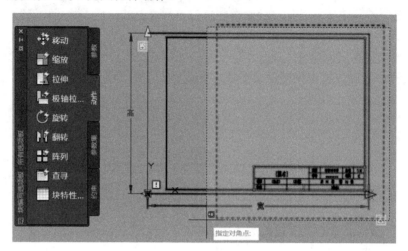

图 5.45　定义动态块拉伸动作

(8) 单击"块编写选项板"上的"参数"选项卡，设置查寻集，单击"查寻"符号放置到图框的任意位置，在"动作"选项卡中单击"查寻"按钮，选择刚定义的"查寻"参数，打开"特性查寻表"对话框，单击"添加特性"按钮，添加"宽"和"高"特性，在"输入特性"和"查寻特性"的第一行分别输入宽 297，高 210，查寻"–A4"(负号表示图纸横向)，第二行分别输入宽 420，高 297，查寻"–A3"，依此类推，如图 5.46 所示。注意须选择"允许反向查寻"功能，单击"确定"按钮。

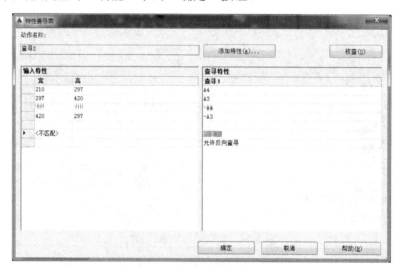

图 5.46　"特性查寻表"对话框

(9) 保存块定义，关闭块编辑器，完成动态块编辑。

(10) 选择菜单"插入"|"块"命令，出现"插入"对话框，选择块名"图幅"，单击"确定"按钮，在坐标(0,0)点插入动态块。夹点选中图幅，出现三角形查寻夹点，单击夹点出现查寻列表，可选择所需的图幅幅面。图 5.47 所示为 A4 横置图幅。

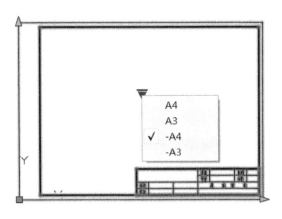

图 5.47　A4 横置图幅

5.6.3　输入技术要求

1) 实训目标

在图框中标注如图 5.48 所示的技术要求。

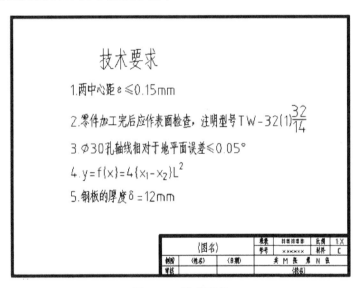

图 5.48　技术要求

2) 实训目的

掌握文字样式的设置、多行文字的输入和编辑方法，掌握特殊字符代码和堆叠文字的标注。

3) 绘图思路

(1) 设置文字样式。

(2) 使用"多行文字"命令输入文字。

(3) 修改和编辑文字。

4) 操作步骤

(1) 选择菜单"格式"|"文字样式"命令，打开"文字样式"对话框，新建文字样式，

样式名为"工程字"。设置文字字体为"gbenor.shx"大字体"gbcbig"，单击"应用"按钮，关闭对话框。

(2) 单击"绘图"工具栏中的"多行文字"按钮 A，打开"在位文字编辑器"，在"文字格式"工具栏中设置标题"字高"为 8，文字"字高"为 5。在第一行中单击两次空格，输入"技术要求"，按 Enter 键。

(3) 在第二行开始输入文字"两中心距离误差 $\epsilon \leqslant 0.15$mm"，其中符号"ϵ"和"$\leqslant$"是在单击"符号"按钮 @ 后，在快捷菜单中选择 "其他"子命令，打开"字符映射表"对话框，如图 5.49 所示，选择"$\leqslant$"符号后复制并粘贴到文字行内，按 Enter 键。

(4) 在第二行输入文字"零件加工完后应作表面检查，注明型号 TW-32(1)32/14"，然后选中"32/14"并单击"文字格式"工具栏中的"堆叠"按钮 ，就得到用户所需的分数，然后按 Enter 键。

(5) 在第三行输入文字"%%C30 孔轴线相对底平面$\leqslant$0.05%%d"，按 Enter 键。

(6) 在第四行输入文字" $y = f(x) = 4(x_1 - x_2)L^2$ "，其中" x_1 "和" x_2 "的标注方法为：输入" x^1 "，然后选中" ^{1} "，再单击"堆叠"按钮 即可。同理标注" x_2 "。" L^2 "的标注方法为，先输入" $L2^$ "，然后选中" $2^$ "，再单击"堆叠"按钮 即可。

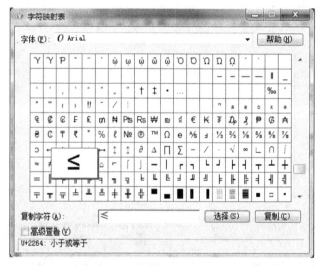

图 5.49 "字符映射表"对话框

(7) 在第五行输入文字"钢板的厚度 δ=12mm"，其中符号 δ 的输入与前相同，可以在"字符映射表"中找到该符号。单击"确定"按钮完成文字标注，如图 5.48 所示。

5.7 思考与练习 5

1. 在 AutoCAD 中如何创建文字样式？
2. AutoCAD 中有哪些常用的特殊字符代码？
3. 文字的对正方式是什么意思？
4. 在 AutoCAD 中如何创建表格样式？如何创建表格？

5. 块的概念是什么？如何创建和插入块？

6. 什么是属性？如何定义带属性的图块？

7. 怎样编辑动态块？

8. 灵活运用 AutoCAD 绘图命令绘制如图 5.50 所示的压力表，将指针定义成动态块。

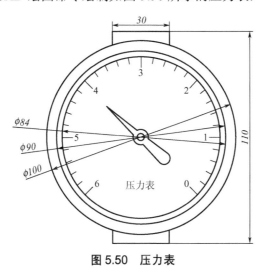

图 5.50 压力表

第 6 章

尺寸标注

教学提示

在工程图样中，尺寸标注是一项重要内容。因为单纯的图形只能表达物体的形状，要表达物体大小和设计意图，必须通过标注尺寸和技术要求来实现。

AutoCAD 提供了多种标注样式和设置标注格式的方法，可以满足建筑、机械和电子等大多数应用领域的要求。AutoCAD 的尺寸数值是标注过程中自动测量的，如可测量和显示对象的长度、角度、直径、圆心标记等尺寸，用户还可对标注尺寸进行编辑和修改。

教学要求

◆ 理解尺寸标注的组成和类型
◆ 掌握尺寸标注的基本步骤
◆ 掌握标注样式的设置方法
◆ 掌握尺寸标注的操作方法
◆ 掌握多重引线和形位公差的标注方法
◆ 掌握标注尺寸的编辑和修改方法

6.1　设置尺寸标注样式

6.1.1　尺寸标注的组成与类型

1) 尺寸标注的组成

工程制图中一个完整的尺寸一般由尺寸线、尺寸界线、尺寸数字(文字)、箭头 4 个部分组成，如图 6.1 所示。

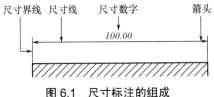

图 6.1　尺寸标注的组成

2) 尺寸标注的类型

AutoCAD 提供了 10 多种尺寸标注类型，有线性、对齐、弧长、坐标、半径、折弯、直径、角度、基线、连续、引线、公差、圆心标记等。常用的标注类型如图 6.2 所示。

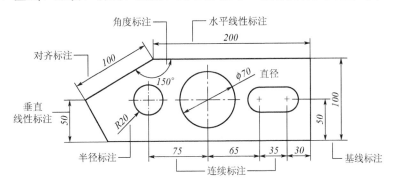

图 6.2　尺寸标注类型

3) 创建尺寸标注的步骤

(1) 选择菜单"格式"|"图层"命令，建立尺寸标注的新图层。

(2) 选择菜单"格式"|"文字样式"命令，设置尺寸标注的文字样式。

(3) 选择菜单"格式"|"标注样式"命令，设置尺寸标注样式并置为当前。

(4) 使用"对象捕捉"等辅助绘图工具进行尺寸标注。

(5) 对某些标注尺寸进行编辑修改。

6.1.2　创建标注样式

1) 命令

菜单栏："格式"|"标注样式"

命令行：DIMSTYLE

功能区：注释-标注面板 按钮

2）功能

控制标注的格式和外观，即创建新标注样式、设置当前样式、修改样式、设置当前样式的替代及比较样式。

3）分析

执行 DIMSTYLE 命令，弹出"标注样式管理器"对话框，如图 6.3 所示。默认状态下，系统为用户提供了名为"ISO-25""Standard"和"Annotative"的 3 种标注样式，分别用于公制、英制和注释性标注，用户可对已有标注样式进行修改或创建新的标注样式。

单击"新建"按钮，弹出"创建新标注样式"对话框，如图 6.4 所示。在"新样式名"文本框中输入新建标注样式名称。在"基础样式"下拉列表中选择已有的标注样式，新样式将在该样式的基础上进行修改。"用于"下拉列表框可以指定新建样式的适用范围，其中包括"所有标注""线性标注""角度标注""半径标注""直径标注""坐标标注""引线与公差"等选项供用户选择。

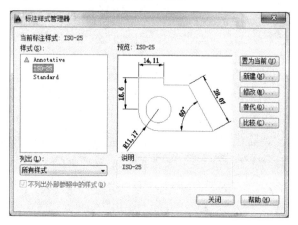

图 6.3 "标注样式管理器"对话框

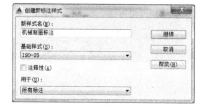

图 6.4 "创建新标注样式"对话框

完成各项设置后，单击"继续"按钮，弹出"新建标注样式"对话框，该对话框有"线""符号和箭头""文字""调整""主单位""换算单位"和"公差"共 7 个选项卡，如图 6.5 所示。在对话框中可以设置新标注样式或对原有标注样式进行修改。

6.1.3 设置直线样式

在"新建标注样式"对话框中，"线"选项卡中各选项可以设置尺寸线和尺寸界线的格式和特性，如图 6.5 所示。

1）"尺寸线"选项组：设置尺寸线的格式和特性。

（1）"颜色""线型""线宽"下拉列表框用于设置尺寸线的特性。默认情况下，尺寸线的颜色、线型和线宽都随块设置。

（2）"超出标记"文本框用于设置尺寸线超出尺寸界线的距离。该选项在尺寸线端点采用斜线时可用。

（3）"基线间距"文本框用于设置"基线"命令标注尺寸时尺寸线之间的距离。

（4）"隐藏"选项用于控制尺寸线的显示。选中"尺寸线 1"复选框，将隐藏第一尺寸线及箭头。选中"尺寸线 2"复选框，将隐藏第二尺寸线及箭头。

尺寸线设置如图 6.6 所示。

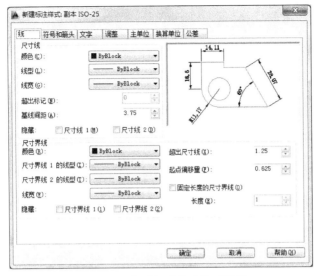

图 6.5　"新建标注样式"对话框

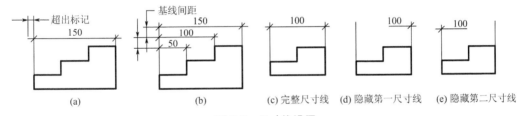

图 6.6　尺寸线设置

2)"尺寸界线"选项组：设置尺寸界线的格式和特性。

(1)"颜色""尺寸界线 1 线型""尺寸界线 2 线型""线宽"用于设置尺寸界线的特性。默认情况下，尺寸界线的颜色、线型和线宽都随块设置。

(2)"隐藏"选项用于控制尺寸界线的显示。选中"尺寸界线 1"复选框，将隐藏第一条尺寸界线。选中"尺寸界线 2"复选框，将隐藏第二条尺寸界线。

(3)"超出尺寸线"文本框用于设置尺寸界线超出尺寸线的距离。

(4)"起点偏移量"文本框用于设置尺寸界线的起点与被标注对象标注点的距离。

(5)"固定长度的尺寸界线"复选框用于设置使用特定长度的尺寸界线来标注图形，在"长度"文本框中可以输入尺寸界线的数值。

尺寸界线设置如图 6.7 所示。

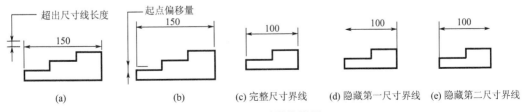

图 6.7　尺寸界线设置

6.1.4 设置符号和箭头

在"新建标注样式"对话框中，"符号和箭头"选项卡用于设置符号和箭头的格式，如图 6.8 所示。

1)"箭头"选项组

"箭头"选项组用于设置标注箭头的外观。AutoCAD 箭头标准库中有 19 种箭头类型，机械工程图中常用的有"实心闭合""倾斜"和"小点"等端点样式。

(1)"第一个"下拉列表框：用于设置第一尺寸线的箭头类型。在该列表中选择一种箭头类型，此时，第二尺寸线的箭头将自动更改与第一个箭头匹配。

(2)"第二个"下拉列表框：当第二尺寸线的箭头与第一尺寸线的箭头不一致时，该列表框可设置第二个箭头的类型。

(3)"引线"下拉列表框：用于设置引线箭头的类型。

(4)"箭头大小"文本框：用于设置箭头的尺寸。

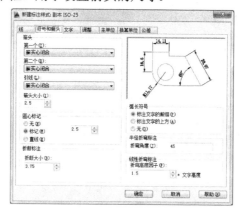

图 6.8　"符号和箭头"选项卡

2)"圆心标记"选项组

"圆心标记"选项组用于设置圆心标记的类型和大小。

圆心标记分"标记""直线"和"无"3 种类型，如图 6.9 所示。"标记"后面的文本框用于设置标记的尺寸。

3)"折断标注"选项组

"折断标注"选项组用于显示和控制折断标注的间距宽度，如图 6.10 所示。

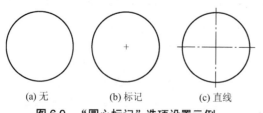

(a) 无　　　　(b) 标记　　　　(c) 直线

图 6.9　"圆心标记"选项设置示例

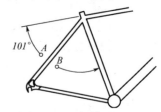

图 6.10　折断间距宽度 AB

4)"弧长符号"选项组

"弧长符号"选项组用于设置弧长符号显示的位置，如图 6.11 所示，包括"标注文字的前缀""标注文字的上方"和"无"3 种方式。

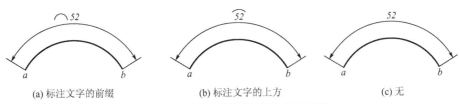

(a) 标注文字的前缀　　　　(b) 标注文字的上方　　　　(c) 无

图 6.11　"弧长符号"选项设置示例

5)"半径折弯标注"选项组

"半径折弯标注"选项组用于设置在标注圆弧半径时，标注线的折弯角度大小。在"折弯角度"文本框中输入角度值，不同折弯角度的效果如图 6.12 所示。

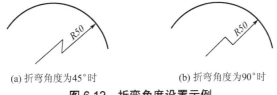

(a) 折弯角度为45°时　　　　(b) 折弯角度为90°时

图 6.12　折弯角度设置示例

6)"线性折弯标注"选项组

"线性折弯标注"选项组用于设置在线性折弯标注时，标注线的折弯高度大小。在"高度因子"文本框中输入高度因子值，不同折弯高度的效果如图 6.13 所示。

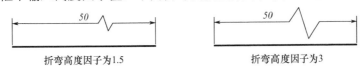

折弯高度因子为1.5　　　　　折弯高度因子为3

图 6.13　线性折弯设置示例

6.1.5　设置文字格式

在"新建标注样式"对话框中，"文字"选项卡用于设置标注文字的格式、位置及对齐方式，如图 6.14 所示。

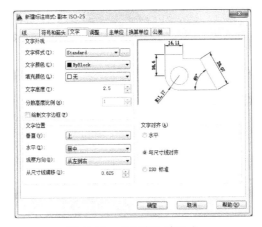

图 6.14　"文字"选项卡

1)"文字外观"选项组

"文字外观"选项组用于设置尺寸标注文字的样式、颜色和大小等。

（1）"文字样式"下拉列表框：用于选择 STYLE 已定义的文字样式。单击███按钮，弹出"文字样式"对话框，可根据图纸要求设置新文字样式。

（2）"文字颜色"下拉列表框：用于选择标注文本的颜色。默认设为随块。

（3）"文字高度"文本框：用于设置标注文本的高度。默认字高为 2.5mm。

（4）"分数高度比例"文本框：用于设置基本尺寸中分数数字的高度。若基本尺寸数值为小数格式，该选项呈灰色不可用。

（5）"绘制文字边框"复选项框：用于设置是否给标注文本添加边框。

2）"文字位置"选项组

"文字位置"选项组用于设置尺寸标注文本放置的位置，如图 6.15 所示。

（1）"垂直"下拉列表框：用于设置尺寸文本相对尺寸线在垂直方向上的位置。

（2）"水平"下拉列表框：用于设置尺寸文本相对尺寸线在水平方向上的位置。

（3）"从尺寸线偏移"文本框：用于设置标注文本与尺寸线间的距离。

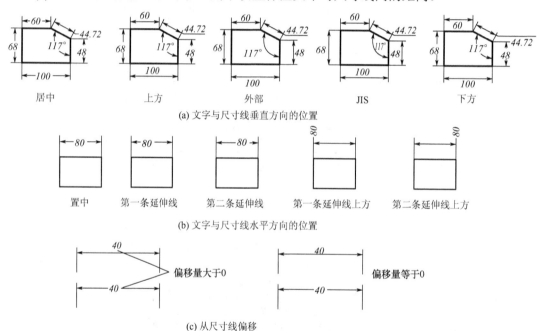

图 6.15　文字位置设置效果

3）"文字对齐"选项组

"文字对齐"选项组用于设置尺寸文本标注的对齐方式，如图 6.16 所示。

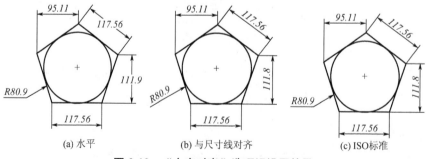

图 6.16　"文字对齐"选项组设置效果

(1)"水平"单选框：尺寸文本标注始终沿水平方向放置。

(2)"与尺寸线对齐"单选框：尺寸文本标注与尺寸线始终平行放置。

(3)"ISO 标准"单选框：尺寸文本标注按 ISO 标准放置。尺寸文本在尺寸界线以内，则与尺寸线方向平行放置；尺寸文本在尺寸界线以外，则水平放置。

6.1.6　设置调整格式

在"新建标注样式"对话框中，"调整"选项卡用于设置标注文字、尺寸箭头、引线和尺寸线的相互位置，如图 6.17 所示。

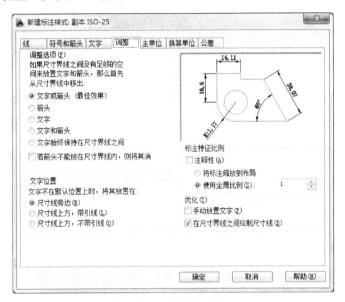

图 6.17　"调整"选项卡

1)"调整选项"选项组

"调整选项"选项组用于当尺寸界线之间距离太小或尺寸标注文字太长，没有足够的地方同时放置尺寸文本和尺寸箭头时，首先从尺寸界线移出的对象，如图 6.18 所示。

(1)"文字或箭头"(最佳效果)单选框：系统自动调节达到最佳的标注效果。

(2)"箭头"单选框：在地方不够时首先移出箭头。

(3)"文字"单选框：在地方不够时首先移出文字。

(4)"文字和箭头"单选框：在地方不够时同时移出文字和箭头。

(5)"文字始终保持在尺寸界线之内"单选框：将文字始终放置在尺寸界线之间。

(6)"若不能放置在尺寸界线内，则消除箭头"复选框：在地方不够时将不显示箭头。

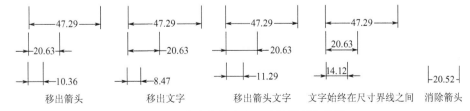

图 6.18　文字和箭头在尺寸界线间的放置

2)"文字位置"选项组

设置尺寸文本的放置位置，如图 6.19 所示。

(1)"尺寸线旁边"单选框：将尺寸文本放在尺寸线旁边。

(2)"尺寸线上方，带引线"单选框：当尺寸文本与箭头不能放置在尺寸界线内时，则设置尺寸文本放在尺寸线上方，且加引线。

(3)"尺寸线上方，不带引线"单选框：当尺寸文本与箭头不能放置在尺寸界线内时，则设置尺寸文本放在尺寸线上方，不加引线。

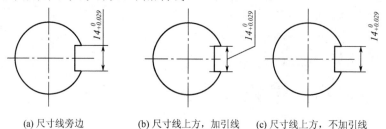

(a) 尺寸线旁边   (b) 尺寸线上方，加引线   (c) 尺寸线上方，不加引线

图 6.19 "文字位置"设置示例

3)"标注特征比例"选项组

"标注特征比例"选项组用于设置尺寸特征的缩放关系。

(1)"注释性"复选框：勾选此项则表明标注样式为注释性样式。

(2)"将标注缩放到布局"单选框：根据图纸空间所有视口比例值调整。

(3)"使用全局比例"单选框：设置所有尺寸元素的比例因子，所有元素尺寸将同时放大或缩小，如图 6.20 所示。

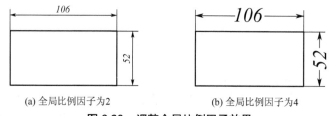

(a) 全局比例因子为2   (b) 全局比例因子为4

图 6.20 调整全局比例因子效果

4)"优化"选项组

"优化"选项组用于设置尺寸标注时是否使用附加调整。

(1)"手动放置文字"复选框：将标注的尺寸文本，手动放置于指定的位置。

(2)"在尺寸界线之间绘制尺寸线"复选框：始终在尺寸界线内画出尺寸线。当尺寸箭头放置于尺寸界线之外时，也在尺寸界线之内画出尺寸线。

6.1.7 设置主单位格式

在"新建标注样式"对话框中，"主单位"选项卡用于设置尺寸标注的主单位格式，如图 6.21 所示。

1)"线性标注"选项组

"线性标注"选项组用于设置标注尺寸的格式和精度。

(1)"单位格式"下拉列表框：用于设置标注尺寸的单位，默认为"小数"单位格式。

(2)"精度"下拉列表框：用于设置标注尺寸的精度，即标注尺寸的小数位数。

(3)"分数格式"下拉列表框：当"单位格式"选择"建筑"或"分数"时，用于设置标注尺寸的分数格式，包括"水平""对角"和"非堆叠"3种方式，如图6.22所示。

(4)"小数分隔符"下拉列表框：用于设置标注尺寸为小数时的分隔符形式，包括"句点""逗号"和"空格"3个选项。"舍入"文本框用于设置测量尺寸的舍入值。

(5)"前缀"文本框：用于设置尺寸文本的前缀。

(6)"后缀"文本框：用于设置尺寸文本的后缀。

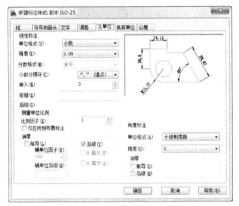

图6.21 "主单位"选项卡

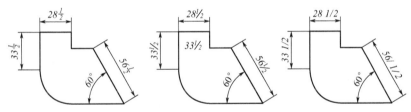

图6.22 "分数格式"设置示例

【注意】"前缀"和"后缀"选项应慎用，因为使用该选项，将给所有尺寸都加上前缀或后缀。

2)"测量单位比例"选项组

(1)"比例因子"文本框：用于设置测量尺寸值的比例，如图6.23所示。

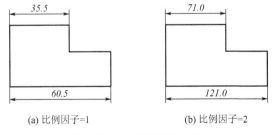

(a) 比例因子=1   (b) 比例因子=2

图6.23 "比例因子"设置

(2)"仅应用到布局标注"复选框：用于设置是否将先行的比例系数仅应用到布局标注。

3)"消零"选项组

"消零"选项组用于设置是否将标注尺寸数前导与后续无效的零隐藏。

(1)"前导"复选框：用于设置标注尺寸小数点前面的零是否显示。

(2)"后续"复选框：用于设置标注尺寸小数点后面的零是否显示。

4)"角度标注"选项组

"角度标注"选项组用于设置标注角度尺寸的单位和精度。

(1)"单位格式"下拉列表框：用于设置角度标注的尺寸单位。

(2)"精度"下拉列表框：用于设置角度标注的尺寸精度。

(3)"前导"复选框：用于设置角度标注小数点前面的零是否显示。

(4)"后续"复选框：用于设置角度标注小数点后面的零是否显示。

6.1.8 设置换算单位格式

在"新建标注样式"对话框中，"换算单位"选项卡用于设置标注测量值中是否显示换算单位，并设置其格式和精度。该选项卡一般不使用。

6.1.9 设置公差格式

在"新建标注样式"对话框中，"公差"选项卡用于设置是否标注公差及以何种方式进行标注，如图 6.24 所示。

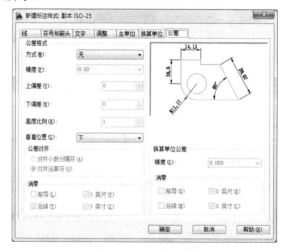

图 6.24　"公差"选项卡

1)"公差格式"选项组

"公差格式"选项组用于设置公差标注格式。

(1)"方式"下拉列表框用于设置公差标注方式。用户可从该下拉列表中选择"无""对称""极限偏差""极限尺寸"和"基本尺寸"5 种方式，如图 6.25 所示。

(2)"精度"下拉列表框用于设置公差值的精度。

(3)"上偏差""下偏差"文本框：用于设置尺寸的上、下偏差值。

(4)"高度比例"文本框：用于设置公差尺寸数字和标注尺寸数字的高度比。

(5)"垂直位置"下拉列表框：用于设置公差尺寸数字相对于基本尺寸的对齐方式。

2)"公差对齐"选项组

"公差对齐"选项组用于堆叠时，控制上偏差值和下偏差值的对齐。

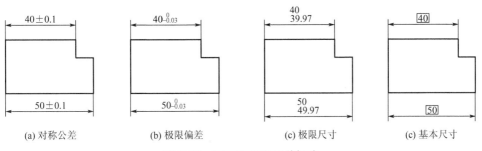

图 6.25　不同方法的公差标注

(1) "对齐小数分隔符"单选框：通过值的小数分割符堆叠值。

(2) "对齐运算符"单选框：通过值的运算符堆叠值。

3) "消零"选项组

"消零"选项组用于设置是否消去公差值的前导和后续零。

4) "换算单位公差"选项组

"换算单位公差"选项组用于设置换算单位公差的精度和消零与否。

完成尺寸样式设置后，将修改样式"置为当前"，即可以对该样式进行标注。

6.2　创建尺寸标注

6.2.1　基线标注和连续标注

1) 命令

菜单栏："标注" | "基线"、"连续"

命令行：DIMBASELINE、DIMCONTINUE

功能区：注释-标注面板■、■按钮

2) 功能

用于创建一系列自同一基线处测量的多个标注或首尾相连的多个标注。

3) 分析

在"基线" | "连续"标注之前，必须先创建一个线性、坐标或角度标注作为基准，再执行 DIMBASELINE/DIMCONTINUE 命令，系统提示如下。

指定第二条尺寸界线原点或 [放弃(U)/选择(S)] <选择>：/选择下一点。

可继续基线标注或按 Enter 键结束，如图 6.26 及图 6.27 所示。

【提示】各基线之间的距离已在"尺寸标注样式"对话框的"线"选项卡中预设定。

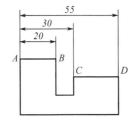

图 6.26　"基线"标注示例

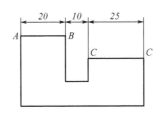

图 6.27　"连续"标注示例

6.2.2 弧长标注

1) 命令

菜单栏："标注"|"弧长"

命令行：DIMARC

功能区：默认-注释面板 按钮

2) 功能

用于测量圆弧线段或多段线圆弧线段部分的弧长。

3) 分析

执行 DIMARC 命令，当选择了圆弧线段后，系统提示如下。

指定弧长标注位置或 [多行文字(M)/文字(T)/角度(A)/部分(P)/引线(L)]/

单击指定尺寸线位置。输入选项可以修改尺寸数值，将尺寸文字旋转一个角度，或标注选定的某一段弧长，如图 6.28 所示。

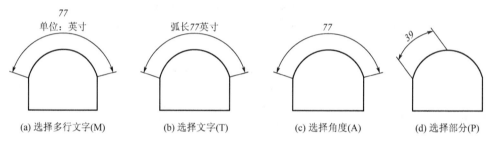

(a) 选择多行文字(M) (b) 选择文字(T) (c) 选择角度(A) (d) 选择部分(P)

图 6.28 "弧长标注"示例

6.2.3 折弯标注

1) 命令

菜单栏："标注"|"折弯"

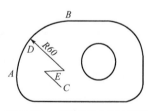

图 6.29 "折弯"标注示例

命令行：DIMJOGGED

功能区：默认-注释面板 按钮

2) 功能

用于当圆弧或圆的中心位于布局外且无法显示在其实际位置时，标注圆或圆弧的半径。

3) 操作示例

创建如图 6.29 所示的折弯标注。

命令：_dimjogged

选择圆弧或圆：/选择圆弧 *AB*。

指定中心位置替代：/指定 *C* 点。

标注文字= 60

指定尺寸线位置或 [多行文字(M)/文字(T)/角度(A)]：/选择 *D* 点。

指定折弯位置：/选择 *E* 点。

6.2.4　坐标标注

1）命令

菜单栏："标注"|"坐标"

命令行：DIMORDINATE

功能区：默认-注释面板 按钮

2）功能

用于坐标式的尺寸标注，即标注指定点相对于测量原点的 x、y 坐标值。

3）分析

执行 DIMORDINATE 命令，选择要标注的点后，系统提示如下。

指定引线端点或 [X 基准(X)/Y 基准(Y)/多行文字(M)/文字(T)/角度(A)]: /指定引线端点，系统将显示该点的 x、y 坐标值，如图 6.30 所示。

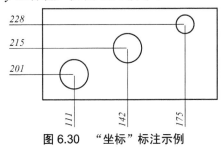

图 6.30　"坐标"标注示例

6.2.5　圆心标记

1）命令

菜单栏："标注"|"圆心标记"

命令行：DIMCENTER

功能区：注释-标注面板 按钮

2）功能

用于创建圆和圆弧的圆心标记或中心线。

3）分析

执行 DIMCENTER 命令，系统提示如下。

选择圆弧或圆: /选择要标注的圆弧或圆，效果如图 6.9 所示。

6.2.6　快速标注

1）命令

菜单栏："标注"|"快速标注"

命令行：QDIM

功能区：注释-标注面板 按钮

2）功能

用于创建多个基线标注、连续标注或多个圆或圆弧标注。

3）分析

执行 QDIM 命令，系统提示如下。

选择要标注的几何图形：/选择几何对象。

指定尺寸线位置或 [连续(C)/并列(S)/基线(B)/坐标(O)/半径(R)/直径(D)/基准点(P)/编辑(E)/设置(T)] <半径>: /指定尺寸线的位置或输入选项操作。

使用"快速标注"中各选项进行标注的效果如图 6.31 所示。

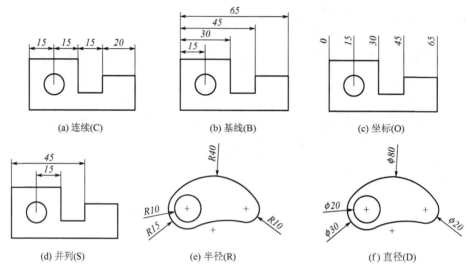

图 6.31　快速标注各选项标注效果

6.3　引线标注和形位公差

6.3.1　定义多重引线样式

1) 命令

菜单栏："格式" | "多重引线样式"

命令行：MLEADERSTYLE

功能区：注释-引线面板 ■ 按钮

2) 功能

创建和修改多重引线对象的样式。多重引线的组成如图 6.32 所示。

3) 分析

执行 MLEADERSTYLE 命令，打开"多重引线样式管理器"对话框，如图 6.33 所示。默认状态下系统为用户提供"Standard"和"Annotative"两种多重引线样式，其中"Annotative"为注释性多重引线样式，用户可对已有多重引线样式进行修改或创建新多重引线样式。

单击"新建"按钮，弹出"创建新多重引线样式"对话框，如图 6.34 所示。在"新样式名"文本框中输入新建标注样式名称。在"基础样式"下拉列表中选择已有的多重引线样式，新样式将在该样式的基础上进行修改。单击"继续"按钮，弹出"修改多重引线样式"对话框，该对话框有"引线格式""引线结构"和"内容" 3 个选项卡，如图 6.35 所示。在对话框中可以设置新多重引线样式或对原有多重引线样式进行修改。

"修改多重引线样式"对话框各选项卡功能如下。

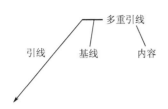

图 6.32　多重引线的组成

图 6.33　"多重引线样式管理器"对话框

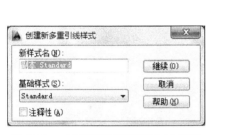

图 6.34　"创建新多重引线样式"对话框

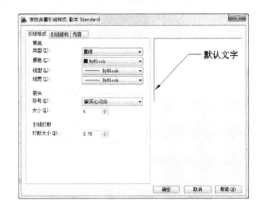

图 6.35　"修改多重引线样式"对话框

(1)"引线格式"选项卡：用于设置多重引线的常规特性和格式。

"常规"选项组用于设置引线的类型，引线类型有"直线""样条曲线"和"无"3种，并可设置引线的颜色、线型和线宽特性。

"箭头"选项组用于设置引线箭头的外观及大小。在"符号"下拉列表中选择箭头的样式，在"大小"文本框中输入箭头的尺寸。

"引线打断"选项组用于设置引线打断时的间距大小。在"打断大小"文本框中输入间距的尺寸。

(2)"引线结构"选项卡：用于设置多重引线的结构，如图 6.36 所示。

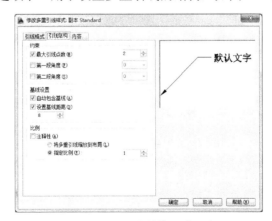

图 6.36　"引线结构"选项卡

"约束"选项组：用于设置引线的最大点数，各段引线的倾斜角度。

"基线设置"选项组：用于设置多重引线是否包含基线，若选定"自动包含基线"复选框，则可设置基线长度。在"设置基线距离"文本框中输入基线尺寸。

"比例"选项组：用于设置多重引线标注的缩放关系，并可确定多重引线是否为注释性标注。

(3)"内容"选项卡：用于设置多重引线的注释内容及格式，如图 6.37 所示。

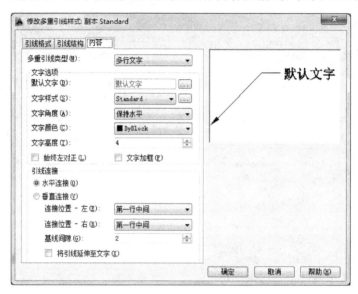

图 6.37　引线"内容"选项卡

"多重引线类型"选项组：用于设置多重引线的注释类型，有"多行文字""块"和"无" 3 个选项。

若选择"多行文字"类型，将有"文字选项"选项组：用于设置多重引线的文字样式、文字书写方向、文字颜色及文字高度等特性。

"引线连接"选项组：用于设置多重引线的注释文字与引线终点的位置关系，以及注释文字与基线终点的距离，如图 6.38 所示。

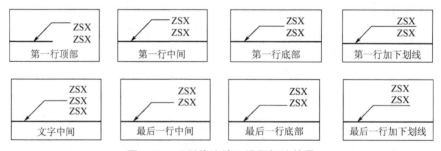

图 6.38　"引线连接"设置标注效果

若选择"块"类型，将有"块选项"选项组：用于设置块的形状，块附着到多重引线的方式，以及块的颜色和比例，如图 6.39 所示。

若选择"无"类型，则多重引线不添加任何内容。

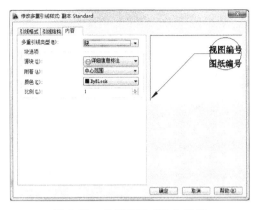

图 6.39　多重引线"块"设置

6.3.2　多重引线标注

1) 命令

菜单栏："标注" | "多重引线"

命令行：MLEADER

功能区：默认-注释面板 按钮

2) 功能

用于创建多重引线标注对象。

3) 分析

执行 MLEADER 命令，系统提示：

指定引线箭头的位置或 [引线基线优先(L)/内容优先(C)/选项(O)] <选项>：

"指定引线箭头的位置"选项用于在标注时首先确定引线箭头的位置，"引线基线优先"和"内容优先"选项分别用于首先确定基线位置还是首先确定标注内容的位置。选择"选项"，系统进一步提示信息：

输入选项 [引线类型(L)/引线基线(A)/内容类型(C)/最大节点数(M)/第一个角度(F)/第二个角度(S)/退出选项(X)] <退出选项>：

用户输入选项可对多重引线样式进行相应的设置。

4) 操作示例

设置多重引线样式，完成如图 6.40 所示的多重引线标注。

(1) 选择菜单"格式" | "多重引线样式"命令，打开"多重引线样式管理器"对话框，单击"修改"按钮，弹出"修改多重引线样式"对话框，在"引线格式"选项卡中将符号改为"小点"，"大小"改为 2，在"内容"选项卡中将"多重引线类型"改为"块"，"源块"改为"圆"，"比例"输入适当值。单击"确定"按钮，关闭"多重引线样式管理器"。

(2) 执行命令：_mleader。

指定引线箭头的位置或 [引线基线优先(L)/内容优先(C)/选项(O)] <选项>：/光标指定引线第一点。

指定引线基线的位置：/光标指定引线第二点。

输入属性值

输入标记编号 <TAGNUMBER>: 2↙/输入编号数值。重复标注各引线。

(3) 执行命令: _mleadercollect。

选择多重引线: 找到 1 个 /选择引线块 1。

选择多重引线: 找到 1 个，总计 2 个 /选择引线块 2。

选择多重引线: 找到 1 个，总计 3 个 /选择引线块 3。

选择多重引线:✓/合并引线块。

指定收集的多重引线位置或 [垂直(V)/水平(H)/缠绕(W)] <水平>: /适当位置单击。

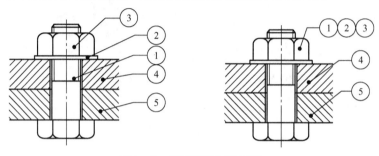

图 6.40　多重引线标注示例

6.3.3　快速引线标注

1) 命令

命令行：QLEADER

2) 功能

用于快速创建引线和引线注释。

3) 分析

执行 QLEADER 命令，系统提示如下。

指定第一个引线点或 [设置(S)] <设置>: /按 Enter 键。

弹出"引线设置"对话框。该对话框有 3 个选项卡。

(1) "注释"选项卡：用于设置"引线"标注中注释的类型、多行文字的格式及是否重复使用注释。注释类型包括多行文字、公差、块参照等内容，选择任一单选按钮，即可进行相应的引线标注，如图 6.41 所示。

图 6.41　"注释"选项卡

(2) "引线和箭头"选项卡：用于设置引线和箭头的格式。

(3) "附着"选项卡：用于设置多行文字注释项与引线终点的位置关系。

6.3.4　形位公差标注

1) 命令

菜单栏："标注"|"公差"

命令行：TOLERANCE

功能区：注释-标注面板 按钮

2) 功能

用于创建形位公差标注。

3) 分析

执行 TOLERANCE 命令，弹出"形位公差"对话框，如图 6.42 所示。单击"符号"标签下的黑方框，出现"特征符号"对话框，如图 6.43 所示，选择需要的公差符号。在"公差"选项组对应的文本框中输入公差值，若公差带形状为圆柱体，则可单击文本框前的黑方框，用以添加符号"ϕ"。在"基准"选项组中输入基准符号，单击"确定"按钮，即可完成公差标注。

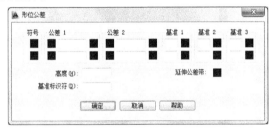

图 6.42　"形位公差"对话框

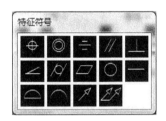

图 6.43　"特征符号"对话框

4) 操作示例

(1) 执行 Qleader 命令，系统提示如下。

指定第一个引线点或 [设置(S)] <设置>：✓/打开"引线设置"对话框。

(2) 在"注释"选项卡选中"多行文字"单选框；在"引线和箭头"选项卡中将"箭头"改为"无"；在"附着"选项卡中勾选"最后一行加下划线"复选框，单击"确定"按钮，返回绘图窗口。

指定第一个引线点或 [设置(S)] <设置>：/拾取要标注的点，绘制引线。

指定文字宽度 <0>：✓/默认文字宽度。

输入注释文字的第一行 <多行文字(M)>：C2✓/完成"引线"标注，如图 6.44 所示。

(3) 重复(1)操作，打开"引线设置"对话框。在"注释"选项卡选中"公差"单选按钮；在"引线和箭头"选项卡中将"箭头"改为"实心闭合"；单击"确定"按钮。绘制引线，弹出"形位公差"对话框，设置公差项，结果如图 6.45 所示。

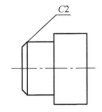

图 6.44　引线标注示例

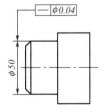

图 6.45　公差标注示例

6.4　编辑尺寸标注

6.4.1　修改尺寸、属性及公差

1）命令

菜单栏："修改" | "对象" | "文字" | "编辑"

命令行：DDEDIT

2）功能

编辑单行文字、标注文字、属性定义和功能控制边框。

3）分析

执行 DDEDIT 命令，系统提示：

选择注释对象或 [放弃(U)]: /选择标注对象进行相应的修改。

标注对象是尺寸数值，将显示"在位文字编辑器"；标注对象是属性定义，将显示"编辑属性定义"对话框；标注对象是形位公差特征控制框，将显示"形位公差"对话框。

6.4.2　编辑标注对象

1）命令

菜单栏："标注" | "倾斜"

命令行：DIMEDIT

功能区：注释-标注面板　按钮

2）功能

用于修改标注尺寸，旋转标注文字，倾斜尺寸界线等。

3）分析

执行 DIMEDIT 命令，系统提示如下。

输入标注编辑类型 [默认(H)/新建(N)/旋转(R)/倾斜(O)] <默认>: /输入选项。

选择对象: /选择编辑对象。

命令中各选项功能如下。

(1) "默认(H)"：将尺寸标注文本按尺寸标注样式中所设置的位置、方向放回到默认位置。

(2) "新建(N)"：用于修改尺寸文字内容。输入"新建(N)"选项，弹出"多行文字编辑器"对话框，在此对话框中输入新内容。

(3) "旋转(R)"：用于将标注文字旋转指定的角度，如图 6.46 所示。

(4) "倾斜(O)"：用于将尺寸界线倾斜指定的角度，如图 6.46 所示。

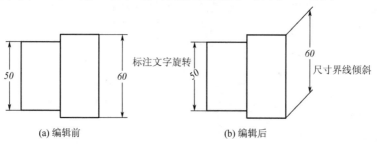

图 6.46　编辑标注对象示例

6.4.3 编辑标注文字

1) 命令

菜单栏："标注"|"对齐文字"|级联子菜单

命令行：DIMTEDIT

2) 功能

移动和旋转标注文字。

3) 分析

执行 DIMTEDIT 命令，系统提示如下。

选择标注: /选择标注对象。

为标注文字指定新位置或 [左对齐(L)/右对齐(R)/居中(C)/默认(H)/角度(A)]：

拖动鼠标将标注文字放置到新的位置，或输入选项得到如图 6.47 所示的效果。

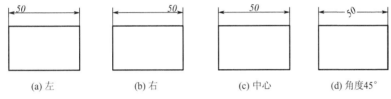

(a) 左   (b) 右   (c) 中心   (d) 角度45°

图 6.47   编辑标注文字示例

6.4.4 替代标注

1) 命令

菜单栏："标注"|"替代"

命令行：DIMOVERRIDE

2) 功能

用临时更改标注系统变量的方法来替代当前标注样式。

3) 分析

系统变量 DIMTOFL 控制是否在尺寸界线之间绘制尺寸线。0 表示"否"，如果箭头放置在测量点外，则不在测量点之间绘制尺寸线。1 表示"是"，即使箭头放置在测量点外，也在测量点之间绘制尺寸线。

4) 操作示例

命令: _dimoverride

输入要替代的标注变量名或 [清除替代(C)]: dimtofl

输入标注变量的新值 <关>: 1↙

输入要替代的标注变量名:↙

选择对象: /选取 R5 的标注。替代新标注样式如

(a) 替代前   (b) 替代后

图 6.48   "替代标注"示例

图 6.48 所示。

6.4.5 标注更新

1) 命令

菜单栏："标注"|"更新"

命令行：DIMSTYLE

2）功能

用当前的标注样式替代选定的原标注样式。

3）分析

执行 DIMSTYLE 命令，系统提示如下。

当前标注样式：ISO-25

输入标注样式选项 [保存(S)/恢复(R)/状态(ST)/变量(V)/应用(A)/?] <恢复>: _apply

其中各选项功能如下。

"保存(S)"：用于保存当前新标注样式。

"恢复(R)"：用于以新标注样式替代原来的标注样式。

"状态(ST)"：用于在文本窗口显示当前标注样式的设置数据。

"变量(V)"：用于选择一个尺寸标注时，自动在文本窗口显示有关数据。

"应用(A)"：根据当前尺寸系统变量的设置更新指定的标注对象。

4）操作示例

用当前标注样式(副本 ISO-25)替代原标注样式(ISO-25)的标注，如图 6.49 所示。

(a) 更新前

(b) 更新后

图 6.49　更新标注示例

执行命令: _dimstyle

当前标注样式:副本 ISO-25

输入标注样式选项

[保存(S)/恢复(R)/状态(ST)/变量(V)/应用(A)/?] <恢复>: _apply

选择对象: 找到 1 个/选择 ϕ10 的标注，按 Enter 键。标注更新为"副本 ISO-25"标注样式。

6.4.6　调整标注间距

1）命令

菜单栏："标注"|"标注间隙"

命令行：DIMSPACE

功能区：注释-标注面板 按钮

2）功能

调整线性标注或角度标注之间的间距。

3）操作示例

命令: _DIMSPACE

选择基准标注:/选择尺寸 20 作为基准尺寸。

选择要产生间距的标注:找到 1 个，总计 3 个/依次选择尺寸 30、45、55。

选择要产生间距的标注:✓

输入值或 [自动(A)] <自动>: 6✓

尺寸线间距调整如图 6.50 所示。

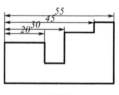
(a) 调整前

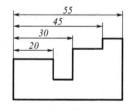
(b) 调整后

图 6.50　调整标注间距示例

6.4.7　折弯线性

1) 命令

菜单栏："标注"|"折弯线性"

命令行：DIMJOGLINE

功能区：注释-标注面板 按钮

2) 功能

在线性标注或对齐标注中添加或删除折弯线。

3) 操作示例

命令: _DIMJOGLINE

选择要添加折弯的标注或 [删除(R)]: /选择标注尺寸 55。

指定折弯位置(或按 ENTER 键):↙/折弯线性效果如图 6.51 所示。

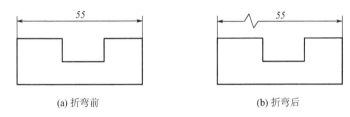

(a) 折弯前　　　　　　　　　　　　　(b) 折弯后

图 6.51　折弯线性示例

6.4.8　折断标注

1) 命令

菜单栏："标注"|"标注打断"

命令行：DIMBREAK

功能区：注释-标注面板 按钮

2) 功能

在标注和延伸线与其他对象的相交处打断或恢复标注和延伸线。

3) 操作示例

命令:_DIMBREAK

选择要添加/删除折断的标注或 [多个(M)] : /选择标注尺寸 35。

选择要折断标注的对象或 [自动(A)/手动(M)/删除(R)] <自动>: /选择轮廓线 *AB*。

选择要折断标注的对象: /选择轮廓线 *CD*，按 Enter 键，效果如图 6.52 所示。

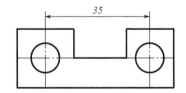
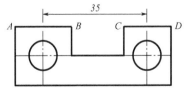

(a) 折断前　　　　　　　　　　　　　(b) 折断后

图 6.52　折断标注示例

6.5　实训实例 (六)

1) 实训目标

标注轴零件的全部尺寸，如图 6.53 所示。

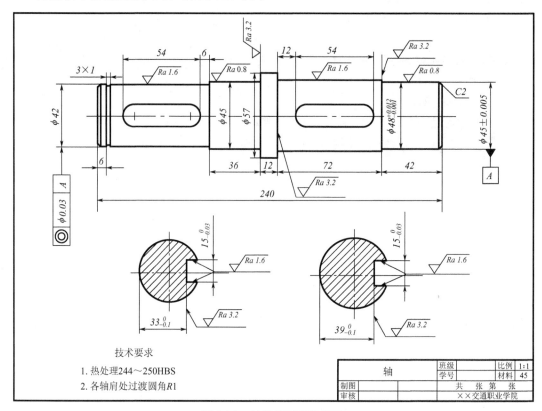

图 6.53　轴类零件图的标注

2) 实训目的

熟练掌握标注样式的设置方法，掌握线性尺寸、直径尺寸的标注方法，掌握尺寸公差标注、形位公差标注和字符串标注的方法，掌握块的创建和插入方法。

3) 绘图思路

(1) 设置尺寸标注样式。

(2) 标注线性尺寸。

(3) 标注和编辑直径尺寸公差。

(4) 标注快速引线和形位公差。

(5) 创建和插入块。

(6) 标注技术要求。

4) 操作步骤

(1) 打开图形文件。设置尺寸标注样式。

选择菜单 "格式" | "标注样式" 命令，打开 "标注样式管理器" 对话框，单击 "新建" 按钮，打开 "创建新标注样式" 对话框，输入新样式名 "工程图标注"，基础样式为 "ISO-25"，

单击"继续"按钮，打开"新建标注样式"对话框，在该对话框中设置标注样式。

在"线"选项卡中，将"基线间距"改为 8，"超出尺寸线"改为 2，"起点偏移量"改为 0.5。在"符号与箭头"选项卡中，将"箭头大小"改为 3.5。在"文字"选项卡中，将"文字样式"改为"工程字"，"字高"改为 5，"从尺寸线偏移"改为 1。在"主单位"选项卡中，将"小数分隔符"改为"句点"。其余参数默认。单击"确定"按钮，回到"标注样式管理器"，将"工程图标注"置为当前，关闭对话框。

(2) 标注线性尺寸。

执行 dimlinear 命令标注尺寸 42，执行 dimcontinue 命令标注尺寸 72、12、36，执行 dimbaseline 命令标注尺寸 240。再执行 dimlinear 命令标注尺寸 6、54 和 12、54，标注效果如图 6.54 所示。

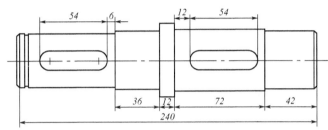

图 6.54　线性尺寸标注效果

(3) 标注直径尺寸。

执行 dimlinear 命令依次标注尺寸 42、45、57、48、45。

命令：_dimedit

输入标注编辑类型 [默认(H)/新建(N)/旋转(R)/倾斜(O)] <默认>: n↙ /打开在位文字编辑器，单击 @▾ 按钮，添加"直径"，单击"确定"按钮。

选择对象: /依次选择尺寸 42、45、57、48、45，按 Enter 键，直径尺寸标注效果如图 6.55 所示。

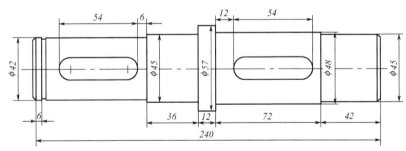

图 6.55　直径尺寸标注效果

(4) 标注尺寸公差。

命令：_dimedit

输入标注编辑类型 [默认(H)/新建(N)/旋转(R)/倾斜(O)] <默认>: n↙ /打开在位文字编辑器，在"蓝色默认值"后面输入"+0.012^−0.001"，鼠标选中"+0.012^−0.001"，单击"堆叠"按钮，然后单击"确定"按钮，选择 ϕ48 尺寸，按 Enter 键即可。同理标注 ϕ45 的尺寸公差，如图 6.56 所示。

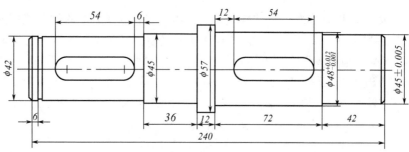

图 6.56　标注尺寸公差

(5) 标注快速引线和形位公差。

执行 Qleader 命令，按 Enter 键，打开"引线设置"对话框。在"注释"选项卡选中"多行文字"单选框，在"引线和箭头"选项卡中将"箭头"改为"无"，在"附着"选项卡中勾选"最后一行加下划线"复选框，单击"确定"按钮，返回绘图窗口，标注引线。

执行 Qleader 命令，按 Enter 键，打开"引线设置"对话框。在"注释"选项卡选中"公差"单选按钮；单击"确定"按钮。绘制引线，弹出"形位公差"对话框，设置公差项。标注效果如图 6.57 所示。

(6) 创建和插入块。

首先绘制粗糙度符号图形，选择菜单"绘图"|"块"|"定义属性"命令，弹出"属性定义"对话框，设置属性参数。然后执行 BLOCK 命令，打开"块定义"对话框创建属性块，如图 6.58 所示。

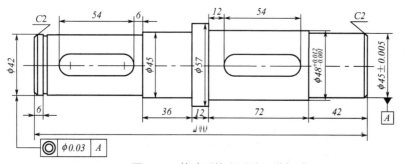

图 6.57　快速引线和形位公差标注　　　　图 6.58　粗糙度块

选择菜单"插入"|"块"命令，弹出"插入"对话框，在"名称"下拉列表中选择已定义的块，单击"确定"按钮，在图形的适当位置插入"粗糙度"图块，输入属性值，粗糙度标注如图 6.53 所示。

(7) 输入技术要求，完成尺寸标注。

6.6　思考与练习 6

1. 如何设置尺寸标注样式？如何设置多重引线标注样式？

2. 配合尺寸公差如何标注？形位公差如何标注？

3. 绘制如图 6.59 和图 6.60 所示零件图，并标注尺寸。

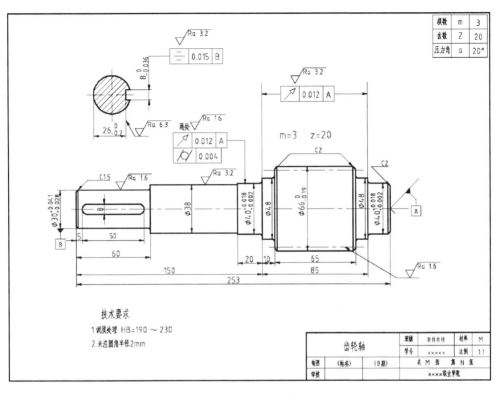

图 6.59　齿轮轴零件图

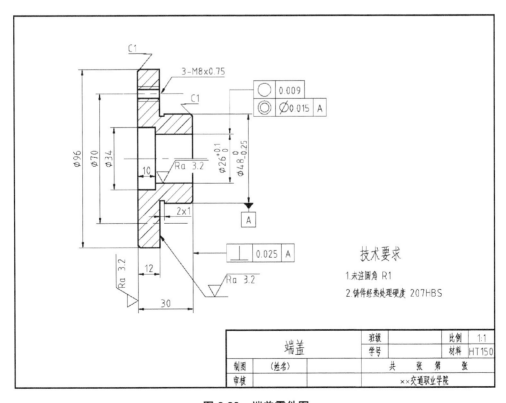

图 6.60　端盖零件图

第 7 章

设计中心、选项设置
及参数化工具

教学提示

设计中心是 AutoCAD 提供给用户的一个集成化图形组织和管理工具。使用
"设计中心"可以浏览、打开、查找、复制、管理 AutoCAD 图形文件和属性，还
可以通过拖动操作，将位于本地计算机、局域网和 Internet 上的图形、块和外部参
照等内容插入当前图形，简化绘图过程。

AutoCAD 自 2010 版后推出了二维参数化绘图，用户可以为二维几何图形添
加约束，然后按照设计意图控制绘图对象，即使对象发生了变化，它们的关系和测
量数据仍将保持不变。参数化绘图工具可以帮助用户极大地缩短设计和修订时间。

教学要求

◆ 了解 AutoCAD 设计中心的功能
◆ 了解设计中心的使用方法
◆ 了解工具选项板的使用方法
◆ 了解用户系统配置
◆ 了解图形样板的制作
◆ 了解参数化绘图方法

7.1 设计中心和工具选项板

7.1.1 AutoCAD 设计中心

1) 命令

菜单栏："工具"|"选项板"|"设计中心"

命令行：ADCENTER

功能区：视图-选项板面板 按钮

2) 功能

用于浏览、打开、查找、复制、管理 AutoCAD 图形文件和属性等。

3) 分析

执行 ADCENTER 命令，弹出"设计中心"面板，如图 7.1 所示。该面板主要由工具栏、选项卡、"树状目录"窗口、"内容"窗口、"预览"窗口和"说明"窗口 6 部分组成。

(1) "树状目录"窗口：用于显示系统内的所有资源，包括磁盘及所有文件夹、文件及层关系，"树状目录"窗口的操作与 Windows 资源管理器的操作方法类似。

(2) "内容"窗口：也称控制板，当在"树状目录"窗口中选中某一项时，AutoCAD 会在"内容"窗口显示所选项的内容。

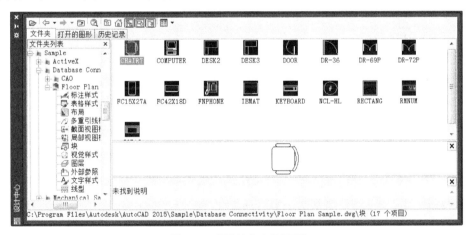

图 7.1 "设计中心"面板

(3) 工具栏有 11 个图标按钮。

"打开"按钮 ：用于在"内容"窗口显示指定图形文件的相关内容。单击该按钮，可以打开"加载"对话框，如图 7.2 所示。在该对话框中，选择所需的图形文件，"内容"窗口即显示出该图形文件的对应内容。

"后退"按钮 ：用于向后返回上一次所显示的内容。

"向前"按钮 ：用于向前返回上一次所显示的内容。

"上一级"按钮 ：用于显示文件夹或图形的上一级内容。

"搜索"按钮 ：用于快速查找对象。

"收藏夹"按钮 ：用于在"内容"窗口内显示收藏夹中的内容。

"HOME"按钮⌂：用于返回到固定的文件或文件夹。默认固定文件夹为 Sample 文件夹。

"树状目录窗口切换"按钮：用于显示或隐藏"树状目录"窗口。

"预览"按钮：用于打开或关闭"预览"窗口。"预览"窗口位于"内容"窗口的下方，可预览被选中的图形或图标。

"说明"按钮：用于打开或关闭"说明"窗口。"说明"窗口用来显示图形文件的文字描述信息。

"视图"按钮▼：用于确定在"内容"窗口内显示内容的格式。

图 7.2　"加载"对话框

(4) 选项卡共有 3 个。

"文件夹"选项卡：用于显示文件夹。

"打开的图形"选项卡：用于显示当前已打开的图形及相关内容。

"历史记录"选项卡：用于显示用户最近浏览过的 AutoCAD 图形。

4) 说明

AutoCAD 的"设计中心"是一个非常有用的多功能高效工具，它提供了在各个图形之间进行数据交换的简单易行的方法。用户不仅可以浏览、查找、管理 AutoCAD 图形等不同资源，而且只需要拖动鼠标，就能轻松地将一张设计图样中的图层、图块、文字样式、标注样式、线型、布局及图形等复制到当前图形文件中。

7.1.2　AutoCAD 设计中心的使用

1) 浏览图形资源

AutoCAD 将那些可以重复利用和共享的图形文件称为设计资源，通过"设计中心"可以访问和浏览设计资源，常用方法如下。

(1) 在"树状目录"中找到图形资源，按住 Ctrl 键从"内容"窗口中用鼠标左键将图形文件的图标拖动到"绘图"窗口，即可打开该图形文件，如图 7.3 所示。

(2) 在"内容"窗口选择所需图形文件的图标，右击，打开快捷菜单，如图 7.4 所示。在这个快捷菜单中选取"在应用程序窗口中打开"命令，即可打开图形文件。

2) 向图形中添加内容

"设计中心"为用户提供的最大方便，就是可以使用拖动的方法向当前图形中添加内容，或者在某个项目图标上右击，在打开的快捷菜单中选择相应的命令进行添加操作。具体添加操作如下。

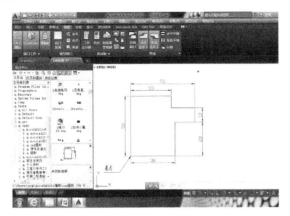

图 7.3　"拖动"浏览图形资源

图 7.4　使用快捷菜单

(1) 插入块。

打开图形文件显示为当前。打开"设计中心"面板，在"文件夹"选项卡中找到要添加的块，在"内容"窗口中按住鼠标左键，将要插入的块拖动到当前图形中。修改块的比例和旋转角度，利用"对象捕捉"功能将块精确地定位到插入点，如图 7.5 所示。

还可在"设计中心"的"内容"窗口中选择要插入的块，单击右键，打开快捷菜单，选择"插入块"命令，打开"插入"对话框，使用块插入的方法，确定插入点、插入比例和旋转角度，将块插入图形中。

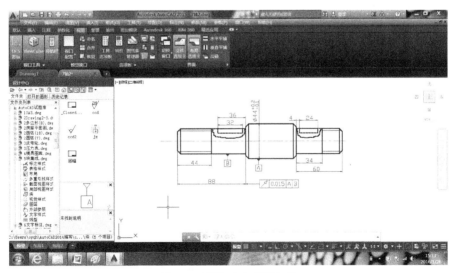

图 7.5　用拖动方式插入块

(2) 查找图形文件。

使用"设计中心"的搜索功能，可以查找本地计算机或网络中的图形、块和标注样式等。单击"设计中心"工具栏上的"搜索"按钮，可以打开"搜索"对话框，如图 7.6 所示。

图 7.6　"搜索"对话框

在"搜索"对话框中，可以通过设置文件类型和指定目录路径来缩小搜索范围，在"搜索文字"文本框中输入文件名称，单击"立即搜索"按钮，系统便开始搜索并将结果显示在下方窗口中。

7.1.3　工具选项板

1) 命令

菜单栏："工具"|"选项板"|"工具选项板"

命令行：TOOLPALETTES

功能区：视图-选项板面板█按钮

2) 功能

使用工具选项板可在选项卡形式的窗口中整理块、图案填充和自定义工具，在绘图中直接将图形符号拖动使用。

3) 分析

执行 TOOLPALETTES 命令，弹出"所有选项板"面板。该面板自带有"建模""约束""注释""建筑""机械""电力"和"图案填充"等选项卡，如图 7.7 所示。可通过"所有选项板"面板的不同快捷菜单进行编辑操作。

4) 操作示例

创建自定义工具选项板，图 7.8 所示为创建的"制图符号"选项板。

(1) 执行 BLOCK 命令，分别创建名为"图幅"、ccd、ccd2 和 jz 的图块。

(2) 选择菜单"工具"|"选项板"|"工具选项板"命令，弹出"所有选项板"面板。在面板上右击，弹出快捷菜单，选择"新建选项板"命令，这时在选项板中自动添加了一个"新建选项板"选项卡，在文本框中输入"制图符号"标签。

(3) 选择菜单"工具"|"选项板"|"设计中心"命令，弹出"设计中心"面板，如图 7.9 所示。

(4) 在"设计中心"面板的"文件夹"选项中，打开"块集成"文件，在内容窗口中将图块依次拖动至"制图符号"选项板中，如图 7.8 所示。

(5) 关闭"设计中心"面板，自定义"制图符号"工具选项板中的图形符号就可作为工具随时调用了。

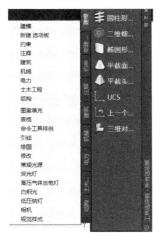

图 7.7 "所有选项板"面板　　　图 7.8 自定义"制图符号"选项板

图 7.9 "设计中心"面板

【提示】 在"所有选项板"面板中不同位置右击，其快捷菜单的处理项目将不同。

7.2 用户自定义系统配置

7.2.1 "选项"对话框

1) 命令

菜单栏："工具"|"选项"

命令行：OPTIONS

功能区：视图-界面面板 按钮

2) 功能

用以调整应用程序界面和绘图区域的工作方式。

3) 分析

执行 OPTIONS 命令，系统弹出"选项"对话框，如图 7.10 所示。对话框中有"文件""显示""打开和保存""打印和发布""系统""用户系统配置""绘图""三维建模"

"选择集""配置"和"联机"共 11 个选项卡。选择不同的选项卡，用户可对各选项卡参数进行修改，重新设置适合用户习惯的系统配置。

图 7.10 "选项"对话框

7.2.2 设置用户界面的显示

"选项"对话框中的"显示"选项卡用于设置用户界面的显示格式、图形的显示精度和显示性能等，如图 7.10 所示。

(1) "窗口元素"区域：控制绘图环境特有的显示设置。

① "配色方案"下拉列表确定工作界面中工具栏、状态栏等元素的配色，有"明""暗"两种选择；"图形窗口中显示滚动条""显示工具提示""显示鼠标悬停工具提示"等复选框用于确定是否在在绘图区域显示其功能。

② 单击"颜色"按钮，出现"图形窗口颜色"对话框，可以设置绘图区域的背景色，如图 7.11 所示。默认设置下，绘图区的背景色为白色，要将绘图区的背景色改为其他颜色，可单击"颜色"下拉列表框，选择需要的颜色，然后单击"应用并关闭"按钮。

③ 如果需要更改命令窗口中文字的字体，在"显示"选项卡的"窗口元素"区域中单击"字体"按钮，出现"命令行窗口字体"对话框，如图 7.12 所示。在"命令行窗口字体"对话框中，可设置命令行窗口中的文字的字体、字形和字号。然后单击"应用并关闭"按钮，设置即可生效。

(2) "布局元素"区域：控制现有布局和新布局。

该区域全部由复选框组成，用于确定是否显示"布局和模型选项卡""可打印区域""图纸背景""图纸阴影"等功能。

(3) "显示精度"和"显示性能"区域：控制对象的显示质量和显示性能。

该区域由文本框和复选框组成。通常情况下，文本框中设置的数值越大，显示精度越高，但计算量也越大，图形生成的时间也越长。

(4) "十字光标大小"区域：控制十字光标的尺寸。

用拖动滑块或在文本框中直接输入数值，可以改变十字光标尺寸大小。

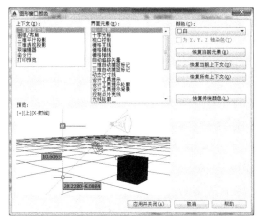

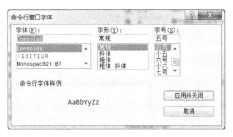

图 7.11 "图形窗口颜色"对话框　　　　图 7.12 "命令行窗口字体"对话框

7.2.3 图形的保存与加密

"选项"对话框中的"打开和保存"选项卡用于控制与打开和保存文件相关的选项，如图 7.13 所示。

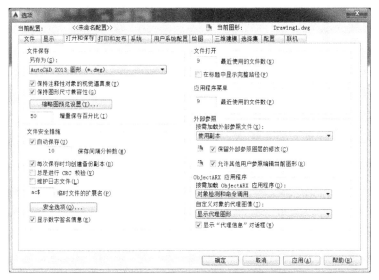

图 7.13 "打开和保存"选项卡

(1)"文件保存"区域：控制保存文件的相关的设置。

"另存为"下拉列表可以选择 AutoCAD 图形文件保存的版本格式，AutoCAD 文件格式保持向下兼容原则。

"增量保存百分比"文本框用于设置图形文件中潜在浪费空间的百分比。"增量保存百分比"设置为 0，则每次保存都是完全保存将消除浪费的空间，但保存速度变慢。增量保存速度较快，但会增加图形的大小。

(2)"文件安全措施"区域：帮助避免数据丢失和检测错误并可为文件加密。

"自动保存"复选框用于确定是否按指定的时间间隔自动保存图形，在文本框中可设置自动保存的时间间隔。

"安全选项"按钮用于提供数字签名和密码选项，保存文件时调用这些选项可为图形文件加密。

(3)"打开文件"和"应用程序菜单"用以设置最近使用的文件数目，以便快速访问。

7.2.4 设置用户系统配置

"选项"对话框中的"用户系统配置"选项卡用于优化 AutoCAD 的工作方式，如图 7.14 所示。

(1)"Windows 标准"区域：控制双击操作及单击鼠标右键操作。

单击"自定义右键单击"按钮，系统弹出"自定义右键单击"对话框，如图 7.15 所示。根据需要在对话框中改变设置，可以重新定义单击右键的功能，提高绘图效率，单击"应用并关闭"按钮，退出对话框，"自定义右键单击"设置即可生效。

(2)"插入比例"区域：控制在图形中插入块和图形时的单位比例设置。

(3)"字段"区域：设置与字段相关的系统配置。

(4)"坐标数据输入的优先级"区域：控制程序响应坐标数据输入的方式。

(5)"放弃/重做"区域：控制"缩放"和"平移"命令的"放弃"和"重做"。

选中其复选框，则系统将多个"缩放"和"平移"命令合并为单个动作来进行放弃和重做操作；将多个从图层特性管理器所做的图层特性更改合并为单个动作来进行放弃和重做操作。

(6)"用户系统配置"选项卡还可对"块编辑器""线宽""初始设置""编辑比例列表"等进行设置。

图 7.14　"用户系统配置"选项卡　　图 7.15　"自定义右键单击"对话框

7.2.5 设置绘图模式

"选项"对话框中的"绘图"选项卡用于设置编辑功能的选项，可以设置对象自动捕捉、自动追踪功能，也可以设置自动捕捉标记的大小和颜色，靶框的大小等，如图 7.16 所示。单击"设计工具栏提示设置"按钮，打开"工具栏提示外观"对话框，可以设置工具栏提示的外观显示，还可进行"光线轮廓"和"相机轮廓"设置。

图 7.16　"绘图"选项卡

7.2.6　设置三维建模

"选项"对话框中的"三维建模"选项卡用于设置三维建模工作空间的三维十字光标的形状、UCS 图标的显示、三维对象的视觉样式和显示格式、三维导航设置等，如图 7.17 所示。

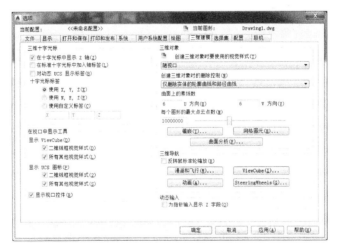

图 7.17　"三维建模"选项卡

7.2.7　设置选择集模式

"选项"对话框中的"选择"选项卡用于设置对象选择模式和夹点功能等，如图 7.18 所示。

(1) 在"拾取框大小"区域，拖动滑块可以改变拾取框的显示尺寸。在"夹点大小"区域，拖动滑块可以改变对象夹点标记的大小。

(2) 在"选择预览"区域中有两个选项。"命令处于活动状态时"复选框用于设置当某个命令处于活动状态并显示"选择对象"提示时，拾取框光标经过对象时是否亮显对象。"未激活任何命令时"复选框用于设置未激活任何命令时，拾取框光标经过对象时是否亮显对象。

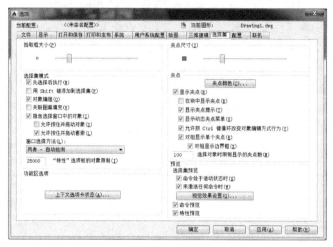

图 7.18　"选择集"选项卡

(3) 单击"视觉效果设置"按钮，弹出"视觉效果设置"对话框，可以设置选择预览的显示效果和区域选择的效果，如图 7.19 所示。

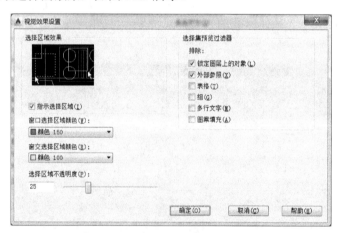

图 7.19　"视觉效果设置"对话框

(4) 在"选择模式"区域中，可以设置构造选择集的模式。选中"先选择后执行"复选框，可以实现某些逆操作，即先选择对象，再执行编辑操作的命令，以简化编辑操作。

(5) 在"夹点"区域中，可以设置是否启用夹点来编辑对象，也可以在使用夹点编辑功能时设置夹点的颜色。

7.3　参数化图形

参数化绘图是 AutoCAD 自 2010 版起新增的功能。用户可以为二维几何图形添加约束。约束是一种规则，可决定对象彼此间的放置位置及其标注。

7.3.1　对象约束

约束能够精确地控制草图中的对象。草图约束有两种类型：几何约束和尺寸约束。

几何约束是建立草图对象的几何特性(如要求某一直线具有固定长度)，或是两个或更多草图对象的关系类型(如要求两条直线垂直或平行，或是几个圆弧具有相同的半径)。在绘图区用户可以使用"参数化"选项卡内的"全部显示""全部隐藏"或"显示"来显示有关信息，并显示代表这些约束的标记，图 7.20 所示的水平标记和共线标记。

尺寸约束是建立草图对象的大小(如直线的长度、圆弧的半径等)，或是两个对象之间的关系(如两点之间的距离)。图 7.21 所示为带有尺寸约束的图形示例。

图 7.20　几何约束

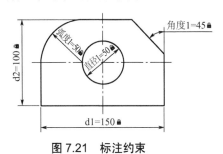

图 7.21　标注约束

7.3.2　建立几何约束

1) 命令

菜单栏："参数"|"几何约束"|级联子菜单

命令行：GeomConstraint

功能区：参数化-几何面板 [按钮图标] 按钮

2) 功能

用以确定对象之间或对象上的点之间的关系。

3) 分析

利用几何约束工具，可以指定草图对象必须遵守的条件，或是草图对象之间必须维持的关系。"几何约束"工具选项功能见表 7-1。

表 7-1　几何约束选项功能

约束模式	功　　能
重　合	使两个点或一个对象与一个点之间保持重合约束
垂　直	将指定的一条直线约束成与另一条直线保持垂直关系
平　行	将指定的一条直线约束成与另一条直线保持平行关系
相　切	将指定的一个对象约束成与另一个对象保持相切关系
水　平	将指定的直线对象或两点的连线约束成与当前坐标系的 X 轴平行
竖　直	将指定的直线对象或两点的连线约束成与当前坐标系的 Y 轴平行
共　线	使一条直线或多条直线与另一条直线保持共线，即位于同一直线上
同　心	使一个圆、圆弧或椭圆与另一个圆、圆弧或椭圆保持同心约束
平　滑	在共享同一端点的两条样条曲线之间建立平滑约束
对　称	约束对象上的两条曲线或两个点，使其以选定直线为对称轴彼此对称
相　等	使选定的圆或圆弧具有相同半径，或直线有相同长度
固　定	约束一个点或曲线，使其相对于坐标系固定在特定位置和方向上

在绘图过程中可指定二维对象或对象上点之间的几何约束。在编辑受约束的几何图形时，将保留约束，因此，通过使用几何约束，可以在图形中包括设计要求。

4）操作示例

绘制如图 7.22 所示的同心相切圆。

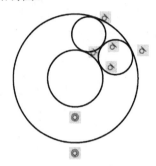

图 7.22 同心相切圆示例

(1) 单击功能区默认-绘图面板中"圆"按钮，以适当半径绘制 4 个圆，如图 7.23(a)所示。

(2) 单击功能区参数化-几何面板中"相切"按钮，提示信息如下。

命令：_ GeomConstraint

输入约束类型 [水平(H)/竖直(V)/垂直(P) /平行(PA)/相切(T)/平滑(SM)/重合(C)/同心(CON)/共线(COL)/对称(S)/相等(E)/固定(F)] <相切>:_Tangent

选择第一个对象:/选择圆 1。

选择第二个对象:/选择圆 2。

系统自动将圆 2 向左移动与圆 1 相切，结果如图 7.23(b)所示。

(3) 单击功能区参数化-几何面板中的"同心"按钮，提示信息如下。

命令： _ GeomConstraint

输入约束类型[水平(H)/竖直(V)/垂直(P) /平行(PA)/相切(T)/平滑(SM)/重合(C)/同心(CON)/共线(COL)/对称(S)/相等(E)/固定(F)]<相切>:_Concentric

选择第一个对象·/选择圆 1。

选择第二个对象:/选择圆 3。

系统自动建立圆 3 与圆 1 同心的几何关系，结果如图 7.23(c)所示。

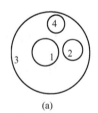 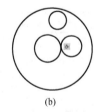 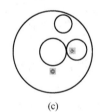

(a)   (b)   (c)

图 7.23 同心相切圆绘图步骤

(4) 同样的方法，建立圆 3 与圆 2 相切几何约束，结果如图 7.24(a)所示。

(5) 同样的方法，建立圆 1 与圆 4 建立相切几何约束，结果如图 7.24(b)所示。

(6) 同样的方法，建立圆 4 与圆 2 建立相切几何约束，结果如图 7.24(c)所示。

(7) 同样的方法，建立圆 3 与圆 4 建立相切几何约束，结果如图 7.22 所示。

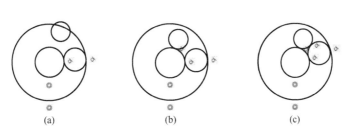

(a)   (b)   (c)

图 7.24 同心相切圆绘图过程

7.3.3 建立标注约束

1) 命令

菜单栏："参数"|"标注约束"|级联子菜单

命令行：DimConstraint

功能区：参数化-标注面板 ![按钮图标]按钮

2) 功能

使几何对象之间或对象上的点之间保持指定的距离或角度。

3) 分析

建立标注约束可以限制图形几何对象的大小。与在草图上标注尺寸相似，标注约束同样设置尺寸标注线，同时也会建立相应的表达式，不同的是可以在后续的编辑工作中实现尺寸的参数化驱动。

在生成标注约束时，用户可以选择草图曲线、边、基准平面或基准轴上的点，以生成水平、竖直、平行、角度、半径或直径尺寸。进行尺寸约束时，系统会生成一个表达式，其名称和值显示在一个文本框中，用户可以在其中编辑该表达式的名和值。

执行标注约束命令后，只要选中了几何体，其尺寸及其延伸线和箭头就会自动显示出来。将尺寸拖动到位，然后单击，输入标注尺寸，按 Enter 键，即可完成标注约束的添加。完成标注约束后，用户可以随时更改尺寸，只需在绘图区选中该标注双击，就可以使用生成过程中所采用的方式，编辑其名称、值或位置。

4) 操作示例

利用尺寸驱动更改方头平键键长尺寸，如图 7.25 所示。

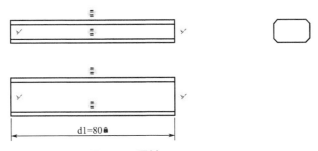

图 7.25 平键 B18×11×80

(1) 绘制矩形(100×11)，(110×18)和(18×11)。

(2) 选择菜单"参数"|"几何约束"|"共线"命令，使主俯视图左端竖直线建立共线的几何约束。同理，右端竖直线建立共线几何约束，主左视图水平线建立共线几何约束。

（3）选择菜单"参数"|"几何约束"|"相等"命令，使主俯视图最上端水平线与下面各条水平线建立相等的几何约束。

（4）选择菜单"参数"|"标注约束"|"水平"命令，提示信息：

命令：_dimConstraint

当前设置：约束形式=动态

选择要转换的关联标注或 [线性(LI)/水平(H)/竖直(V)/对齐(A)/角度(AN)/半径(R)/直径(D)/形式(F)] <水平>：_Horizontal

指定第一个约束点或 [对象(O)] <对象>：/选择最下端直线左端点。

指定第二个约束点：/选择最下端直线右端点。

指定尺寸线位置：/在合适位置单击。

标注文字=100：80✓/系统将键长调整为 80，倒角，补齐交线，结果如图 7.25 所示。

7.3.4　设置约束格式

1）命令

菜单栏："参数"|"约束设置"

命令行：CONSTRAINTSETTINGS

功能区：参数化选项卡-几何面板 按钮

2）功能

设置约束格式。

3）分析

执行 CONSTRAINTSETTINGS 命令，打开"约束设置"对话框，如图 7.26 所示，该对话框有"几何""标注"和"自动约束"三个选项卡，设定选项卡的各参数。

(1)"几何"选项卡：控制约束栏上显示或隐藏的几何约束类型，各选项含义如下。

"推断几何约束"复选框：创建和编辑几何图形时推断几何约束。

"约束栏显示设置"选项组：此选项组控制图形编辑器中是否为对象显示约束栏或约束点标记，如可以为水平约束和竖直约束隐藏约束栏的显示，如图 7.27 所示。

图 7.26　约束设置"几何"选项卡

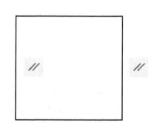

图 7.27　水平竖直约束被隐藏

"全部选择"按钮：选择全部几何约束类型。

"全部清除"按钮：清除所有选定的几何约束类型。

"仅为处于当前平面中的对象显示约束栏"复选框：仅为当前平面上受几何约束的对象显示约束栏。

"约束栏透明度"选项组：设置图形中约束栏的透明度。

"将约束应用于选定对象后显示约束栏"复选框：手动应用约束或使用"AUTOCONSTRAIN"命令时，显示相关约束栏。

"选定对象时临时显示约束栏"：临时显示选定对象的约束栏。

(2)"标注"选项卡：控制显示标注约束时的系统配置，如图 7.28 所示，各选项含义如下。

"标注名称格式"下拉列表框：指定应用标注约束时显示的文字格式。标注名称格式可显示"名称""值"或"名称和表达式"。例如：宽度=长度/2。"宽度"为名称，"长度/2"为值。

"为注释性约束显示锁定图标"复选框：确定是否显示注释性对象的约束锁定图标。

"为选定对象显示隐藏的动态约束"复选框：确定是否为夹点选定对象显示已设置为隐藏的动态约束。

(3)"自动约束"选项卡：可将设定公差范围内的对象自动设置为相关约束，如图 7.29 所示，各选项含义如下。

图 7.28　约束设置"标注"选项卡　　　　图 7.29　"自动约束"选项卡

"约束类型"列表框：显示自动约束的类型以及优先级。可以通过单击"上移"和"下移"按钮调整优先级的先后顺序。单击 ✓ 图标符号可选择或去掉某约束类型作为自动约束类型。

"相切对象必须共用同一交点"复选框：指定两条曲线必须共用一个点(在距离公差内指定)应用相切约束。

"垂直对象必须共用同一交点"复选框：指定直线必须相交或一条直线的端点必须与另一条直线或直线的端点重合（在距离公差内指定）。

"公差"选项组：设置可接受的"距离"和"角度"公差值，以确定是否可以应用约束。

7.4 创建图形样板文件

利用设计中心可以避免在新建文件中执行定义图层、特性及各种样式的重复操作，但仍然需要通过拖动等操作来复制这些项目。如果采用样板文件，则可以进一步减少重复操作，提高绘图效率。

图形样板文件是扩展名为(.dwt)的 AutoCAD 文件。用户可以在文件中制作一些通用设置，如图层、特性、文字样式、标注样式、表格样式等，还可将一些常用的图形对象，如图框、标题栏、粗糙度等制成块，然后将制作好的文件保存为后缀名为(.dwt)的样板文件。用户可以在已制作的样板文件中创建新的图形文件，避免重复一些常规的样式设置，将更多的时间和精力专注于设计工作。

创建图形样板文件操作步骤如下。

(1) 建立新图形文件。

执行 NEW 命令，以 acadiso.dwt 为图形样板建立新图形文件。

(2) 自定义右键。

选择菜单"工具"|"选项"|"用户系统配置"，单击"自定义右键"按钮，打开对话框，如图 7.30 所示，在"默认模式"中选择"重复上一个命令"单选框，在"命令模式"中选择"确认"单选框，关闭对话框。

(3) 定义图层。

选择菜单"格式"|"图层"，打开"图层特性管理器"对话框，新建六个图层，将图层名和特性改为："粗实线"(线宽 0.5mm)、"细实线"、"中心线"(线型 Center2，颜色红)、"虚线"(线型 Hidden2，颜色青)、"尺寸线"(颜色蓝)、"剖面线"(颜色绿)。

(4) 定义文字样式。

选择菜单"格式"|"文字样式"命令，打开"文字样式"对话框，单击"新建"按钮，打开"新建文字样式"对话框，将样式名改为"工程字"，字体名为"gbenor.shx"，大字体名为"gbcbig.shx"，将该样式置为当前，如图 7.31 所示。

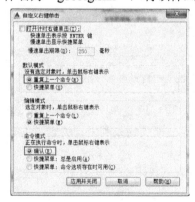

图 7.30　自定义右键　　　　　　　　图 7.31　定义文字样式

(5) 定义标注样式。

选择菜单"格式"|"标注样式"命令，打开"标注样式管理器"对话框，单击"新建"

按钮，打开"创建新标注样式"对话框，在新样式名中输入"机械制图标注"，基础样式是"ISO-25"，单击"继续"按钮，打开"新建标注样式"对话框，在"线"选项卡中将"基线间距"设为 8，"超出尺寸线"设为 2，"起点偏移量"设为 0.5，如图 7.32 所示；"符号和箭头"选项卡中"箭头大小"设为 4，如图 7.33 所示；"文字"选项卡中"文字样式"设为"工程字"，高度设为 5，"从尺寸偏移"设为 1，如图 7.34 所示；"调整"选项卡中勾选"箭头"单选框，如图 7.35 所示；"主单位"选项卡中"小数分隔符"设为"句点"，如图 7.36 所示；其余参数默认，单击"确定"按钮，返回"标注样式管理器"对话框。

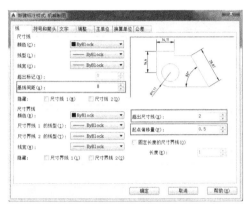

图 7.32　"线"选项卡

图 7.33　"符号和箭头"选项卡

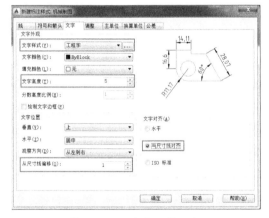

图 7.34　"文字"选项卡

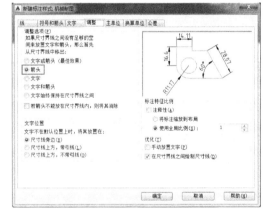

图 7.35　"调整"选项卡

选中"机械制图标注"样式再次单击"新建"按钮，在"创建新标注样式"对话框中将"用于"下拉列表选为"线性"，单击"继续"按钮，打开"新建标注样式"对话框，单击"确定"按钮，从而建立了专用于线性标注的样式。同理，建立用于角度标注的样式，将文字选项卡中"文字对齐"改为"水平"；建立用于直径标注的样式，将"文字对齐"改为"ISO 标准"；建立用于半径标注的样式。如图 7.37 所示，标注样式设置完后，关闭"标注样式管理器"对话框。

(6) 绘制图框和标题栏

参照 5.6.2 节绘制图框、标题栏，并将图框、标题栏制作成带属性的动态块，如图 7.38 所示。

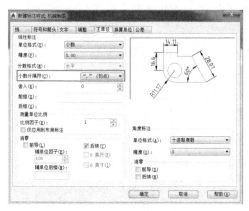

图 7.36 "主单位"选项卡　　　　图 7.37 定义标注样式

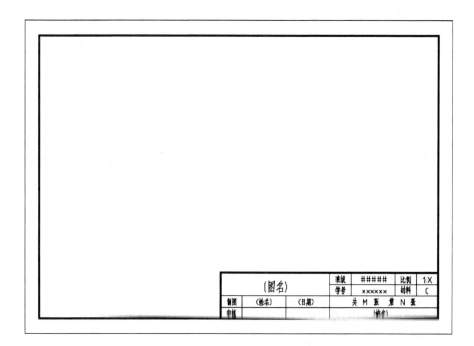

图 7.38 图框标题栏动态块

(7) 参照 5.4.3 节创建带属性的粗糙度动态块。

(8) 参照 5.4.1 节创建形位公差的基准符号块。

(9) 保存图形样板。

执行 SAVEAS 命令，打开"图形另存为"对话框，如图 7.39 所示，将文件名定义为"机械设计样板"，在文件类型下拉列表中选择"AutoCAD 图形样板(*.dwt)"，单击"保存"按钮，弹出"样板选项"对话框，可在对话框中输入样板说明，单击"确定"按钮，即可完成图形样板文件的制作。

(10) 调用图形样板。

在创建新图形文件时，可以"机械制图样板"作为模板创建新图形文件，如图 7.40 所示，从而继承样板文件中图层、文字样式和标注样式等所有设置，提高工作效率。

图 7.39　另存为"图形样板"

图 7.40　新建文件选择样板

7.5　实训实例（七）

7.5.1　液压符号图形库

1) 实训目标

创建液压符号图形库，绘制车床液压系统，如图 7.41 所示。

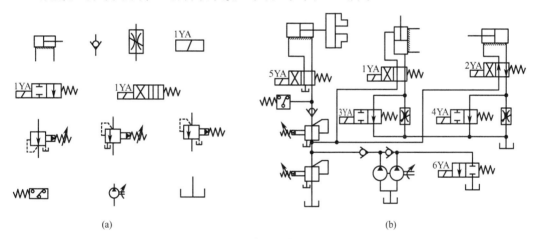

(a)　　　　　　　　　　　　　　　　　　(b)

图 7.41　车床液压系统的工作循环图

2) 实训目的

熟练掌握基本绘图和编辑命令，掌握定义属性的方法，掌握创建图块和写图块的方法，掌握图块插入的方法，掌握"设计中心""工具选项板"等绘图工具。

3) 设计思路

(1) 绘制液压元件图形符号。

(2) 创建液压元件图形符号外部块。

(3) 应用"设计中心"面板自定义"液压符号"工具选项板。

(4) 应用"工具选项板"绘制车床液压系统的工作循环图。

4) 设计步骤

(1) 运用绘图和修改命令，绘制如图 7.41(a)所示的液压元件图形符号。

（2）用 BLOCK 或 WBLOCK 命令将这些图形符号分别定义成块，保存在指定的目录下，建立一个"液压图形符号库"(文件或文件夹)。

（3）打开"设计中心"面板，找出液压元件库所在的目录路径。双击用 BLOCK 命令创建的内部符号库文件，或选中用 WBLOCK 命令创建的外部符号库文件夹，让图形符号显示在"设计中心"面板的控制板上，以便于浏览选取，如图 7.42(a)所示。

（4）打开"工具选项板"，添加工具选项板，并命名为"液压符号"。从"设计中心"面板的控制面板上找出所需的图形符号，单击拖动至"液压符号"选项板内。关闭"设计中心"面板，如图 7.42(b)所示。

（5）新建一张图，根据所画车床液压系统的工作循环图的需要，将"工具选项板"中的液压元件图形符号，拖动至图中合适位置即可。图形符号的比例、旋转角度等，可通过右击"特性"菜单，在"工具特性"对话框中进行编辑、修改。

（6）用连线连接所有图形符号，即完成整张车床液压系统的工作循环图，效果如图 7.41(b)所示。

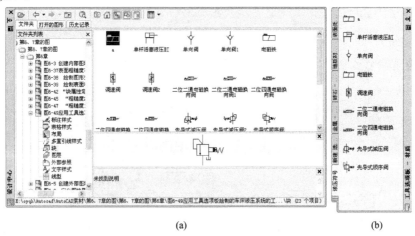

(a)　　　　　　　　　　(b)

图 7.42　液压符号图形库的效果图

7.5.2　曲柄摇杆机构

1）实训目标

利用参数化设计工具绘制曲柄摇杆机构，$AB=100$mm，$BC=250$mm，$CD=180$mm，$AD=270$mm，作出曲柄上 B 点和摇杆上 C 点的运动轨迹，如图 7.43 所示。

2）实训目的

掌握参数化概念和设计方法，运用几何约束、标注约束绘制图形，运用夹点编辑修改图形。

3）设计思路

（1）绘制四边形。

（2）添加几何约束。

（3）添加标注约束。

（4）夹点编辑图形。

（5）绘制完成图形。

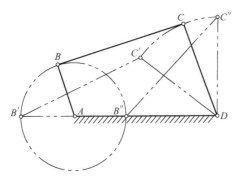

图 7.43　曲柄摇杆机构

4) 设计步骤

(1) 执行 LINE 命令，绘制四边形，如图 7.44(a)所示。

(2) 在四边形的顶点添加重合约束，将 AD 线添加水平约束，将 A 点添加固定约束。为 AD 线标注水平约束，为 AB、BC、CD 线标注对齐约束，如图 7.44(b)所示。

(3) 以 A 为圆心，AB 为半径绘制圆，以 D 为圆心，CD 为半径绘制圆弧。夹点选中 AB，将 B 点转到 B'处，绘制 C'D，将 B 点转到 B''处，绘制 C''D，再将 B 点转到适当位置，按 Esc 键退出夹点。连接 AB'C'，AB''C''，修剪图形，如图 7.44(c)所示。

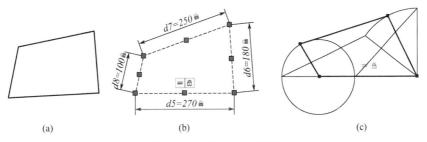

图 7.44　参数化绘图步骤

(4) 将 ABCD 线改为粗实线，其余改为双点划线。以 AD 为边绘制一个窄矩形，在矩形内填充图案，删除矩形，完成曲柄摇杆图形绘制，如图 7.43 所示。

7.5.3　对称约束练习

1) 实训目标

利用参数化绘图求 L 的长度，如图 7.45 所示。

2) 实训目的

运用几何约束、标注约束的参数化绘图方法求解未知量。

3) 设计思路

已知 AC 和 CB 的长度，A、B 是位于圆上的点，利用对称约束找到圆心即可求出 L。

4) 设计步骤

(1) 绘制直线 AC、CB，连接 AB，在三角形的顶点添加重合约束。

(2) 绘制一斜线与 AB 相交，将该斜线与 AB 添加垂直约束，再为 AC 添加竖直约束，CB 添加水平约束，然后分别为 AC 和 CB 添加标注约束，标注尺寸为 10、20。

（3）将 *AB* 相对于斜线添加对称约束，延长 *AC* 与斜线相交，交点即为圆心，圆心到 *C* 点的距离即为 *L* 的长度，标注尺寸 *L*=15。作图步骤如图 7.46 所示。

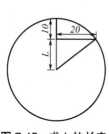

图 7.45　求 *L* 的长度

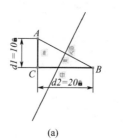 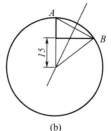

(a)　　　　　　　　(b)

图 7.46　对称约束作图步骤

7.6　思考与练习 7

1. 如何定义带属性的图块？
2. 如何使用"设计中心"？
3. 如何自定义"工具选项板"？
4. 利用重合、相等、相切、水平等几何约束和标注约束绘制如图 7.47 所示图形。

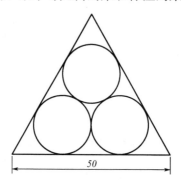

图 7.47　参数化设计图形

5. 三角形内的三条直线等长，如图 7.48 所示，求 *A* 点的坐标。

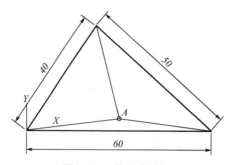

图 7.48　求 *A* 点坐标

第 8 章

三维建模基础

教学提示

前几章主要介绍了 AutoCAD 二维图形的绘制方法。二维图形绘制方便、表达准确，是机械等工程图样的主要表达形式。但二维图形缺乏立体感，直观性差。因此在工程设计和产品造型过程中，三维图形的应用越来越广泛。随着 AutoCAD 版本升级，三维绘图功能不断增强，AutoCAD 2015 已具备完善的三维造型和绘图功能。三维造型包括三维图形元素、三维表面和三维实体的创建。

教学要求

◆ 了解三维用户坐标系的概念
◆ 掌握视图观测点的设置方法
◆ 理解三维图形的视觉样式
◆ 掌握三维线框的绘制方法
◆ 掌握三维网格的绘制方法

8.1　三维用户坐标系

8.1.1　UCS 图标

AutoCAD 提供了两种坐标系统。一种是固定的不变的世界坐标系(WCS)；另一种是用户定义的、可以改变的用户坐标系(UCS)。在默认情况下，用户坐标系(UCS)与世界坐标系(WCS)重合。

在绘制三维图形时，经常需要改变 UCS 的原点位置和坐标方向，以满足绘图要求。为了显示 UCS 的位置和方向，AutoCAD 在 UCS 原点或当前视口的左下角显示 UCS 图标。

【提示】　绘制三维图形时，应将工作空间切换到"三维建模"。

1) 命令

菜单栏："视图"|"显示"|"UCS 图标"|级联子菜单选项

命令行：UCSICON

功能区：可视化-坐标面板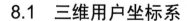和按钮

2) 功能

控制 UCS 图标的可见性、图标位置和图标样式。选择"UCS 图标"| "特性"命令，可打开"UCS 图标"对话框设置图标样式，如图 8.1 所示。

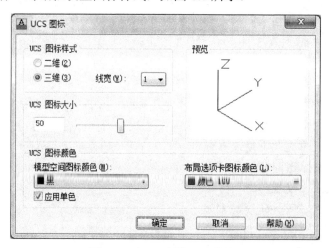

图 8.1　"UCS 图标"对话框

3) 分析

UCS 图标分为"二维"和"三维"两种样式。坐标输入和屏幕显示均是相对于当前 UCS 定位的，新对象只能绘制在当前 UCS 的 XY 平面上。

由于三维图形具有多个平面，用户为了完成在不同平面上绘图，并将图素完整地绘制在正确的平面上，有时需要制定新的用户坐标原点、X 轴、Y 轴和 Z 轴，即确定新的用户坐标系。AutoCAD 的坐标系符合右手定则，即大拇指所指方向为 X 轴正向，其他四指所指方向为 Y 轴正向，掌心所对方向为 Z 轴正向。

【提示】　为了便于操作，在三维建模工作空间绘制图形时建议将菜单栏显示。

8.1.2　新建和改变 UCS

1）命令

菜单栏："工具" | "新建 UCS" |级联子菜单选项

命令行：UCS

功能区：可视化-坐标面板和按钮

2）功能

用于重新确定坐标系原点和 X 轴、Y 轴、Z 轴方向。

3）分析

执行 UCS 命令，系统提示如下。

指定 UCS 的原点或 [面(F)/命名(NA)/对象(OB)/上一个(P)/视图(V)/世界(W)/X/Y/Z/Z 轴(ZA)] <世界>：

各选项含义如下。

(1) "指定 UCS 的原点"：使用一点、两点或三点定义一个新的 UCS。如果指定单个点，当前 UCS 的原点将会移动而不会更改 X、Y 和 Z 轴的方向，如图 8.2 所示。

(2) "面(F)"：将 UCS 与实体对象的选定面对齐。新 UCS 的 X 轴将与找到的实体面上的最近的边对齐。

(3) "命名(NA)"：可以为 UCS 命名保存，并在需要使用时加以恢复。

(4) 对象(OB)：将 UCS 的 XY 平面与绘制该对象所在的平面对齐。新 UCS 的原点将位于离选定对象最近的顶点处，并且 X 轴与一条边对齐或相切。该选项不能用于三维多段线、三维网格和构造线。

(5) "上一个(P)"：恢复上一个 UCS。

(6) "世界(W)"：从当前的用户坐标系恢复到世界坐标系。

(7) "X" "Y" "Z"：绕指定轴旋转当前 UCS。

(8) "Z 轴(ZA)"：用指定的 Z 轴正半轴定义 UCS。

(a) 初始UCS坐标　　　　　　　　(b) 新建UCS坐标

图 8.2　指定原点创建 UCS 坐标

8.2　三维视图显示

8.2.1　设置视点

1）命令

菜单栏："视图" | "三维视图" |级联子菜单命令

功能区：可视化-视图面板按钮

2) 功能

为完整反映物体的真实形状，设置不同的观察视角。

3) 分析

(1) 标准视图。AutoCAD 提供了 10 种标准视图供用户选择：俯视、仰视、左视、右视、前视、后视、西南等轴测、东南等轴测、东北等轴测和西北等轴测。AutoCAD 默认状态是俯视，此时西南等轴侧 Z 轴指向上。若设置视图为前视，则西南等轴侧 Z 轴指向前，如图 8.3 所示为更改图形的视察角度，所得到的不同图像和坐标位置。

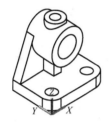
(a) 俯视图的西南等轴侧
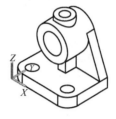
(b) 俯视图的东南等轴侧
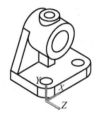
(c) 前视图的西南等轴侧

图 8.3　更改视图后的图像及坐标位置

(2) 使用罗盘设置视点。选择菜单"视图"|"三维视图"|"视点"命令(VPIONT)，可利用光标拖动旋转的三轴架以设置用户指定的视点。该视点是相对于 WCS 坐标系的，如图 8.4 所示。光标在罗盘上移动，可调整视点在 XY 平面上的角度及与 XY 平面的夹角。

(3) 视点预设。选择菜单"视图"|"三维视图"|"视点预设"命令(DDVPOINT)，可利用"视点预设"对话框设置视点，如图 8.5 所示。对话框中，左图表示视线在 XY 平面上的投影与 X 轴正向的夹角；右图表示视线与投影线之间的夹角。单击"设置为平面视图"按钮可将视图设置为平面视图。默认情况下，观察角度是相对于 WCS 坐标系俯视的。

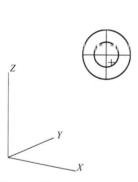

图 8.4　使用罗盘设置视点

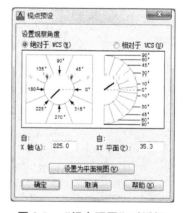

图 8.5　"视点预置"对话框

8.2.2　动态观察显示

1) 命令

菜单栏："视图"|"动态观察"|级联子菜单选项

命令行：3DORBIT 或 3DFORBIT 或 3DCORBIT

导航栏：⊕ 按钮

2）功能

用于在三维空间中交互式地查看对象，即动态观察视图。

3）分析

(1) 受约束动态观察。如图 8.6 所示，通过拖动光标可以动态观察模型。观察模型时，其目标位置保持不动，相机位置围绕目标移动。如果水平拖动光标，相机将沿平行于世界坐标系的 XY 平面观察目标。如果垂直拖动光标，相机将沿 Z 轴方向观察目标。

(2) 自由动态观察。与"受约束动态观察"命令类似，但其视点不约束于沿 XY 平面或 Z 轴移动，可在任意方向上进行动态观察，如图 8.7 所示。

(3) 连续观察。用于连续动态观察图形。只要在绘图区域沿任意方向单击并拖动光标，就可使对象在该方向上移动，释放鼠标左键，就可在指定方向上连续观察图形。光标移动的速度决定了对象旋转的速度。再次单击或拖动光标可以改变对象的旋转轨迹。

图 8.6　受约束动态观察

图 8.7　自由动态观察

8.2.3　使用相机

1）命令

菜单栏："视图"|"创建相机"

命令行：CAMERA

功能区：可视化-相机面板 按钮

2）功能

利用相机，用户可以自行定义 3D 透视图。

3）分析

执行命令，可以在视图中创建相机，当指定相机位置和目标位置后，系统提示如下。

输入选项 [?/名称(N)/位置(LO)/高度(H)/目标(T)/镜头(LE)/剪裁(C)/视图(V)/退出(X)]
<退出>:

选择选项可指定相机名称、相机位置、相机高度、目标位置、镜头长度、剪裁方式及是否切换到相机视图。

(1) 镜头长度定义相机镜头的比例特性。镜头长度(即焦距)越大，视野越窄。

(2) 剪裁方式是指可以通过定位前向剪裁和后向剪裁平面来创建图形的剖面视图。

4）操作示例

打开图形文件"支座.dwg"，将视图设置为俯视视图。

命令：_camera

当前相机设置: 高度=0 镜头长度=50mm

指定相机位置: /单击支座前方的适当位置。

指定目标位置:/单击支座中心。

输入选项 [?/名称(N)/位置(LO)/高度(H)/目标(T)/镜头(LE)/剪裁(C)/视图(V)/退出(X)]
<退出>: h↙/设置相机高度。

指定相机高度 <0>: 20↙

输入选项 [?/名称(N)/位置(LO)/高度(H)/目标(T)/镜头(LE)/剪裁(C)/视图(V)/退出(X)]
<退出>: v↙/将视图切换到相机视图。

是否切换到相机视图? [是(Y)/否(N)] <否>: y↙

相机创建后，单击相机，将打开"相机预览"窗口，效果如图 8.8 所示。

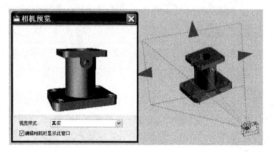

图 8.8　创建相机及预览

8.2.4　运动路径动画

1) 命令

菜单栏："视图"|"运动路径动画"

命令行：ANIPATH

2) 功能

用于创建相机沿路径运动，观察图形的动画。

3) 分析

执行 ANIPATH 命令，将打开"运动路径动画"对话框，如图 8.9 所示。对话框有 3 个区域。

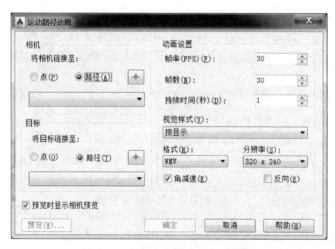

图 8.9　"运动路径动画"对话框

(1) "相机"区域：设置相机在图形中的位置或运动路径。

(2) "目标"区域：设置目标的位置或运动路径。

(3) "动画设置"区域：设置动画的帧率、帧数、持续时间、分辨率和动画输出格式等。

4) 操作示例

打开图形文件"支座.dwg"，在该图形中的 Z 轴正方向上绘制一个圆。

(1) 选择菜单"视图"|"缩放"|"全部"命令，调整视图显示，效果如图 8.10 所示。

(2) 选择菜单"视图"|"运动路径动画"命令，打开"运动路径动画"对话框。

(3) 在"相机"区域中，选择"路径"单选按钮，单击"选择路径"按钮，切换到绘图窗口。单击绘制的圆，将其作为相机的运动路径，此时系统打开"路径名称"对话框，如图 8.11 所示，输入名称，单击"确定"按钮，返回到"运动路径动画"对话框。

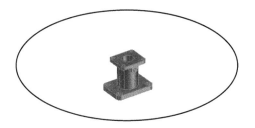

图 8.10　视图显示

图 8.11　"路径名称"对话框

(4) 在"目标"区域中，选中"点"单选按钮，单击"拾取点"按钮，切换到绘图窗口。输入坐标(0,0,0)，将其作为相机的目标位置，此时系统打开"点名称"对话框，输入名称，单击"确定"按钮，返回到"运动路径动画"对话框。

(5) 在"动画设置"区域中，按图 8.9 所示的参数进行设置。

(6) 单击"预览"按钮，预览动画效果，满意后关闭"预览"窗口，返回"运动路径动画"对话框。

(7) 单击"确定"按钮，打开"另存为"对话框，保存后缀为".avi"的动画文件。用户可选择一个播放器来观看动画的播放效果。

8.3　三维图形的视觉样式

8.3.1　视觉样式

1) 命令

菜单栏："视图"|"视觉样式"|级联子菜单选项

命令行：SHADEMODE

2) 功能

用于控制视口中对象的边和着色的显示。

3) 说明

AutoCAD 提供了多种视觉样式。用户选定了一种视觉样式后，就可在视口中观察其效果。图 8.12 所示为使用"真实"视觉样式的效果。图 8.13 所示为用二维线框绘图，消隐前后的效果。

图 8.12 使用"真实"视觉样式的效果

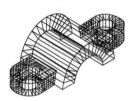

图 8.13 消隐前后的效果

8.3.2 三维图形的精度显示

1) 实体表面的平滑度

系统变量 FACETRES 可以控制实体表面的平滑度，其取值范围是 0.01～10，默认值为 0.5。数值越大，曲面越平滑，同时生成图形的时间也越长。

2) 三维图形的曲面轮廓素线

系统变量 ISOLINES 可以控制实体表面的轮廓素线，其取值范围是 0～2047，默认值为 4，取值越大，实体形状效果越好，立体性越强，同时生成图形的时间也越长。

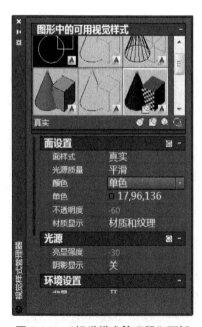

图 8.14 "视觉样式管理器"面板

8.3.3 视觉样式设置

1) 命令

菜单栏："视图"|"视觉样式"|"视觉样式管理器"

命令行：VISUALSTYLES

功能区：可视化-视觉样式面板■按钮

2) 功能

用于创建和修改视觉样式特性，并将视觉样式应用到视口中。

3) 分析

执行 VISUALSTYLES 命令，将打开"视觉样式管理器"选项板。在此选项板中，可对视觉样式进行设置，如图 8.14 所示。

在"图形中的可用视觉样式"列表框中，显示了系统提供的各种视觉样式。选定某一样式后，单击"将选定的视觉样式应用于当前视口"按钮■，即可将该样式应用到当前视口中。在参数设置区域中，用户可设置选定样式的面、材料和颜色、环境、边等相关信息。用户还可创建新的视觉样式，并设置相关参数。

8.4　三维线框模型

线框模型是描述三维对象的框架，是三维模型中最简单的一种模型。线框模型中，没有面、体的特征，它是由描述对象边界的点、直线和曲线组成的。线框模型显示的速度快，但不能进行消隐等操作。

点、直线、样条曲线和三维多段线都可创建线框模型。

8.4.1　创建三维坐标点

三维点的位置是用三维坐标来表示的，三维坐标是在二维坐标的基础上增加 Z 轴坐标构成的。二维坐标的表达方法，三维坐标都能适用。此外，AutoCAD 还提供了三维柱坐标和三维球坐标。

1) 三维柱坐标

柱坐标的 3 个要素是：该点在 XY 平面上与坐标原点的距离、在 XY 平面上与 X 轴的角度和该点的 Z 坐标，如图 8.15 所示，其格式如下。

绝对坐标：XY 平面距离<XY 平面角度，Z 坐标。

相对坐标：@XY 平面距离<XY 平面角度，Z 坐标。

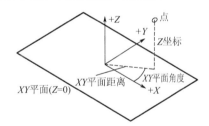

图 8.15　柱坐标系

2) 三维球坐标

球坐标的 3 个要素是：该点到坐标原点的距离、在 XY 平面上与 X 轴的夹角和与 XY 平面的夹角，如图 8.16 所示，其格式如下。

绝对坐标：XYZ 距离<XY 平面角度<XY 平面夹角。

相对坐标：@XYZ 距离<XY 平面角度<XY 平面夹角。

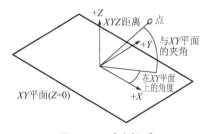

图 8.16　球坐标系

8.4.2　绘制三维直线和样条曲线

两点确定一条直线。在三维空间中，指定两点的三维坐标，连接这两点的直线即为 3D 直线。

同理，在三维空间中，定义若干不共面的点，使用"样条曲线"命令，可以绘制复杂的 3D 样条曲线。

8.4.3　绘制三维多段线

1) 命令

菜单栏："绘图" | "三维多段线"

命令行：3DPLOY

功能区：常用-绘图面板按钮

2) 功能

用于在三维空间中创建多段线。

3) 分析

三维多段线的绘制方法与二维多段线的类似，但在其使用过程中不能设置线宽，也不能绘制弧线。

4) 说明

三维多段线绘制好后，可以使用 PEDIT 命令对三维多段线进行编辑。图 8.17 所示为三维多段线和拟合后的空间样条曲线。

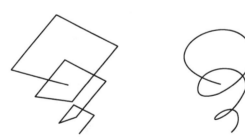

图 8.17　三维多段线和拟合后的空间样条曲线

8.4.4　绘制三维螺旋线

1) 命令

菜单栏："绘图" | "螺旋"

命令行：HELIX

功能区：常用-绘图面板按钮

2) 功能

用于在三维空间中创建三维螺旋线。

3) 分析

执行 HELIX 命令，在系统提示下，指定螺旋线底面中心点，底面半径和顶面半径，输入以下选项。

指定螺旋高度或 [轴端点(A)/圈数(T)/圈高(H)/扭曲(W)] <1.0000>:

(1)"指定螺旋高度"：指定螺旋底面到顶面的距离。

(2)"轴端点"：指定螺旋轴的端点位置，用以确定螺旋高度。

(3)"圈数"和"圈高"：指定螺旋线的圈数和各圈之间的距离，螺旋线的默认圈数为 3。

(4)"扭曲"：指定螺旋线的扭曲方向，CW 是"顺时针"，CCW 是"逆时针"。

4) 操作示例

绘制一底面半径为 100，顶面半径为 100，高度为 300，圈数为 10，顺时针旋转的螺旋线。绘制好的螺旋线如图 8.18 所示。

选择菜单"视图"|"三维视图"|"西南等轴测"命令，设置等轴测视图。

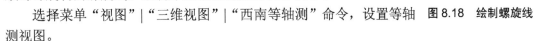

图 8.18　绘制螺旋线

命令：_Helix

圈数 = 3.000　　　扭曲=CCW

指定底面的中心点：0,0✓

指定底面半径或 [直径(D)] <1.0000>:100✓

指定顶面半径或 [直径(D)] <1.0000>:100✓

指定螺旋高度或 [轴端点(A)/圈数(T)/圈高(H)/扭曲(W)] <1.0000>: t✓

输入圈数 <3.0000>:10✓

指定螺旋高度或 [轴端点(A)/圈数(T)/圈高(H)/扭曲(W)] <1.0000>: w✓

输入螺旋的扭曲方向 [顺时针(CW)/逆时针(CCW)] <CCW>: cw✓

指定螺旋高度或 [轴端点(A)/圈数(T)/圈高(H)/扭曲(W)] <1.0000>:300✓

8.5　三维网格模型

三维网格模型比线框模型复杂，它不仅定义了三维对象的边，而且以网格的形式定义了它的表面。用户可以先生成线框模型，将其作为骨架，然后附加网格表面。网格模型可以进行消隐、着色和渲染等操作。

由于网格面是平面，所以，网格面只能近似地表示曲面。

8.5.1　基面高度与厚度

用户在绘制图形时，如果没有指定 Z 坐标，AutoCAD 会自动指定 Z 坐标值为 0。在三维绘图中，用户需输入 Z 坐标，或者重新设置当前的高度。

1) 命令

命令行：ELEV

2) 功能

用于设置新对象与 XY 平面的距离及拉伸厚度。

3) 操作示例

绘制矩形网格：标高为 0，厚度为 10。绘制圆柱网格：标高为 10，厚度为 20。绘制好的图形如图 8.19 所示。

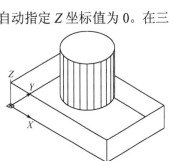

图 8.19　基本三维网格模型

(1) 绘制矩形网格。

命令: _rectang

指定第一个角点或 [倒角(C)/标高(E)/圆角(F)/厚度(T)/宽度(W)]: e↙

指定矩形的标高 <0.0000>:0↙

指定第一个角点或 [倒角(C)/标高(E)/圆角(F)/厚度(T)/宽度(W)]: t↙

指定矩形的厚度 <0.0000>: 10↙

用光标指定矩形的第一个角点，第二个角点，完成绘制矩形网格。

(2) 设置标高和厚度。

命令: elev

指定新的默认标高 <0.0000>: 10↙

指定新的默认厚度 <10.0000>: 20↙

(3) 绘制圆柱网格。

命令: _circle 指定圆的圆心或 [三点(3P)/两点(2P)/相切、相切、半径(T)]:

指定圆的半径或 [直径(D)]: /单击圆心、半径。

完成绘制圆柱网格。

8.5.2 创建三维网格图元

1) 命令

菜单栏："绘图"|"建模"|"网格"|"图元"|级联子菜单

命令行：MESH

功能区：网格-图元面板 按钮

2) 功能

用于创建基本三维网格图元对象，如长方体、圆锥体、圆柱体、棱锥体、球体、楔体或圆环体。

3) 分析

执行 MESH 命令，系统提示下列选项。

输入选项 [长方体(B)/圆锥体(C)/圆柱体(CY)/棱锥体(P)/球体(S)/楔体(W)/圆环体(T)/设置(SE)] <长方体>: _BOX

输入选项，可以创建长方体、圆锥体、圆柱体、棱锥体、球体、楔体或圆环体的外表面多边形网格，如图 8.20 所示。

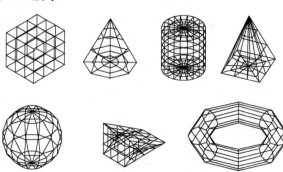

图 8.20　三维网格图元对象

8.5.3　绘制旋转网格

1) 命令

菜单栏："绘图"｜"建模"｜"网格"｜"旋转网格"

命令行：REVSURF

功能区：网格-图元面板 按钮

2) 功能

用于创建具有旋转中心的多边形网格。

3) 操作示例

绘制旋转网格，如图 8.21 所示。

首先，绘制旋转网格的轮廓线和旋转轴线，再执行如下操作。

命令: surftab1↙/系统变量。

输入 SURFTAB1 的新值 <6>: 16↙/旋转方向的网格数。

命令: surftab2↙

输入 SURFTAB2 的新值 <6>: 8↙/轴线方向的网格数。

命令: _revsurf

当前线框密度: SURFTAB1=16　SURFTAB2=8

选择要旋转的对象: /单击旋转对象，多段线。

选择定义旋转轴的对象: /单击旋转轴，直线。

指定起点角度 <0>:↙

指定包含角 (+=逆时针，—=顺时针) <360>:↙/生成旋转网格。

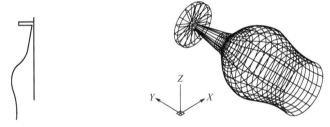

图 8.21　绘制旋转网格

4) 说明

旋转轮廓线只能是一个对象，使用单击方式选择。旋转轴线可以是直线、二维多段线或三维多段线。

系统变量 SURFTAB1 和 SURFTAB2 的数值越大，曲面越平滑，但其生成和显示的速度越慢。

8.5.4　绘制平移网格

1) 命令

菜单栏："绘图"｜"建模"｜"网格"｜"平移网格"

命令行：TABSURF

功能区：网格-图元面板 按钮

2）功能

用于将路径曲线沿指定的矢量方向拉伸，构成平移网格。

3）操作示例

绘制平移网格。

首先，绘制平移网格的路径曲线和矢量方向，再执行如下操作。

_tabsurf

当前线框密度：SURFTAB1=6 /控制平移网格的密度。

选择用作轮廓曲线的对象：/单击平移对象圆。

选择用作方向矢量的对象：/单击平移矢量方向多段线。

选择点在多段线下端的，生成的平移网格如图 8.22(a)所示；选择点在多段线上端的，生成的平移网格如图 8.22(b)所示。

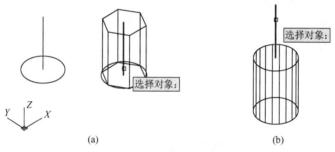

(a)　　　　　　　　　　　　　(b)

图 8.22　绘制平移网格

4）说明

方向矢量必须是直线、二维多段线或三维多段线。矢量的方向取决于多段线的两个端点。方向矢量线上选择点的位置决定了拉伸方向。

8.5.5　绘制直纹网格

1）命令

菜单栏："绘图"|"建模"|"网格"|"直纹网格"

命令行：RULESURF

功能区：网格-图元面板 按钮

2）功能

用于在两条曲线之间创建表示直纹曲面的多边形网格。

3）操作示例

绘制直纹网格。首先，绘制直纹网格的边界对象，再执行下列操作。

命令：_rulesurf

当前线框密度：SURFTAB1=16 /控制直纹网格的密度。

选择第一条定义曲线：/单击一条边界曲线。

选择第二条定义曲线：/单击另一条边界曲线。

生成的直纹网格如图 8.23 所示。

4）说明

直纹网格的两个边界对象必须具有相同的性质，即一边界闭合，另一边界也闭合；一边界开启，另一边界也开启。同侧拾取两边界对象时，系统生成直纹网格；不同侧拾取边界对象时，系统生成自交网格，如图 8.24 所示。

图 8.23   绘制直纹网格

图 8.24   拾取点同侧或异侧时生成的直纹网格

8.5.6   绘制边界网格

1）命令

菜单栏："绘图"|"建模"|"网格"|"边界网格"

命令行：EDGESURF

功能区：网格-图元面板█按钮

2）功能

用于创建由 4 条邻接边定义的孔斯曲面片网格。

3）操作示例

绘制边界网格。

将视图设置为俯视图，绘制样条曲线 1 和样条曲线 2。

将视图设置为主视图，绘制样条曲线 3 和样条曲线 4，如图 8.25(a)所示。

将视图设置为西南等轴测，选择菜单"绘图"|"建模"|"网格"|"边界网格"命令，系统提示如下。

命令：_edgesurf

当前线框密度：SURFTAB1=16   SURFTAB2=8 /控制 M 向和 N 向网格密度。

选择用作曲面边界的对象 1:/单击边界 1、2、3、4，生成的边界网格如图 8.25(b)所示。

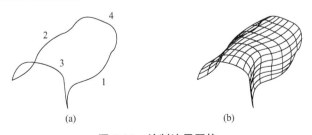

(a)   (b)

图 8.25   绘制边界网格

8.5.7 绘制网络曲面

1) 命令

菜单栏："绘图"|"建模"|"曲面"|"网络"

命令行：SURFNETWORK

功能区：曲面-创建面板 按钮

2) 功能

可以在曲线网络之间或在其他三维曲面或实体的边之间创建网络曲面。

3) 操作示例

命令: SURFNETWORK

沿第一个方向选择曲线或曲面边:找到 1 个

沿第一个方向选择曲线或曲面边:找到 1 个，总计 2 个

沿第一个方向选择曲线或曲面边:找到 1 个，总计 3 个

依次选择对象 1、2、3，按 Enter 键。

沿第二个方向选择曲线或曲面边:找到 1 个

沿第二个方向选择曲线或曲面边:找到 1 个，总计 2 个

沿第二个方向选择曲线或曲面边:找到 1 个，总计 3 个

依次选择对象 4、5、6，按 Enter 键。如图 8.26 所示。

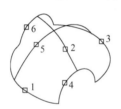

图 8.26　绘制网络曲面

8.5.8 绘制平面曲面

1) 命令

菜单栏："绘图"|"建模"|"曲面"|"平面"

命令行：PLANSURF

功能区：曲面-创建面板 按钮

2) 功能

用于创建矩形平面曲面或将二维对象转换为平面对象。

3) 分析

执行 PLANSURF 命令，系统提示如下信息。

指定第一个角点或 [对象(O)] <对象>:/光标在适当位置拾取一点。

指定其他角点:/光标拾取对角点，即可创建平面曲面。

选择"对象"选项，可将二维对象转换为平面曲面，如图 8.27 所示。可用于转换的对象有：闭合的直线、圆、圆弧、椭圆、椭圆弧、二维多段线、平面三维多段线和平面样条曲线等。

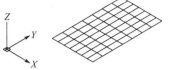

图 8.27　平面曲面

8.6　实训实例（八）

8.6.1　绘制五角星表面

1）实训目标

绘制如图 8.28 所示的五角星三维表面。

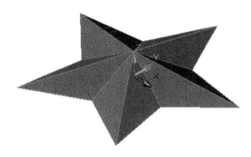

图 8.28　五角星表面效果图

2）实训目的

掌握利用"多边形""圆""二维直线""空间点"和"空间直线"命令绘制三维线框的方法；掌握变换视点的方法；掌握创建平面曲面，使用"阵列""复制"命令编辑图形，设置视觉样式和着色的方法。

3）绘图思路

(1) 绘制五角星一个角的三维线框。

(2) 利用"平面曲面"建模命令绘制五角星一个角的曲面。

(3) 利用"阵列""复制"命令绘制五角星的其余 4 个角。

(4) 设置视觉样式、着色。

4）操作步骤

(1) 选择菜单"格式"|"图形界限"命令，设置绘图范围。

命令: '_limits

重新设置模型空间界限:

指定左下角点或 [开(ON)/关(OFF)] <0.0000,0.0000>:0,0↙

指定右上角点 <420.0000,297.0000>:100,100↙

(2) 选择菜单"视图"|"缩放"|"全部"命令，显示全部图形。

(3) 选择菜单"绘图"|"圆"|"圆心半径"命令，绘制圆。

_circle 指定圆的圆心或 [三点(3P)/两点(2P)/相切、相切、半径(T)]:0,0↙

指定圆的半径或 [直径(D)]:10↙

(4) 选择菜单"绘图"|"正多边形"命令，绘制五边形。

_polygon 输入边的数目 <4>: 5↙

指定正多边形的中心点或 [边(E)]: 0,0↙

输入选项 [内接于圆(I)/外切于圆(C)] <I>: i↙

指定圆的半径: 20↙

(5) 利用对象捕捉功能，绘制直线，如图 8.29 所示。

_line 指定第一点: /光标捕捉圆心点。

指定下一点或 [放弃(U)]: /光标捕捉五边形一个边的中点，按 Enter 键。

同理，画其余 3 条直线。

(6) 选择菜单"视图"|"三维视图"|"东南等轴测"命令，将视图切换为东南等轴测视图。

(7) 选择菜单"绘图"|"点"|"单点"命令，绘制空间点 O。

_point

当前点模式: PDMODE=0 PDSIZE=0.0000

指定点: 0,0,5↙

(8) 分别用直线连接 A、O，B、O 和 C、O，如图 8.30 所示。

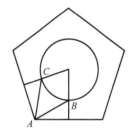

图 8.29 正五边形和圆

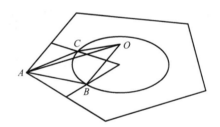

图 8.30 绘制空间点和线框

(9) 删除多余的线条。选择菜单"绘图"|"建模"|"平面曲面"命令，创建平面曲面。

_Planesurf

指定第一个角点或 [对象(O)] <对象>: o↙

选择对象: /分别单击对象 AC、AO、CO，生成平面曲面 ACO。

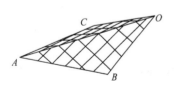

图 8.31 生成平面曲面

补画直线 AO，同理，生成平面曲面 ABO，如图 8.31 所示。

(10) 选择菜单"修改"|"阵列"|"环形阵列"命令，打开"阵列"对话框，按图 8.32 作参数设置。单击"选择对象"按钮，在"绘图"窗口菜单中选择 ACO、ABO 两个对象，右击，返回对话框，先预览，合适后单击"确定"按钮，生成五角星表面模型。

图 8.32 "阵列"对话框参数设置

(11) 选择菜单"工具"|"选项板"|"视觉样式"命令，打开"视觉样式管理器"选项板，选择"真实"视觉样式。在"材质和颜色"选项中，设置面颜色为所需颜色，参数设置如图 8.33 所示，关闭对话框。

图 8.33　"视觉样式管理器"选项板参数设置

(12) 选择菜单"视图"|"视觉样式"|"真实"命令。完成五角星表面图形的绘制。设计结果如图 8.28 所示。

8.6.2　绘制漏斗模型

1) 实训目标

绘制如图 8.34 所示的漏斗模型。

2) 实训目的

掌握使用"圆""直线""矩形"和"多段线"等命令绘制三维线框的方法；掌握变换视图的方法；掌握创建旋转网格、创建面域、布尔运算的方法；掌握创建平面曲面，使用"删除""修剪"等命令编辑图形，设置视觉样式、着色的方法。

3) 绘图思路

(1) 绘制多段线、旋转轴线，利用"旋转网格"命令绘制漏斗主体。

图 8.34　漏斗模型效果图

(2) 绘制耳板线框图形，创建面域，进行布尔运算。

(3) 利用"平面曲面"命令绘制耳板模型。

(4) 设置视觉样式、着色。

4) 操作步骤

(1) 使用 LIMITS 命令设置图形界限：150×150。

(2) 选择菜单"视图"|"缩放"|"全部"命令，显示全部图形。

(3) 选择菜单"视图"|"三维视图"|"主视"命令，将视图切换为主视图。

(4) 绘制一条过原点(0,0)的垂直线，使用 PLINE 命令绘制多段线，依次输入坐标(85,0)、(70,0)、(12,−50)和(5,−150)，如图 8.35 所示。

(5) 设置网格密度：surftab1＝20，surftab2＝15。

(6) 选择菜单"绘图"｜"建模"｜"网格"｜"旋转网格"命令，创建漏斗主体图形。

_revsurf，当前线框密度: SURFTAB1=20　SURFTAB2=15

选择要旋转的对象: /单击多段线。

选择定义旋转轴的对象: /单击直线。

指定起点角度 <0>:↙

指定包含角 (+=逆时针，—=顺时针) <360>:↙/生成旋转网格。

将视图切换为东南等轴测视图，效果如图 8.36 所示。

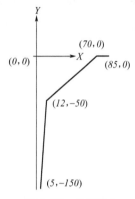

图 8.35　坐标输入

图 8.36　生成旋转网格

(7) 将视图切换为俯视图。绘制一圆心为(0,0)、直径为 168 的圆，和一圆心为(110,0)、直径为 20 的圆。再绘制一长为 50，宽为 40 的矩形，绘制好的耳板线框如图 8.37 所示。

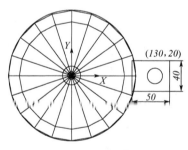

图 8.37　耳板线框

(8) 修剪耳板，如图 8.38 所示。选择菜单"绘图"｜"面域"命令，创建面域。

命令: _region

选择对象: 找到 3 个 /窗选侧耳截面。

选择对象:↙

已提取 2 个环。

已创建 2 个面域。

选择菜单"修改"｜"实体编辑"｜"差集"命令，进行布尔运算。

_subtract 选择要从中减去的实体或面域...

选择对象: 找到 1 个↙/单击侧耳截面外圈。

选择要减去的实体或面域.../单击内圆。

选择对象: 找到 1 个↙

(9) 选择菜单"绘图"|"建模"|"平面曲面"命令，绘制耳板模型。

命令: _Planesurf

指定第一个角点或 [对象(O)] <对象>: o↙

选择对象: 找到 1 个 /单击创建的面域。

选择对象:↙/生成耳板的平面曲面。

切换视图为东南等轴测视图，如图 8.39 所示。

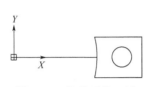

图 8.38　修剪后的耳板

图 8.39　东南等轴测视图

(10) 选择菜单"修改"|"网格编辑"|"转换为具有镶嵌的曲面"命令。

命令:

网格转换设置为: 镶嵌面处理并优化。

选择对象: 找到 1 个 /选择刚生成的旋转网格，即网格转换成曲面

布尔运算"并集"漏斗与耳板。设置视觉样式，着色，设计结果如图 8.34 所示。

8.6.3　绘制底座表面

1) 实训目标

绘制如图 8.40 所示的三维底座的表面图形。

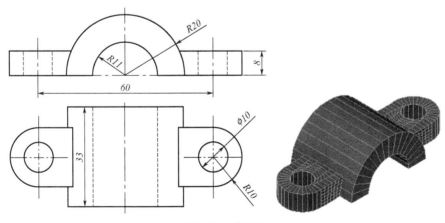

图 8.40　底座图

2) 实训目的

掌握使用"圆""直线"命令绘制三维线框的方法；掌握变换视图，创建 UCS 坐标系的方法；掌握创建平移网格、直纹网格和边界网格绘制表面的方法，掌握使用"修剪""移动""复制"和"镜像"等命令编辑图形的方法。

3) 绘图思路

(1) 绘制圆柱体线框，创建平移网格和直纹网格。

(2) 绘制一个耳板线框，创建平移网格、直纹网格和平面曲面。

(3) 使用"镜像""复制"命令绘制底座的另一个耳板。

(4) 设置视觉样式、着色。

4) 操作步骤

(1) 使用 LIMITS 命令设置图形界限：100×100。

(2) 选择菜单"视图"|"缩放"|"全部"命令，显示全部图形。

(3) 选择菜单"视图"|"三维视图"|"西南等轴测"命令，将视图切换为西南等轴测视图。

(4) 选择菜单"工具"|"新建 UCS"|"X"命令，变换 UCS 坐标。

_ucs，当前 UCS 名称：*主视*

指定 UCS 的原点或 [面(F)/命名(NA)/对象(OB)/上一个(P)/视图(V)/世界(W)/X/Y/Z/Z轴(ZA)] <世界>：_x

指定绕 X 轴的旋转角度 <90>：-90✓

(5) 绘制圆心在原点(0,0)，半径为 20 和 11 的两个圆。绘制通过 R20 圆上左右两象限点的直线。使用"修剪"命令，完成圆柱筒表面线框模型，如图 8.41 所示。

(6) 选择菜单"绘图"|"直线"命令，"正交"开，绘制平移路径。

_line 指定第一点：/光标捕捉 R20 的圆心点。

指定下一点或 [放弃(U)]：@0,0,33✓

(7) 设置网格密度：SURFTAB1=16。

选择菜单"绘图"|"建模"|"网格"|"平移网格"命令。

_tabsurf，当前线框密度：SURFTAB1=16

选择用作轮廓曲线的对象：/选择 R20 圆弧。

选择用作方向矢量的对象：/在靠近原点处，选择直线路径，生成平移网格。

同理，创建 R11 圆弧的平移网格。

(8) 选择菜单"修改"|"移动"命令。将绘制的平移网格移动到指定点。

_move 选择对象：/选择 R20、R11 的网格。

总计 2 个。选择对象：✓

指定基点或 [位移(D)] <位移>：/在网格上任取一点。

指定第二个点或 <使用第一个点作为位移>：@100,0,0✓

移动的结果如图 8.42 所示。

(9) 选择菜单"绘图"|"建模"|"网格"|"直纹网格"命令，绘制圆柱筒两端面。

_rulesurf，当前线框密度：SURFTAB1=16

选择第一条定义曲线：/选择 R20 圆弧。

选择第二条定义曲线：/选择 R11 圆弧，生成直纹网格。

(10) 选择菜单"修改"|"复制"命令，绘制圆柱筒后端面。

_copy，选择对象：找到 1 个/选择直纹网格。

选择对象：✓

指定基点或 [位移(D)] <位移>: /在直纹网格上任取一点。

指定第二个点或 <使用第一个点作为位移>: @0,0,33↙

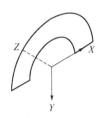

图 8.41　修剪结果

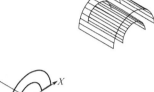

图 8.42　平移网格移动结果

将绘制的直纹网格移动到指定点：(@100,0,0)，如图 8.43 所示。

(11) 选择菜单"工具"|"新建 UCS"|"原点"命令，变换 UCS 坐标。

_ucs，当前 UCS 名称: *没有名称*

指定 UCS 的原点或 [面(F)/命名(NA)/对象(OB)/上一个(P)/视图(V)/世界(W)/X/Y/Z/Z轴(ZA)] <世界>: _o

指定新原点 <0,0,0>: 0,0,16.5↙

再将 UCS 坐标绕 X 轴转 90°。

(12) 使用 LINE 命令绘制辅助线，其端点坐标为(0,0,0)和(-30,0,0)。以辅助线的左端点为圆心，绘制半径分别为 10、5 的圆。使用 OFFSET 命令，将辅助线向 Y 轴正向、负向各偏移 10，修剪耳板线框，如图 8.44 所示。然后，删除辅助线。

图 8.43　圆柱筒表面模型

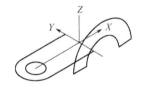

图 8.44　修剪耳板线框

(13) 选择菜单"修改"|"复制"命令，复制耳板上表面。

命令: _copy，选择对象: 找到，总计 4 个↙ /选择绘制的两圆弧和两直线。

指定基点或 [位移(D)] <位移>: /选择 R10 的圆心点。

指定第二个点或 <使用第一个点作为位移>: @0,0,8↙

(14) 将视图切换为主视图，如图 8.45 所示。修剪图形，如图 8.46 所示。

(15) 将视图切换为西南等轴测视图。复制 R20 的圆弧。

_copy，选择对象: 找到 1 个 /选择 R20 的圆弧，按 Enter 键。

指定基点或 [位移(D)] <位移>: / 选择 R20 圆弧的一个端点。

指定第二个点或 <使用第一个点作为位移>: @0,0,-6.5↙

指定第二个点或 [退出(E)/放弃(U)] <退出>: @0,0, -26.5↙

复制图形如图 8.47 所示。修剪圆弧后的图形如图 8.48 所示。

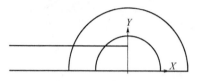

图 8.45　切换主视图

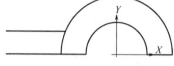

图 8.46　修剪主视图

图 8.47　复制 R20 圆

图 8.48　修剪圆弧

（16）用直线连接各端点 1、2，3、4，5、6，7、8 和 6、8，如图 8.49 所示。

（17）再将 UCS 坐标绕 X 轴转-90°。修剪直线 68 圆内的部分和 R5 的左半圆。再以直线 68 为轴，镜像 R5 圆弧的左半圆，如图 8.50 所示。

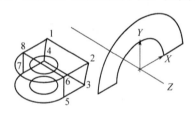

图 8.49　连接端点

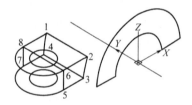

图 8.50　编辑耳板模型

（18）选择菜单"修改"|"对象"|"多段线"命令，将修剪的直线 68 的两段与 R5 右半圆弧合并成多段线。

_pedit 选择多段线或 [多条(M)]:/选择直线 68 的一段。

选定的对象不是多段线，是否将其转换为多段线？<Y>↙/将直线转换为多段线。

输入选项 [闭合(C)/合并(J)/宽度(W)/编辑顶点(E)/拟合(F)/样条曲线(S)/非曲线化(D)/线型生成(L)/放弃(U)]: j↙/将若干直线合并成多段线。

选择对象: 找到, 总计 3 个↙/选择修剪的直线 68 的两段和 R5 的右半圆弧，按 Enter 键。

2 条线段已添加到多段线↙/将多个对象转换成一个对象。

（19）使用"平移网格"命令，绘制耳板圆柱孔和耳板左端半圆柱面，如图 8.51 所示。将绘制好的平移网格移动到目标点(@100,0,0)处。

（20）使用"直纹网格"命令，绘制耳板的上圆环面，使用"复制"命令，绘制耳板的下圆环面，复制的目标点为(@0,0,-8)，如图 8.52 所示。将绘制好的直纹网格移动到点(@100,0,0)处。

（21）选择菜单"绘图"|"建模"|"网格"|"边界网格"命令，绘制耳板的上表面。设置 surftab1=6, surftab2=6。

_edgesurf

当前线框密度: SURFTAB1=6　SURFTAB2=6

选择用作曲面边界的对象 1: /选择直线 12。

选择用作曲面边界的对象 2: /选择直线 18。

选择用作曲面边界的对象 3: /选择直线 26。

选择用作曲面边界的对象 4: /选择多段线 68。

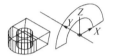

图 8.51　创建耳板平移网格

图 8.52　创建耳板直纹网格

生成边界网格，如图 8.53 所示。将边界网格移动到目标点((@100,0,0)处。

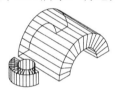

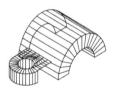

图 8.53　创建耳板上端边界网格

图 8.54　创建耳板前后端边界网格

(22) 使用"边界网格"命令，选择线段 26、65、53 和 23，绘制耳板前端面，使用"复制"命令，绘制耳板后端面。复制的目标点为((@0,20,0)，如图 8.54 所示。将边界网格移动到目标点((@100,0,0)处。

(23) 与绘制耳板上表面同理，创建耳板底面。连接直线 57，修剪直线 57 和 R5 圆弧，转换合并为多段线。使用"边界网格"命令，绘制底面，如图 8.55 所示。将边界网格移动到目标点((@100,0,0)处。

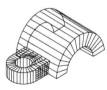

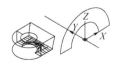

图 8.55　创建耳板底面边界网格

(24) 使用"镜像"命令，绘制右耳板。

(25) 设置视觉样式、着色，完成底座模型的绘制。设计结果如图 8.43 所示。

8.7　思考与练习 8

1. 在 AutoCAD 中，设置视点的方法有哪些？

2. 在 AutoCAD 中，如何根据标高和厚度绘制三维图形？

3. 消隐的作用是什么？

4. 有哪些变量影响三维图形的精度显示？

5. 在 AutoCAD 中，有哪几种视觉样式，如何应用视觉样式？

6. 根据视图尺寸，绘制如图 8.56 所示托架的三维曲面。

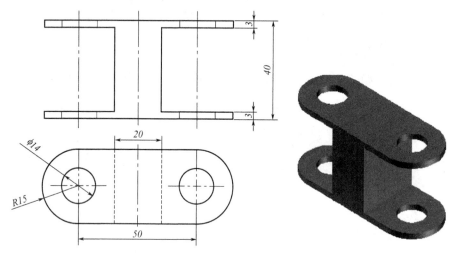

图 8.56　托架图形

第 9 章

三维实体建模与编辑

教学提示

三维实体比三维曲面更能表现物体的结构特征。AutoCAD 具有强大的创建三维实体功能，系统为用户提供了创建基本实体的命令、由二维图形转换成三维实体的命令及布尔运算和实体编辑命令。利用这些命令，用户可以创建各种复杂的三维实体模型。

教学要求

◆ 熟练掌握基本实体图元的创建方法
◆ 掌握由二维图形转换成三维实体的创建方法
◆ 掌握三维操作的方法
◆ 掌握三维图形编辑命令
◆ 了解图形的消隐和渲染

9.1 创建基本实体单元

9.1.1 绘制多段实体

1) 命令

菜单栏："绘图" | "建模" | "多段体"

命令行：POLYSOLID

功能区：常用-建模面板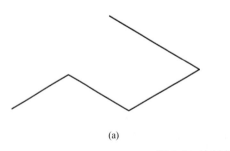按钮

2) 功能

采用类似于绘制多段线的方法绘制多段实体，或将二维对象转换为实体。

3) 分析

执行 POLYSOLID 命令，系统提示信息如下。

_Polysolid 指定起点或 [对象(O)/高度(H)/宽度(W)/对正(J)] <对象>:

根据选项，用户可以设置实体的高度、宽度，或将对象转换为实体。选择"对正"选项，可以设置光标与实体的对正方式，有"左对正""居中"和"右对正"3 种。

4) 操作示例

以多段线创建多段体，如图 9.1 所示。

(1) 绘制如图 9.1(a)所示的多段线。将视图切换为东南等轴测视图。

(2) 选择菜单"绘图" | "建模" | "多段体"命令，系统提示信息如下。

_Polysolid 指定起点或 [对象(O)/高度(H)/宽度(W)/对正(J)] <对象>: h↙

指定高度 <80.0000>: 80↙

指定起点或 [对象(O)/高度(H)/宽度(W)/对正(J)] <对象>: w↙

指定宽度 <5.0000>: 10↙

指定起点或 [对象(O)/高度(H)/宽度(W)/对正(J)] <对象>: j↙

输入对正方式 [左对正(L)/居中(C)/右对正(R)] <右对正>: r↙

指定起点或 [对象(O)/高度(H)/宽度(W)/对正(J)] <对象>: ↙选择多段线，生成多段体。

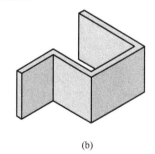

(a) (b)

图 9.1 绘制多段体

9.1.2 长方体和楔体

1) 命令

菜单栏："绘图" | "建模" | "长方体"、"楔体"

命令行：BOX、WEDGE

功能区：常用-建模面板 □、□ 按钮

2) 功能

用于创建长方体(立方体)或楔体。

3) 分析

"长方体"命令和"楔体"命令不同，但创建方法完全相同。执行该命令，系统提示如下。

_box 或_wedge

指定第一个角点或 [中心(C)]:

指定其他角点或 [立方体(C)/长度(L)]:

指定高度或 [两点(2P)] <-169.3556>:

默认情况下，可以通过确定底面对角点和高度的方法来绘制长方体(楔体)。底面应和当前坐标系的 XY 平面平行，如图 9.2 所示。

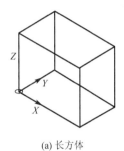

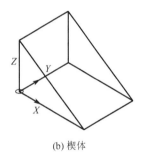

(a) 长方体　　　　　　　　　　　　(b) 楔体

图 9.2　长方体和楔体

选择"中心(C)"选项，将根据长方体(楔体)的中心点位置来绘制长方体(楔体)。选择"长度(L)"选项，将按照指定长、宽、高的方式来绘制长方体(楔体)。选择"立方体(C)"选项，将通过指定立方体的边长来创建立方体。

9.1.3　圆柱体和圆锥体

1) 命令

菜单栏："绘图"|"建模"|"圆柱体"、"圆锥体"

命令行：CYLINDER、CONE

功能区：常用-建模面板 □、△ 按钮

2) 功能

用于创建圆柱体(椭圆柱)或圆锥体(椭圆锥)。

3) 分析

"圆柱体"命令和"圆锥体"命令不同，但创建方法完全相同，执行该命令，系统提示如下。

_cylinder/ cone

指定底面的中心点或 [三点(3P)/两点(2P)/相切、相切、半径(T)/椭圆(E)]:

默认情况下，可以通过指定底面圆心、半径和高度的方法来创建圆柱(圆锥体)。底面圆的绘制方法和二维圆的绘制方法类似。如果在选项中选择"椭圆"选项，可以绘制椭圆柱体(椭圆锥体)。圆柱体(椭圆柱)如图 9.3 所示，圆锥体(椭圆锥)如图 9.4 所示。

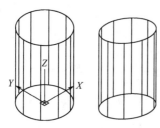

图 9.3　圆柱体和椭圆柱

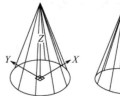

图 9.4　圆锥体和椭圆锥

4) 提示

可用系统变量 ISOLINES 和 FACETRES 来控制立体表面的精度。参见 8.3.2 章节。

9.1.4　创建球体

1) 命令

菜单栏："绘图"|"建模"|"球体"

命令行：SPHERE

功能区：常用-建模面板按钮

2) 功能

用于创建实体球体。

3) 分析

执行 SPHERE 命令，系统提示信息如下。

指定中心点或 [三点(3P)/两点(2P)/相切、相切、半径(T)]:

指定半径或 [直径(D)]:

指定球体的中心和半径，即可绘制球体。如图 9.5 所示，分别为线框密度 ISOLINES 等于 4 和 20 时绘制的球体。

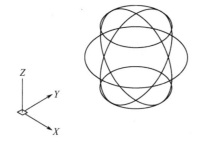

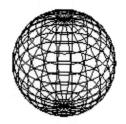

图 9.5　绘制球体

9.1.5　创建圆环体

1) 命令

菜单栏："绘图"|"建模"|"圆环体"

命令行：TORUS

功能区：常用-建模面板按钮

2) 功能

用于创建圆环形实体。

3) 分析

执行 TORUS 命令，系统提示信息如下。

指定中心点或 [三点(3P)/两点(2P)/相切、相切、半径(T)]:

指定半径或 [直径(D)] <159.1093>:

指定圆管半径或 [两点(2P)/直径(D)]:

根据提示，指定圆环体的圆心、半径和圆管半径，即可绘制圆环体。图 9.6 所示为两种线框密度绘制的圆环体。

图 9.6 绘制圆环体

9.1.6 棱锥体

1) 命令

菜单栏："绘图"|"建模"|"棱锥体"

命令行：PYRAMID

功能区：常用-建模面板按钮

2) 功能

用于创建棱锥实体。

3) 分析

执行 TORUS 命令，系统提示信息如下。

_pyramid   4 个侧面外切

指定底面的中心点或 [边(E)/侧面(S)]:

指定底面半径或 [内接(I)]:

指定高度或 [两点(2P)/轴端点(A)/顶面半径(T)]:

指定棱锥底面中心，半径和高度即可绘制棱锥体。系统默认为"四棱锥体，底面外切于圆"。根据选项，可以修改棱锥面数目，底面是否内接于圆。若指定顶面半径，还可绘制截棱锥体。绘制的图形如图 9.7 所示。

图 9.7 绘制棱锥体

9.2 二维图形转换成三维实体

9.2.1 拉伸

1) 命令

菜单栏："绘图"|"建模"|"拉伸"

命令行：EXTRUDE

功能区：常用-建模面板 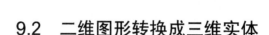 按钮

2) 功能

用于将二维对象沿指定的方向、按指定的长度拉伸成三维实体或曲面。

3) 分析

用于拉伸的对象可以是闭合的，也可以是开放的。如果是闭合对象，则生成的对象为实体。如果是开放对象，则生成的对象为曲面。执行 EXTRUDE 命令后，指定要拉伸的二维对象，系统提示信息如下。

指定拉伸的高度或 [方向(D)/路径(P)/倾斜角(T)]:

输入拉伸高度，对象将沿 Z 轴方向拉伸。选择"倾斜角"选项，输入倾斜角度，对象将拉伸出锥度。角度为正，对象将产生向内拉伸的正锥度；角度为负，对象将产生向外拉伸的负锥度，如图 9.8 所示。

图 9.8 拉伸实体

选择"路径(P)"选项，可将对象沿路径拉伸成实体或曲面。拉伸路径可以是开放的，也可以是闭合的。此时，拉伸对象不能与路径共面，如图 9.9 所示。

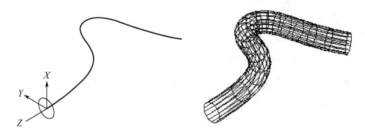

图 9.9 沿路径拉伸实体

9.2.2 旋转

1) 命令

菜单栏："绘图"|"建模"|"旋转"

命令行：REVOLVE

功能区：常用-建模面板按钮

2）功能

通过绕指定轴旋转开放或闭合的对象来创建实体或曲面。

3）分析

用于旋转的对象可以是直线、圆、圆弧、二维多段线及面域等。执行 REVOLVE 命令后，指定要旋转的对象，系统提示信息如下。

指定轴起点或根据以下选项之一定义轴 [对象(O)/X/Y/Z] <对象>:

指定两个端点确定旋转轴或按选项确定旋转轴，即可生成旋转实体或曲面。输入旋转角度，可产生指定角度旋转的旋转体，如图 9.10 所示。

图 9.10　旋转实体

9.2.3　扫掠

1）命令

菜单栏："绘图" | "建模" | "扫掠"

命令行：SWEEP

功能区：常用-建模面板按钮

2）功能

通过沿开放或闭合的二维或三维路径，扫掠开放或闭合的图形来创建实体或曲面。

3）分析

用于扫掠的图形可以是闭合的，也可以是开放的。如果是闭合的，则生成实体，否则生成曲面。执行 SWEEP 命令后，指定要扫掠的对象，系统提示信息如下。

选择扫掠路径或 [对齐(A)/基点(B)/比例(S)/扭曲(T)]:

选择扫掠路径即可创建实体。根据选项，可以设置扫掠时的对齐方式、基点、比例和扭曲角度。"对齐"选项用于设置扫掠轮廓与路径是否垂直对齐；"基点"选项用于确定扫掠的基点；"比例"选项用于设置轮廓扫掠时沿路径的缩放比例，扫掠效果与单击路径的位置有关；"扭曲"选项用于设置轮廓扫掠时的扭曲角度或是否允许非平面扫掠路径倾斜。图 9.11 所示为缩放扫掠和扭曲扫掠的效果。

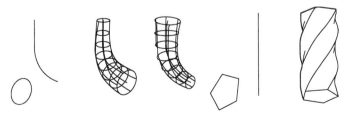

图 9.11　扫掠实体

4）提示

扫掠与拉伸不同，用于拉伸的路径只能是二维曲线，且拉伸对象与路径不能共面。而用于扫掠的路径可以是二维曲线，也可以是三维曲线。扫掠轮廓时，轮廓将自动与路径垂直并对齐。

9.2.4 放样

1）命令

菜单栏："绘图"|"建模"|"放样"

命令行：LOFT

功能区：常用-建模面板按钮

2）功能

通过对包含两条或两条以上的横截面曲线进行放样来绘制实体或曲面。

3）分析

横截面曲线可以是开放的，也可以是闭合的。开放的曲线放样生成曲面，闭合的曲线放样生成实体。放样时，依次选择了放样截面后，系统提示信息如下。

输入选项[导向(G)/路径(P)/仅横截面(C)/设置(S)] <仅横截面>::

按 Enter 键可根据选项放样实体。"导向"用于使用导向曲线来控制放样实体的形状，导向曲线必须与每个横截面相交，并且始于第一个横截面，终止于最后一个横截面；"路径"用于使横截面沿指定的路径放样，路径曲线必须与所有或部分横截面相交。"仅横截面"用于使用横截面进行放样，按 Enter 键，系统自动生成放样路径。选择"设置"选项，将打开"放样设置"对话框，在此对话框中，可以设置放样参数，如图 9.12 所示。

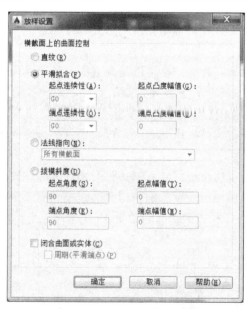

图 9.12 "放样设置"对话框

4）操作示例

创建放样实体，如图 9.13 所示。

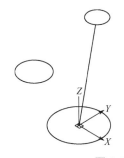

图 9.13　按路径放样实体

(1) 将视图切换到东南等轴测视图。在(0,0,0)、(-50,-50,100)和(20,20,200)3 点处绘制半径分别为 50、30 和 20 的圆。

(2) 再经过(0,0,0)和(20,20,200)两点绘制直线，作为放样路径。

(3) 选择菜单"绘图"|"建模"|"放样"命令，系统提示如下。

_loft……

按放样次序选择横截面: 找到 3 个，总计 3 个/依次选择 $R50$、$R30$、$R20$ 的圆，按 Enter 键。

输入选项[导向(G)/路径(P)/仅横截面(C)/设置(S)] <仅横截面>:p↙

选择路径曲线: /选择绘制的直线，生成放样实体。

(4) 选择菜单"视图"|"消隐"命令，消隐图形。

9.3　三　维　操　作

9.3.1　三维镜像

1) 命令

菜单栏："修改"|"三维操作"|"三维镜像"

命令行：MIRROR3D

功能区：常用-修改面板 ![按钮] 按钮

2) 功能

用于在三维空间中，将对象相对于某一平面镜像。

3) 分析

执行 MIRROR3D 命令后，选择要镜像的对象，系统提示信息如下。

指定镜像平面 (三点) 的第一个点或[对象(O)/最近的(L)/Z 轴(Z)/视图(V)/XY 平面(XY)/YZ 平面(YZ)/ZX 平面(ZX)/三点(3)] <三点>:

指定三点，确定镜像面。镜像面还可以是对象、最近定义的面、Z 轴、视图、XY 平面、YZ 平面和 ZX 平面。

9.3.2　三维移动和三维旋转

1) 命令

菜单栏："修改"|"三维操作"|"三维移动"、"三维旋转"

命令行：3DMOVE、3DROTATE

功能区：常用-修改面板、 按钮

2) 功能

用于在三维视图中移动或旋转三维对象。

3) 分析

"三维移动"（"三维旋转"）命令与"二维移动"（"二维旋转"）命令类似。执行 3DMOVE/3DROTATE 命令后，选择要移动(旋转)的对象，移动(旋转)夹点工具将在视图中显示，单击轴句柄，可将移动(旋转)约束在指定的坐标轴或平面上。图 9.14 所示为三维对象沿 X 轴移动。图 9.15 所示为三维对象绕 X 轴旋转。

图 9.14　对象沿坐标轴移动

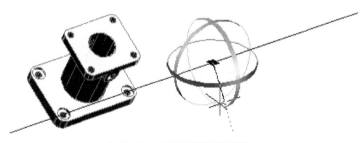

图 9.15　对象绕坐标轴旋转

4) 提示

AutoCAD 新版本延用了旧版本的 ROTATE3D(三维旋转)命令，该命令的使用方法与 MIRROR3D 命令类似。

9.3.3　对齐操作

1) 命令

菜单栏："修改" | "三维操作" | "对齐"

命令行：ALIGN

功能区：常用-修改面板 按钮

2) 功能

用于在二维和三维空间中对齐对象。

3) 分析

执行 ALIGN 命令后，首先，选择源对象的基点，然后，选择目标对象的对齐点，即可对齐对象。可以使用一点、两点或三点对齐。图 9.16 所示为一点对齐操作的示意图。

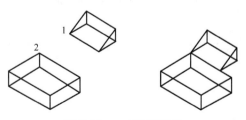

图 9.16　一点对齐操作

9.3.4 三维阵列

1) 命令

菜单栏:"修改"|"三维操作"|"三维阵列"

命令行:3DARRAY

功能区:常用-修改面板 、 、 按钮

2) 功能

在三维空间中,使用"矩形""环形"和"路径"阵列复制对象。

3) 分析

"三维阵列"命令与"二维阵列"命令类似。不同的是三维阵列在设置行数和列数后,还需设置阵列的级数和间距。

4) 操作示例

利用三维阵列操作,绘制如图 9.17 所示的图形。

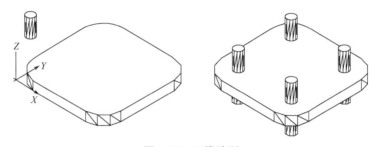

图 9.17 三维阵列

(1) 绘制 $100 \times 100 \times 10$ 的长方体,倒圆半径为 $R20$。绘制直径为 10,高度为 20 的圆柱体。

(2) 选择菜单"修改"|"三维操作"|"对齐"命令,将圆柱底面为圆心与底板上表面倒圆弧的圆心对齐。

(3) 选择菜单"修改"|"三维操作"|"三维阵列"命令,选择"矩形"阵列选项,输入 2 行、2 列、1 层,行间距 60,列间距 60,按 Enter 键,完成阵列操作。

(4) 选择菜单"修改"|"三维操作"|"三维镜像"命令,对 4 个圆柱体进行镜像,选择 XY 平面为镜像面,输入点(0,0,5),按 Enter 键,完成镜像。最后,作消隐处理。

9.4 实 体 编 辑

9.4.1 实体的倒角和圆角

1) 命令

菜单栏:"修改"|"倒角"、"圆角"

命令行:CHAMFER、FILLET

功能区:常用-修改面板 、 按钮

2) 功能

对实体的棱边倒角或圆角,从而在实体的两相邻曲面之间生成一个过渡平面或曲面。

3）分析

该命令可以用于二维和三维编辑。如果对三维实体倒角，首先，选择需要倒角的棱边，指定与该棱边相邻的两面中的一个面为基面，输入倒角距离，即可对基面的边进行倒角。如果对三维实体倒圆，可直接选择需要倒圆的棱边，输入倒圆半径，即可对多条边进行倒圆。

9.4.2 剖切实体

1）命令

菜单栏："修改" | "三维操作" | "剖切"

命令行：SLICE

功能区：常用-实体编辑面板 按钮

2）功能

用平面或曲面剖切实体创建新的实体。

3）分析

执行 SLICE 命令后，选择需剖切的对象，系统提示信息如下。

指定切面的起点或 [平面对象(O)/曲面(S)/Z 轴(Z)/视图(V)/XY/YZ/ZX/三点(3)]<三点>:

根据选项，定义剖切面，选择要保留的一侧，即可得到剖切实体，如图 9.18 所示。

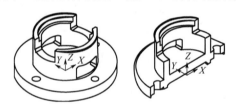

图 9.18 剖切实体

9.4.3 加厚实体

1）命令

菜单栏："修改" | "三维操作" | "加厚"

命令行：THICKEN

功能区：常用-实体编辑面板 按钮

2）功能

通过为曲面增加厚度的方法来创建实体。

3）分析

执行 THICKEN 命令后，选择需加厚的对象，输入厚度数值，即可创建三维实体，如图 9.19 所示。

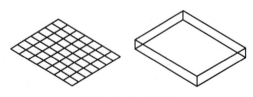

图 9.19 加厚实体

9.4.4　编辑实体的面和边

1) 命令

菜单栏：“修改”|“实体编辑”|级联子菜单选项

命令行：SOLIDEDIT

2) 功能

可以对实体面进行拉伸、移动、偏移、删除、旋转、倾斜、着色和复制等操作。对实体边进行压印、着色和复制操作。还可对实体作清除、分割、抽壳和检查等操作。

3) 分析

执行 SOLIDEDIT 命令，选择选项，可进行如下操作。

(1)“拉伸面”：按指定的高度或沿指定的路径拉伸实体的面，如图 9.20 所示。

(2)“移动面”：将实体面移动到指定位置。如图 9.21 所示，圆柱面从 A 处移到了 B 处。

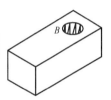

图 9.20　拉伸实体面　　　　　图 9.21　移动实体面

(3)“偏移面”：按指定的距离偏移实体的指定面。距离值为正，实体尺寸或体积增大；距离值为负，实体尺寸或体积减小，如图 9.22 所示。

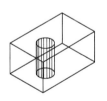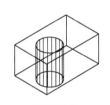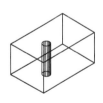

偏移值为正　　　　　偏移值为负

图 9.22　偏移实体面

(4)“删除面”：删除实体上指定的面，如图 9.23 所示。

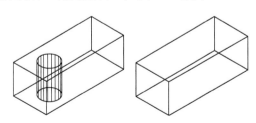

图 9.23　删除实体面

(5)“旋转面”：将实体的面绕指定的轴旋转。图 9.24 所示为 A 面旋转的效果。

(6)“倾斜面”：将实体的面按指定的角度倾斜。

(7)“着色面”：对实体上指定的面着色。

(8)"复制面"：复制实体上指定的面，如图 9.25 所示。

其余从略。

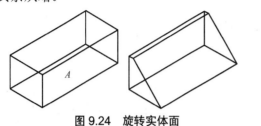

图 9.24　旋转实体面

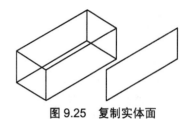

图 9.25　复制实体面

9.5　渲 染 对 象

9.5.1　设置渲染材质

1) 命令

菜单栏："视图"|"渲染"|"材质浏览器"

命令行：MATBROWSEROPEN

功能区：可视化-材质面板按钮

2) 功能

可以为对象选择并附着材质，并且对材质进行编辑。

3) 分析

执行 MATBROWSEROPEN 命令，将打开"材质浏览器"选项板，如图 9.26 所示。按住选定材质右下角的按钮拖曳到对象，即可将材质附着到对象上。

单击"材质浏览器"右下角按钮，打开"材质编辑器"，可对材质进行编辑。在"外观"预览框单击按钮，可在弹出的下拉列表中，选择缩略图的形状和渲染质量。单击按钮，可以创建新材质或者复制一个材质库中的材质给对象。

AutoCAD 2015 始终包含默认的"常规"材质，它使用真实样板。用户可以将该材质或任何其他材质用作创建新材质的基础，在此基础上编辑各项材质特性，如设置材质的颜色、反射率、透明度、折射率和自发光条件，还可对材质进行贴图、模拟纹理及设置凹凸效果等。

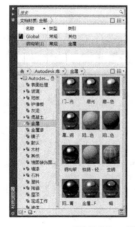 

图 9.26　"材质浏览器"和"材质编辑器"

9.5.2　调整贴图纹理方向

1) 命令

菜单栏："视图"|"渲染"|"贴图"|"材质贴图"

命令行：MATERALMAP

功能区：可视化-材质面板按钮

2) 功能

用于调整对象和面上贴图的纹理方向。可以创建长方体贴图、平面贴图、球面贴图和柱面贴图的纹理对齐方式。

3) 分析

执行 MATERALMAP 命令后，选择需调整纹理的面或对象，系统将显示夹点编辑工具，使用夹点工具可调整对象或面上图像的纹理方向。

9.5.3　设置光源

1) 命令

菜单栏："视图"|"渲染"|"光源"|"创建光源"

命令行：LIGHT

功能区：可视化-光源面板按钮

2) 功能

用于创建点光源、聚光灯、平行光和光域网灯光，并可设置每个光源的位置和特性。

3) 分析

光源类型不同，在图形中产生的效果也不同。在创建光源时，当指定光源类型、确定光源位置后，输入选项，可对光源的名称、强度、状态、阴影、衰减和颜色等特性进行设置，还可对聚光灯的聚光角和照射角进行设置。

光源创建好后，单击光源面板右下角按钮，将打开"模型中的光源"选项板，用户可以查看已创建的光源。选中并双击光源名称，将打开"特性"选项板，用户可以进行光源特性的设置，如图 9.27 所示。

图 9.27　"模型中的光源"选项板和特性

9.5.4　高级渲染设置

1) 命令

菜单栏："视图"|"渲染"|"高级渲染设置"

命令行：RPREF

功能区：可视化-渲染面板 ↘ 按钮

2) 功能

用于设置高级渲染的有关参数。

3) 分析

执行 RPREF 命令后，将打开"高级渲染设置"选项板，如图 9.28 所示。在"渲染预设"列表中，用户可以选择预设的渲染类型，列表从最低质量到最高质量列出了 4 种渲染预设，在列表中单击"渲染预设管理器"，将打开"渲染预设管理器"对话框，可进行自定义渲染预设，如图 9.29 所示。

图 9.28　"高级渲染设置"选项板

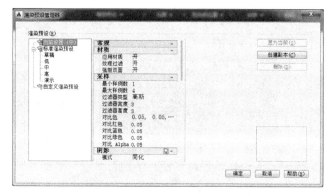

图 9.29　"渲染预设管理器"对话框

9.5.5　渲染对象

1) 命令

菜单栏："视图"|"渲染"|"渲染"

命令行：RENDER

功能区：可视化-渲染面板 按钮

2) 功能

用于创建三维线框或实体模型的照片级真实感着色图像。

3) 分析

执行 RENDER 命令，将打开"渲染"窗口，并能快速地渲染当前视口中的图形，如图 9.30 所示。"渲染"窗口分为 3 个窗格："图像"窗格显示了当前视口中图形的渲染效果；右边的"统计信息"窗格显示了图像的质量、光源和材质等详细信息；底部的"历史记录"窗格显示了当前渲染图像的文件名、尺寸大小、渲染时间及当前模型渲染图像的近期历史记录等信息。在此区域中，右击某一渲染图形，将弹出快捷菜单，选择菜单命令可保存或删除渲染图形。

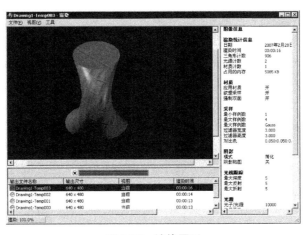

图 9.30　渲染图形

4）操作示例

打开文件"机匣盖.dwg"，创建机匣盖渲染图形，如图 9.31 所示。

(1) 选择菜单"视图"|"命名视图"命令，打开"视图管理器"对话框，单击"新建"按钮，打开"新建视图"对话框，如图 9.32 所示。在"视图名称"文本框中输入"渲染"，在"背景"下拉列表中选择"渐变色"选项，弹出"背景"对话框，如图 9.33 所示，此时　"类型"列表中显示为"渐变色"。可在"顶部颜色""中部颜色"和"底部颜色"图框中设置自己喜欢的颜色，单击"确定"按钮，回到"新建视图"对话框，再单击"确定"按钮，返回"视图管理器"对话框，将"渲染"视图置为当前，关闭对话框。

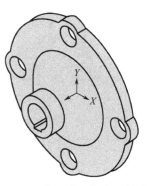

图 9.31　机匣盖"概念"样式

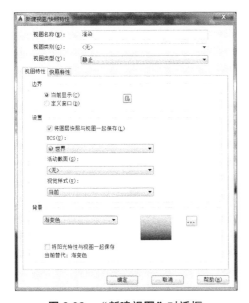

图 9.32　"新建视图"对话框

图 9.33　"背景"设置对话框

(2) 选择菜单"视图"|"渲染"|"材质浏览器"命令，打开"材质浏览器"选项板。在"材质库"中选择"金属-钢-磨光"材质，将材质拖曳附着到对象上。关闭"材质浏览器"选项板。

(3) 将视图切换到主视图，缩小图形。选择菜单"视图"|"渲染"|"光源"|"新建点光源"命令，在如图 9.34 所示的位置创建 3 个点光源。将视图切换到东南等轴测。

(4) 选择菜单"视图"|"渲染"|"高级渲染设置"命令，打开"高级渲染设置"选项板，在选项板顶部的下拉列表中选择"高"。单击"渲染"按钮，将打开"渲染"窗口，得到渲染图形，如图 9.35 所示。最后，将图形保存为".jpg"或".bmp"格式的文件。

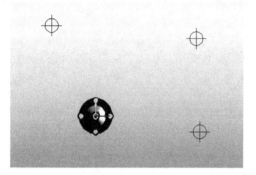

图 9.34　创建光源

图 9.35　图形渲染效果

9.6　实训实例（九）

9.6.1　支座三维建模

1) 实训目标

绘制如图 9.36 所示的支座三维实体图形。

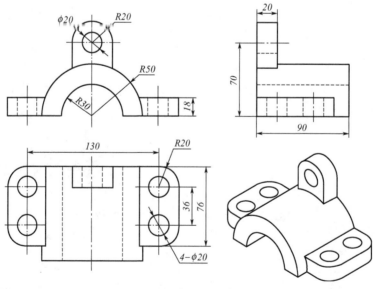

图 9.36　支座三维建模

2) 实训目的

掌握三维建模绘制方法；掌握面域的创建方法；掌握拉伸实体的方法；使用"移动""三维旋转"等命令编辑图形，对实体进行布尔运算。

3) 绘图思路

(1) 绘制三视图。将三视图另存为"支座三维建模.dwg"文件。

(2) 在三视图上创建封闭线框。

(3) 创建面域，作差集运算。

(4) 拉伸封闭线框成实体。

(5) 调整实体的位置和方向。

(6) 布尔运算组合实体。

4) 操作步骤

(1) 在主视图对半圆环创建面域。执行 EXTRUDE 命令，拉伸半圆环面域，高度 90，如图 9.37 所示。

(2) 对竖板创建面域，差集，拉伸竖板面域，高度 20，如图 9.38 所示。

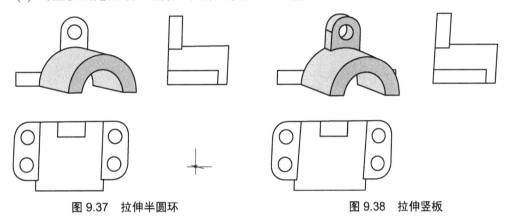

图 9.37　拉伸半圆环　　　　　　　　图 9.38　拉伸竖板

(3) 同理，在俯视图对两底板创建面域，差集，拉伸底板，高度 18，如图 9.39 所示。

(4) 移动底板，如图 9.40 所示。

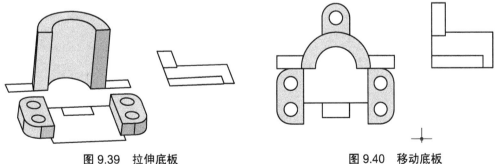

图 9.39　拉伸底板　　　　　　　　图 9.40　移动底板

(5) 执行 ROTATE3D 命令，三维旋转底板。

命令:rotate3d　　当前正向角度：ANGDIR=逆时针　ANGBASE=0

选择对象: 找到 1 个，总计 2 个/选择两底板。

选择对象:↙

指定轴上的第一个点或定义轴依据

[对象(O)/最近的(L)/视图(V)/X 轴(X)/Y 轴(Y)/Z 轴(Z)/两点(2)]:2✓

指定轴上的第一点:/光标拾取左端点。

正在检查 1225 个交点... 指定轴上的第二点:/光标拾取右端点。

指定旋转角度或 [参照(R)]: −90✓/旋转底板，如图 9.41 所示。

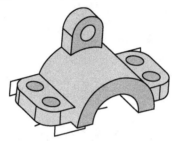

图 9.41　三维旋转底板

(6) 对所有对象作布尔运算，并集。完成支座建模。

9.6.2　轴承座三维建模

1) 实训目标

绘制如图 9.42 所示的轴承座的三维实体图形。

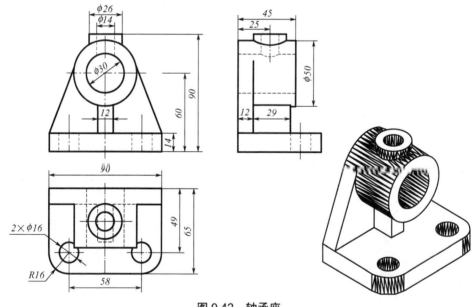

图 9.42　轴承座

2) 实训目的

掌握三维建模方法；掌握视点变换，创建 UCS 坐标；掌握基本实体创建方法；使用"移动""对齐"和"三维旋转"等命令编辑图形，对实体进行布尔运算。

3) 绘图思路

(1) 轴承座底板建模。

(2) 轴承座孔建模。

(3) 轴承座背板建模。

(4) 轴承座肋板建模。

(5) 凸台建模。

(6) 布尔运算组合实体。

4) 操作步骤

(1) 视图切换为"西南等轴测"，选择菜单"绘图"|"建模"|"长方体"命令，以(0,0,0)和(90,65,14)为角点，绘制底板。底板倒圆角 R16。

(2) 选择菜单"工具"|"新建"|"原点"命令，变换 UCS 坐标原点到底板后下线的中点处。再将 UCS 坐标系绕 X 轴旋转 90°，如图 9.43 所示。

(3) 选择菜单"绘图"|"建模"|"圆柱体"命令，以圆心(0,60,0)，半径 R25 和 R15，高度 45 绘制两个圆柱体，布尔运算差集绘制轴承孔，如图 9.44 所示。

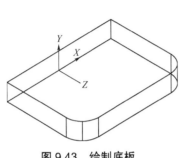

图 9.43　绘制底板

图 9.44　绘制轴承孔

(4) 利用对象捕捉"切点"模式，绘制轴承背板线框，建立面域，拉伸背板面域，高度为 12，如图 9.45 所示。

(5) 选择菜单"绘图"|"建模"|"长方体"命令，以(–6,0,0)和(6,40,41)为角点，绘制肋板，如图 9.46 所示。

图 9.45　绘制轴承背板

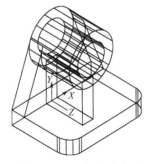

图 9.46　绘制轴承肋板

(6) 新建 UCS 坐标为"世界"坐标系，再变换 UCS 坐标原点为轴承孔前端圆心点。选择菜单"绘图"|"建模"|"圆柱体"命令，以圆心(0,20,30)，半径 R13，高度–10 绘制圆柱体，将所有模型作布尔运算，并集，如图 9.47 所示。

(7) 选择菜单"绘图"|"建模"|"圆柱体"命令，以圆心(0,20,30)，半径 R7，高度–20

绘制圆柱体，差集布尔运算，将 R7 圆柱体从整个模型中去除，如图 9.48 所示。

(8) 选择菜单"绘图"|"建模"|"圆柱体"命令，在底板绘制两个 R8 圆柱体，差集布尔运算，将 R8 圆柱体从底板中去除。完成轴承座三维建模。

图 9.47　绘制轴承凸台

图 9.48　绘制凸台孔

9.6.3　套筒三维建模

1) 实训目标

绘制如图 9.49 所示的套筒的三维实体图形。

图 9.49　套筒

2) 实训目的

掌握三维框轮廓的绘制方法；掌握视点变换，创建 UCS 坐标系的方法；掌握创建面域的方法；掌握旋转实体的方法；掌握基本实体的创建方法；掌握使用"三维阵列"命令绘制图形，对实体进行布尔运算的方法；掌握"对象捕捉"功能。

3) 绘图思路

(1) 创建三维线框，使用"实体旋转"命令，绘制套筒实体。

(2) 变换 UCS 坐标，绘制圆柱体。

(3) 使用"三维阵列"命令阵列圆柱体，作差集运算挖圆孔。

(4) 变换 UCS 坐标，绘制长方体。

(5) 使用"三维阵列"命令阵列长方体，作差集运算挖方孔。

(6) 变换 UCS 坐标，绘制圆柱体，阵列两个圆柱体，作差集运算挖油孔。

4) 操作步骤

(1) 将视点设置为"俯视"，按图 9.50 所示的尺寸绘制轮廓线，创建面域，绕中心线旋转实体。

命令: _revolve

当前线框密度:　ISOLINES=4

选择要旋转的对象: 找到 1 个/选择已创建面域的截面轮廓线，按 Enter 键。

指定轴起点或根据以下选项之一定义轴 [对象(O)/X/Y/Z] <对象>:/指定中心线的一点。

指定轴端点:/指定中心线的另一点。

指定旋转角度或 [起点角度(ST)] <360>:↙

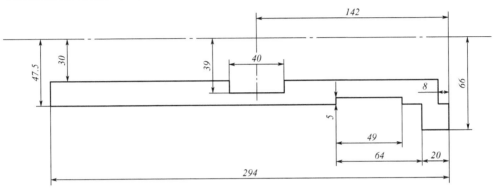

图 9.50　套筒旋转截面轮廓尺寸

(2) 将 UCS 坐标移至套筒左端的圆心处，再相对左端圆心向右移动 UCS 坐标至点((@67,0)处，以 UCS 原点为圆心创建半径 R20，高 60 的圆柱体。绕轴线三维环形阵列 4 个圆柱体。切换视点为"西南等轴测"，消隐图形，如图 9.51 所示，作差集运算去掉这 4 个圆柱体。

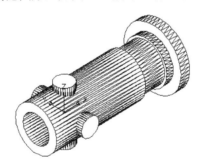

图 9.51　三维阵列圆柱体

(3) 将视点切换至"俯视"，将 UCS 坐标移至套筒右端圆心处，再相对右端圆心向左移动 UCS 坐标至点((@–142,0)处，绘制中心在 UCS 原点处的长方体。

_box 指定第一个角点或 [中心(C)]:c↙

指定中心: 0,0,0↙

指定角点或 [立方体(C)/长度(L)]:L↙

指定长度 <36.0000>:36↙

指定宽度 <36.0000>:36↙

指定高度或 [两点(2P)] <120.0000>:120↙

绕套筒轴线环形阵列两个长方体。

命令: _arraypolar

选择对象: 找到 1 个/选择长方体。

选择对象:↙

类型 = 极轴　关联 = 是

指定阵列的中心点或 [基点(B)/旋转轴(A)]: 0,0,0↙

打开"阵列创建"功能区上下文选项卡。设置项目数为 2，角度间距 90，行数为 1，回车完成环形阵列，如图 9.52 所示。

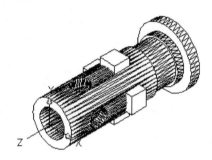

图 9.52　三维阵列长方体

作差集运算去掉这两个长方体，穿通方孔。

(4) 将 UCS 坐标从右端圆心处移至点((@-40,0,42.5)处，再将 UCS 坐标绕 Y 轴旋转-30°。在 UCS 原点处绘制半径 R4，高 40 的圆柱体，绕轴线环形阵列两个圆柱体。作差集运算去掉这两个圆柱体，完成操作。切换视点到"东南等轴测"，如图 9.49 所示。

9.7　思考与练习 9

1. 创建三维实体的方法有哪些？显示实体精度的变量有哪些？
2. 三维操作中 ROTATE3D 和 3DROTATE 命令有何不同？
3. 如何对实体进行消隐和渲染？
4. 如何对三维实体进行布尔运算？
5. 绘制如图 9.53 所示的泵盖三维实体模型。

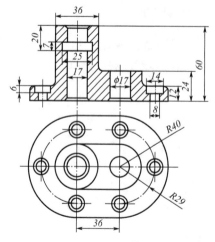

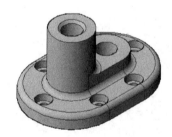

图 9.53　泵盖三维实体模型

6. 绘制如图 9.54 所示的机匣盖和垫块的三维实体模型，尺寸自定。

 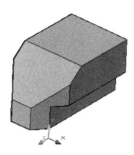

图 9.54   机匣盖和垫块的三维实体模型

第 10 章

图形布局和输出

教学提示

在 AutoCAD 中设计完成绘图后，需要将图形打印输出。在打印输出之前，通常需要对图纸进行排版，也称"布局"。

AutoCAD 提供了两种图形显示方式：模型空间和图纸空间。模型空间是三维的，主要用于设计绘图和三维实体造型，理论上是无限大的，在模型空间中，通常按物体的实际尺寸绘制图形。但要打印成图纸，必须重新规划视图的位置和大小，安排视图的表现方式，这就需要在图纸空间中布局，才能打印输出图形。

教学要求

◆ 理解模型空间和图纸空间的概念
◆ 掌握视口的概念及创建方法
◆ 掌握模型空间和图纸空间的切换方法
◆ 创建布局，掌握布局页面设置的方法
◆ 掌握从三维实体模型生成二维视图的方法
◆ 掌握图纸打印输出的方法

10.1　模型空间和图纸空间

10.1.1　模型视图、模型空间

　　模型空间是一个三维的绘图环境。默认情况下，绘图工作开始于称为模型空间的无限三维绘图区域。即前面的学习中，所有操作都是在模型空间中进行的。模型空间可以绘制二维图形和三维建模。由于模型空间是无限大的，因此，在模型空间创建模型可以按 1∶1 比例绘制，并且可以全方位地观察图形对象。在模型空间设置一个观察角度，所得到的视图称为"模型视图"。图 10.1 所示的图形，是观察者处于 Z 轴正方向时得到的模型视图，该方向是 AutoCAD 默认的视角方向，即俯视图，此时，绘图窗口下面的"模型"选项卡处于激活状态。

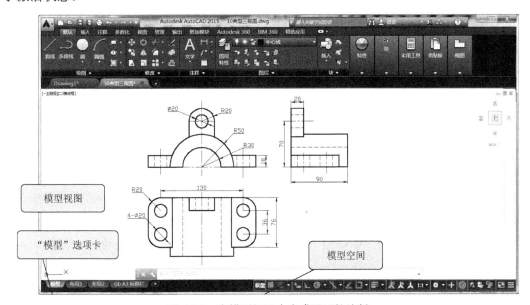

图 10.1　在模型视图中完成图形的绘制

10.1.2　布局视图、图纸空间

　　布局视图处于"布局"选项卡中，主要用于输出图形设置。布局视图有两种状态，一种是图纸空间，另一种是模型空间。

　　在布局视图中，模型空间用于设置图形的输出效果，比如设定模型在视口中的位置和显示比例。图纸空间相当于真实的图纸。用户将在模型空间中创建的二维和三维模型投影到图纸空间，根据不同的投射方向用户可以得到不同的视图，还可以插入图框和标题栏，编写文字说明，并能控制图层的可见性，设置适当比例以输出图形。图纸空间是一个二维的环境。

　　一个 AutoCAD 图形文件可以有多个布局视图，用于设置多种输出效果。在模型视图中绘制的图形与布局视图中显示的图形动态相关。当模型视图中的图形修改后，布局视图中显示的图形将动态更新。图 10.2 所示为在图纸空间设置的布局视图。

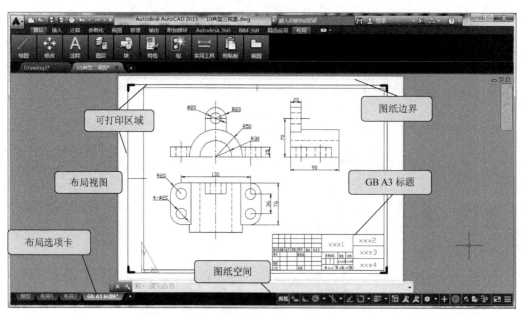

图 10.2 图纸空间中的布局视图

10.2 多 视 口

前面章节很少涉及视口的概念，这是因为前几章所使用的绘图区域只有一个视口。默认情况下，AutoCAD 中的模型视图或布局视图都只有一个视口。但对于大型复杂的图形或三维实体模型，为了更清楚、更全面地查看图形或描述物体的形状，用户可使用多视口功能。用户可以将绘图区分为几个视口，分别设置不同的视点、不同的比例，得到不同的视图，在几个视口中分别显示图形的不同部位，如图 10.3 所示。

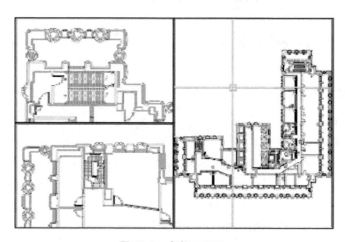

图 10.3 多视口显示

选择菜单"视图"|"视口"|"新建视口"命令，打开"视口"对话框，可以创建多个视口，如图 10.4 所示。对于不同的工作空间，视口的类型也不同。在模型空间建立的视口称为"平铺视口"。在图纸空间建立的视口称为"浮动视口"。

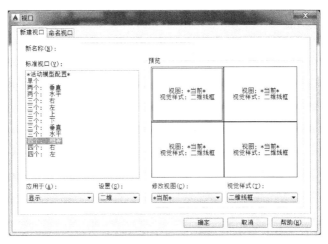

图 10.4　"视口"对话框

10.2.1　平铺视口和浮动视口

1) 平铺视口

在模型空间中建立的平铺视口像其名称的含义一样，平铺在屏幕上，它们把原来的模型空间视口划分为多个视口，每个视口可以显示图形的不同部分。也可以在一个视口中显示完整图形，而在另一个视口中显示图形的局部细节等。

用户在一个视口中所做的修改会立即在其他视口中反映出来。在大型或复杂的图形中，用多视口显示不同的视图，可以缩短在单一视图中缩放或平移图形的时间。

平铺视口是矩形形状，不能移动，也不能重叠，其边缘总是与相邻视口紧靠在一起，用户可以拖动视口的边界以调整其大小，并能将两个视口合并。用户可随时在视口边界内任意位置单击来进行视口之间的切换。被用户选中的视口称为"当前视口"，系统用粗线框显示。此时用户可在当前视口内进行操作，如图 10.5 所示。

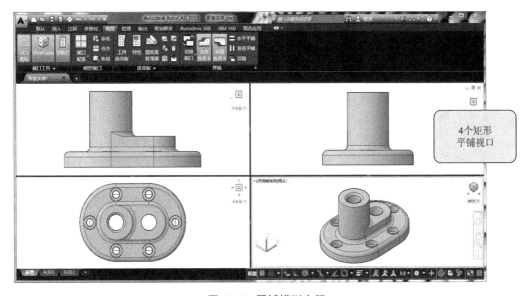

图 10.5　平铺模型空间

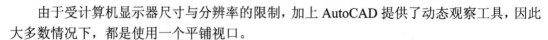
由于受计算机显示器尺寸与分辨率的限制，加上 AutoCAD 提供了动态观察工具，因此大多数情况下，都是使用一个平铺视口。

2) 浮动视口

虽然在模型空间可以创建多个视口，但打印时，只能打印当前活动视口中的模型视图。如果要在一张图纸上同时输出三维实体的多个视图，必须使用图纸空间。

在布局视图中，执行 VPORTS 命令，也将打开"视口"对话框，从而创建浮动视口。图纸空间的浮动视口，其形状和大小可以任意设置，相互之间可以重叠，可以同时打印，而且其视口边界形状可以调整。

浮动视口就像 AutoCAD 的其他对象一样，可以被复制、改变尺寸或移动。建立浮动视口后，分别激活各个视口，通过平移、缩放等操作，就能使各视口显示所需的图形，并且能设定不同的显示比例，如图 10.6 所示。

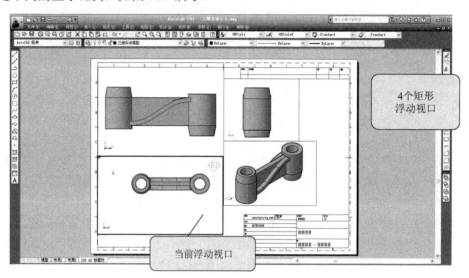

图 10.6　浮动模型空间

10.2.2　平铺模型空间和浮动模型空间

如 10.2.1 节所述，"模型"选项卡上的模型视图属于模型空间，而"布局"选项卡上的布局视图可以处于模型空间或图纸空间两种状态。10.2.1 节已介绍多视口的概念，并将模型空间中的视口称为"平铺视口"，而将图纸空间中的视口称为"浮动视口"。对应于视口的分类与名称，可将模型视图中的模型空间称为"平铺模型空间"，而将布局视图中的模型空间称为"浮动模型空间"。

1) 平铺模型空间

平铺模型空间实际就是我们以往习惯上的作图空间。平铺模型空间中的多个视口可以提供模型的不同视图显示。例如，可以设置显示俯视图、主视图、左视图和正等轴测视图的视口。要想更方便地在不同视图中编辑对象，可以为每个视图定义不同的 UCS 坐标。

在平铺模型空间中，用户只能在当前活动的视口中绘制、编辑图形。在一个视口中做出修改后，其他视口的图形会随之自动更新。

2) 浮动模型空间

在图纸空间通过一个浮动视口进入模型空间时，这个模型空间就被称为"浮动模型空间"。需要注意的是，模型空间自始至终只有一个，浮动模型空间是通过浮动视口进入模型空间的。用户可以像在平铺模型空间一样，在浮动模型空间中绘图和编辑图形，进入模型空间的视口显示为粗线框。

当处于浮动模型空间中，且在当前浮动视口里进行编辑时，其他浮动视口都会反映其变化。用户只需将光标移动到指定的视口并单击，就可把该视口激活为当前视口。当前浮动视口的边线也显示为粗线框。

与平铺模型空间进行比较，在浮动模型空间里，可以单独设置各个浮动视口的放大倍率、观察角度、栅格、正交模式和对象捕捉等。此外，大多数的显示命令如缩放、移动等仅影响当前视口，因此，可以利用该特性在不同的浮动视口显示不同的部分，从而实现不同缩放比例的视图同时打印。

10.2.3 模型空间与图纸空间的切换

1) 模型视图与布局视图间的切换

(1) 单击绘图区下面的"模型""布局 1"和"布局 2"选项卡，可以方便地在模型视图与布局视图之间进行切换。

(2) 如果当前处于模型视图，单击状态栏上的"模型"可以进入布局视图。

(3) 可以使用系统变量 TILEMODE 来控制，系统变量 TILEMODE 初始值为 1，此时，默认的工作环境为模型视图；当系统变量 TILEMODE 设置为 0 时，将激活最后一个"布局"选项卡(图纸空间)。

2) 图纸空间与浮动模型空间的切换

在布局视图中，可以使用以下方法之一在图纸空间和浮动模型空间之间进行切换。

(1) 可以通过单击状态栏上的"模型"或"布局"按钮，在浮动模型空间和图纸空间之间切换。

(2) 如果处于图纸空间，通过双击浮动视口可进入浮动模型空间。

(3) 如果处于浮动模型空间，在当前视口的外部双击，可以进入图纸空间。

(4) 在图纸空间中，还可以用 MSPACE 命令切换到浮动模型空间，而使用 PSPACE 命令，可以从浮动模型空间切换到图形空间。

10.3 从模型视图打印输出图形

10.3.1 添加打印设备

在 AutoCAD 中，进行打印之前，必须首先完成打印设备的配置。AutoCAD 允许使用的打印设备有两种，一种是 Windows 的系统打印机，另一种是 Autodesk 打印及管理器中推荐的专用绘图仪。

对于只需满足演示功能的小幅面图形，使用 Windows 系统打印机即可满足要求；而对于实际工程应用的大幅面的图形，则要使用专用的绘图仪，才能达到较好的输出效果。

下面，使用系统自带的添加打印机向导来完成这项工作。具体操作步骤如下。

(1) 选择菜单"工具"|"向导"|"添加绘图仪"命令，弹出"添加绘图仪-简介"对话框，如图 10.7 所示。

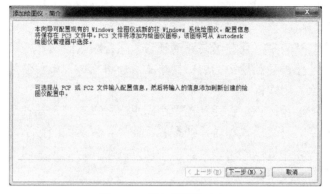

图 10.7 添加绘图仪向导

(2) 在对话框中，单击"下一步"按钮，弹出"添加绘图仪-开始"对话框。在该对话框中，系统要求输入打印机的配置设置，选择"系统打印机"单选按钮，如图 10.8 所示。

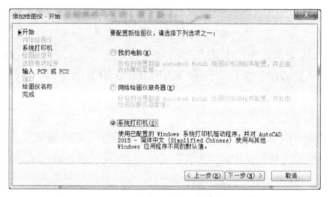

图 10.8 设置打印机配置

(3) 单击"下一步"按钮，弹出"添加绘图仪-系统打印机"对话框，在选择系统绘图仪列表中，选择需要使用的打印机类型，如图 10.9 所示。

图 10.9 选择系统绘图仪

(4) 单击"下一步"按钮，弹出"添加绘图仪-绘图仪名称"对话框，在"绘图仪名称"文本框中，输入绘图仪名称，如图 10.10 所示。

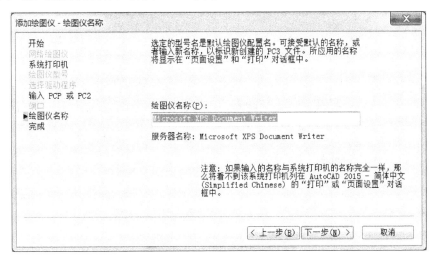

图 10.10　添加绘图仪名称

(5) 单击"下一步"按钮，弹出"添加绘图仪-完成"对话框，此对话框可以设置"编辑绘图仪配置"和"校准绘图仪"，然后单击"完成"按钮，完成绘图仪的添加，如图 10.11 所示。

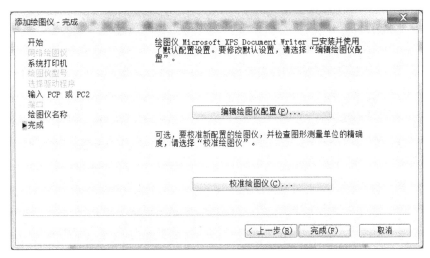

图 10.11　完成绘图仪的添加

10.3.2　打印输出

在模型空间中，不仅可以绘制、编辑图形，也可以打印输出图形。执行菜单"文件"｜"打印"命令，弹出"打印-模型"对话框。通过该对话框，可以设置打印设备、图纸尺寸、打印比例和输出范围等参数。按图 10.12 所示设置参数，单击"预览"按钮，可以预览输出结果，检查设置是否正确。然后单击"确定"按钮，即可打印图形。打印效果如图 10.13 所示。

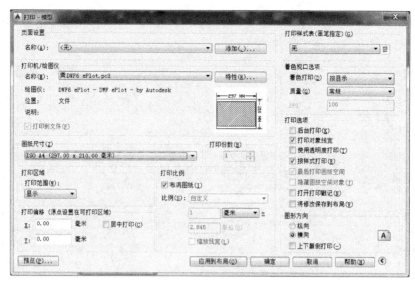

图 10.12 "打印-模型"对话框

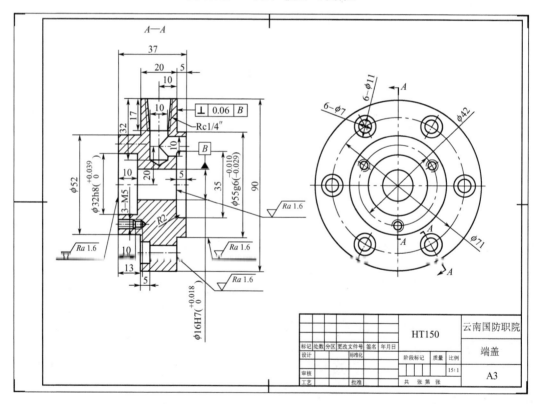

图 10.13 打印图形效果

10.4 布局输出图形

虽然在模型视图中可以打印图形，但是，如果需要将不同比例的图形在一张图纸上进行打印，则应采用布局视图。布局视图主要是为三维图形的打印输出要求设计的，但对于二维图形，如果要求设置多个布局，从而得到不同的图形输出效果，布局视图也将非常有用。

10.4.1　创建布局

AutoCAD 中默认的布局有两个，建立新图形时系统已建立两个"布局"选项卡，用户根据需要可以创建新的布局，布局的最高数量为 256 个。创建布局的方法有以下 4 种。

(1) 使用"布局向导"命令可以创建布局。

(2) 使用"来自样板的布局"命令可以插入基于现有布局样板的新布局。

(3) 通过"布局"选项卡可以创建新布局。

(4) 通过设计中心，从已有的图形文件或样板文件中，将已建好的布局拖动到当前图形文件中。

1) 使用布局向导创建布局

选择菜单"工具"|"向导"|"创建布局"命令，打开"创建布局"对话框，按提示，指定打印设备、确定图纸尺寸，选择布局中使用的标题栏或确定视口设置和比例，一步步完成所需布局的创建工作，即可建立一个新布局。

以图 10.2 所示的图形为例，使用布局向导创建布局。

(1) 选择菜单"工具"|"向导"|"创建布局"命令，打开"创建布局-开始"对话框，在"输入新布局的名称"文本框中输入"GB A3 图幅"字样，如图 10.14 所示。

(2) 单击"下一步"按钮，打开"创建布局-打印机"对话框，选择一种已配置好的打印机，如图 10.15 所示。

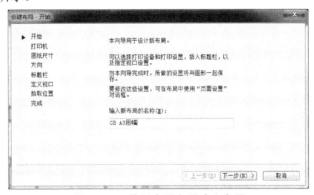

图 10.14　使用布局向导建立布局

图 10.15　设置打印机

(3) 单击"下一步"按钮，打开"创建布局-图纸尺寸"对话框，选择"A3"图纸幅面，单位为"毫米"，如图 10.16 所示。

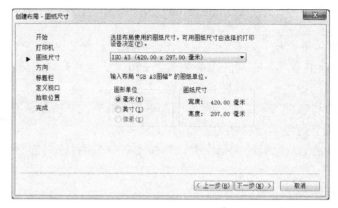

图 10.16 设置图纸尺寸和单位

(4) 单击"下一步"按钮，打开"创建布局-方向"对话框，将"选择图形在图纸上的方向"设为"横向"，如图 10.17 所示。

图 10.17 设置布局方向

(5) 单击"下一步"按钮，打开"创建布局-标题栏"对话框，选择图框和标题栏样式。在"类型"选项组中，选择图框和标题栏图形文件是作为"块"插入，还是作为"外部参照"引用，如图 10.18 所示。

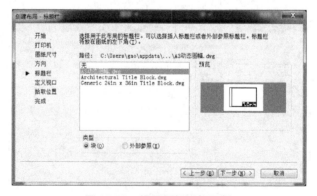

图 10.18 设置图框和标题栏

(6) 单击"下一步"按钮，打开"创建布局-定义视口"对话框，选择"单个"视口，
"按图纸空间缩放"比例，如图 10.19 所示。

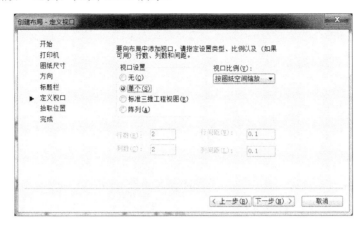

图 10.19 设置视口和比例

(7) 单击"下一步"按钮，打开"创建布局-拾取位置"对话框，单击"选择位置"按
钮，切换到"绘图"窗口，指定两角点来确定视口的大小和位置，返回对话框，如图 10.20
所示。

(8) 单击"下一步"按钮，打开"创建布局-完成"对话框，单击"完成"按钮，完成
新布局的创建。

在视口区域双击，可进入模型空间。调整视口中图形的位置和显示比例，输入技术要
求等文字，即可打印输出图形，效果如图 10.13 所示。

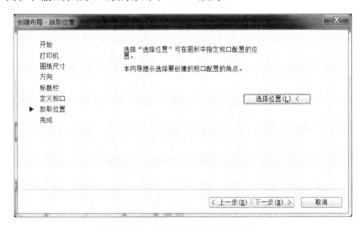

图 10.20 选择视口的位置和大小

2) 使用插入方法创建布局

在工程图设计中，需要使用国家标准的图框和标题栏时，可使用插入的方法创建布局。

选择菜单"插入"|"布局"|"来自样板的布局"命令，在弹出的"从文件选择样板"
对话框中，选择"GB A3 动态图幅"样板，如图 10.21 所示。单击"打开"按钮，在弹出
的"插入布局"对话框中，单击"确定"按钮，将建立一个带标题栏和图框的 A3 图纸幅
面的新布局。双击图形区域，进入视口，调整图形位置和比例即可。

图 10.21 使用样板文件建立布局

10.4.2 由三维实体生成平面图形

使用 AutoCAD，可以由已建立的实体模型便捷地得到平面视图，实现这种转换需使用 SOLVIEW、SOLDRAW 和 SOLPROF 命令来完成。使用 SOLVIEW 命令，可以设置正交视图、剖视图等；使用 SOLDRAW 命令，可以绘出由 SOLVIEW 命令设置好的图形；使用 SOLPROF 命令，可以设置轮廓图(即轴测投影图)，如果已经加载了 HIDDEN 线型，AutoCAD 会将不可见图线的线型设置为 HIDDEN。

1) 创建实体视图命令 SOLVIEW

SOLVIEW 命令用于在图纸空间创建视口，并生成三维实体对象的基本视图、剖视图和辅助视图。执行 SOLVIEW 命令，系统提示如下。

输入选项 [UCS(U)/正交(O)/辅助(A)/截面(S)]:

各选项功能如下。

(1) "UCS(U)"：基于当前 UCS 或保存的 UCS 创建视口。视口中的图形是三维实体模型向 *XY* 平面上投影所得的视图。

(2) "正交(O)"：根据已生成的视图，创建正交视图。

(3) "辅助(A)"：在已生成的视图中，指定两点，定义一个倾斜平面，从而生成斜视图。

(4) "截面(S)"：在已生成的视图中，指定两点，定义一个剖切面，从而生成剖视图。

使用 SOLVIEW 命令创建视口后，系统将自动创建用于放置各个视图的可见线和隐藏线的图层，包括"视图名称-VIS"(可见轮廓线)图层、"视图名称-HID"(不可见轮廓线)图层、"视图名称-HAT"(截面图案)图层、"视图名称-DIM"(尺寸标注)图层及用于放置视口边框的图层。其中，"视图名称"是用户创建视图时赋予它的名称。

2) 创建实体图形命令 SOLDRAW

SOLDRAW 命令用于在由 SOLVIEW 命令创建的视口中生成三维实体的轮廓线和剖视图。它只能在用 SOLVIEW 命令创建的视口中使用。

执行 SOLDRAW 命令后，在系统提示下，选择视口，那么，所选视口中，将自动生成表示实体轮廓和边的可见线和隐藏线。如果所选视口创建的是截面视图，则系统将自动生成剖视图并填充图案，剖面的填充图案、比例和角度等属性分别由系统变量 HPNAME、HPSCALE 和 HPANG 控制。

3) 创建实体轮廓线命令 SOLPROF

SOLPROF 命令用于在图纸空间创建三维实体模型的 2D 或 3D 轮廓线。执行 SOLPROF 命令后，必须从图纸空间切换进入模型空间，在系统提示下，选择对象，系统进一步提示如下。

(1) 是否在单独的图层中显示隐藏的轮廓线？ [是(Y)/否(N)] <是>:

选择 Y，系统将创建两个新图层：以 PH 开头的图层和以 PV 开头的图层，分别用于放置不可见轮廓线和可见轮廓线。选择 N，系统则把所有轮廓线都当作可见，放置在一个图层上。

(2) 是否将轮廓线投影到平面？ [是(Y)/否(N)] <是>:

选择 Y，系统将把轮廓线投影到一个与视图方向垂直，并通过用户坐标系原点的平面上，从而生成 2D 轮廓线。否则，将生成三维实体模型的 3D 轮廓线，也就是三维实体线框模型。

(3) 是否删除相切的边？ [是(Y)/否(N)] <是>:

选择 Y，系统将删除相切的边。否则，系统将不删除相切的边。

10.5 实训实例（十）

10.5.1 由三维实体生成支座的三视图、剖视图

1) 实训目标

将如图 10.22 所示的支座三维实体模型转换成二维视图，并且布局打印输出图形。

图 10.22 支座三维实体模型

2) 实训目的

掌握在模型空间创建三维实体模型的方法；掌握在图纸空间创建布局视图的方法；掌

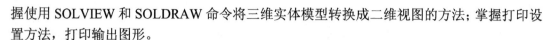

握使用 SOLVIEW 和 SOLDRAW 命令将三维实体模型转换成二维视图的方法；掌握打印设置方法，打印输出图形。

3) 绘图思路

(1) 在模型空间创建三维实体模型。

(2) 创建布局设置。

(3) 将三维实体模型转换成二维图形。

(4) 标注文字和尺寸。

(5) 打印设置，输出图形。

4) 操作步骤

(1) 启动 AutoCAD，新建文件，选择样板文件"GB A3 幅面"，单击"打开"按钮，建立一个图形文件，该文件有一个"GB A3 标题栏"布局，在模型空间建立模型，如图 10.22 所示。

(2) 选择菜单"格式" | "线型"命令，加载 HIDDEN 线型。

在命令提示行中，输入系统变量名 HPNAME，修改剖面线样式，提示如下。

输入 HPNAME 的新值＜ANGLE＞:ANSI31✓/输入机械制图金属剖面样式。

(3) 切换到布局视图"GB A3 标题栏"。执行 SOLVIEW 命令，创建浮动视口，提示信息如下。

输入选项 [UCS(U)/正交(O)/辅助(A)/截面(S)]:U✓

输入选项 [命名(N)/世界(W)/?/当前(C)]＜当前＞:W✓/使用世界坐标系。

输入视图比例 ＜1＞:✓/默认比例为 1。

指定视图中心:/用光标在图框左下角适当位置指定视图中心。

指定视图中心 ＜指定视口＞:✓

指定视口的第一个角点: 指定视口的对角点:/用光标选定两点为视口的对角顶点。

输入视图名:/俯视图。

其最终效果如图 10.23 所示。

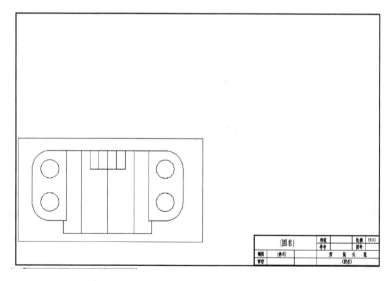

图 10.23 创建俯视图视口

(4) 启动"正交"模式，继续执行 SOLVIEW 命令。

输入选项 [UCS(U)/正交(O)/辅助(A)/截面(S)]:O↙ /由俯视图视口创建主视图。

视口要投影的那一侧: /光标单击俯视图下方视口的中点。

用与创建俯视图同样的方法指定主视图的中心。指定两点确定一个矩形，建立主视图浮动视口，输入视图名"主视图"，结果如图 10.24 所示。

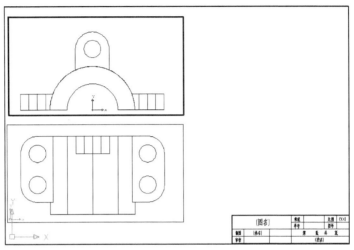

图 10.24　主视图设置完成

(5) 继续执行 SOLVIEW 命令，选择 S 选项，建立剖视图，

输入选项 [UCS(U)/正交(O)/辅助(A)/截面(S)]:S↙

指定剪切平面的第一个点: 指定剪切平面的第二个点: /选择剖切位置，如图 10.25 所示的主视图的对称中线。

指定要从哪侧查看: /用光标单击主视图左边查看。

输入视图比例 <1>:↙ /默认比例为 1。

同理指定左视图的中心。指定两点确定一个矩形，建立左视图浮动视口，输入视图名"左视图"，结果如图 10.26 所示。

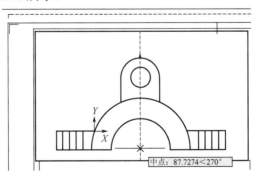

图 10.25　指定生成左视图的剖切位置

(6) 执行 SOLDRAW 命令，生成实体轮廓线及剖视图的剖面线，执行命令后，系统提示"选择对象"，可用光标选择这 3 个视口，确认后，系统画出这 3 个视图的图形，如图 10.26 所示。

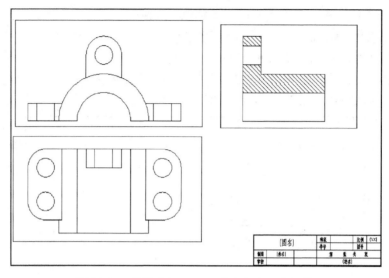

图 10.26 执行 SOLDRAW 命令画出 3 个视图

(7) 打开"图层特性管理器"对话框，设置所有 VIS 图层的线宽为 1mm，其余的 HID、HAT 和 DIM 图层的线宽为 0.5mm，HID 图层线型改为 DASHED2(虚线)。关闭 VPORTS 图层，新建"布局中心线"图层和"布局尺寸"图层。

(8) 在"布局中心线"图层中添加中心线，在命令提示行输入系统变量名 LTSCALE，设置适当的线型比例。设置文字样式、尺寸标注样式，在"布局尺寸"图层完成尺寸标注，填写标题栏，如图 10.27 所示。

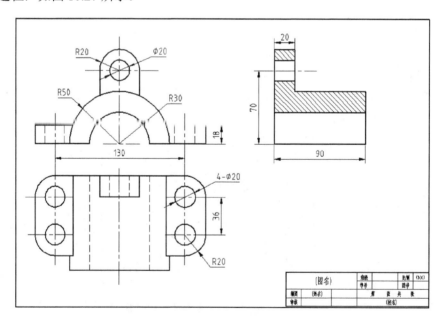

图 10.27 完成标注

(9) 执行菜单"文件"|"打印"命令，弹出"打印-模型"对话框，按如图 10.28 所示设置参数，单击"确定"按钮可完成打印。

图 10.28　"打印-模型"对话框的设置

打印结果如图 10.27 所示。

10.5.2　由三维实体生成轴承座的三视图及轴测图

1）实训目标

将如图 10.29 所示的轴承三维实体模型转换成三视图和
轴测图。

2）实训目的

掌握在模型空间创建三维实体模型的方法；掌握在图纸
空间创建布局视图的方法；掌握模型空间和图纸空间之间的

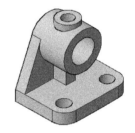

图 10.29　轴承三维实体模型

切换的方法；掌握使用 SOLPROF 命令将三维实体模型转换成三视图和轴测图的方法；掌
握设置页面，打印输出图形的方法。

3）绘图思路

(1) 在图纸空间创建浮动视口。

(2) 从图纸空间切换到模型空间。

(3) 使用 SOLPROF 命令设置实体轮廓线。

(4) 调整视图比例，从模型空间切换到图纸空间。

(5) 更改图层线型、添加中心线，完成视图的生成和绘制。

4）操作步骤

(1) 创建如图 10.30 所示的三维实体模型，将图形另存为名为"三视图.dwg"的图形文件。

(2) 单击"布局 1"按钮，进入图纸空间，删除整个视口，如图 10.30 所示。

(3) 选择菜单"视图"|"视口"|"新建视口"命令，打开"视口"对话框，建立 4 个
视口。在"设置"下拉列表中，选择"三维"选项，在"修改视图"下拉列表中，分别将
4 个视口设置成前视图、俯视图、左视图和轴测图，如图 10.31 所示。

(4) 单击"确定"按钮，系统提示如下。

指定第一个角点或[布满(F)]<布满>：↙/将 4 个视口布满窗口，如图 10.32 所示。

图 10.30　删除图纸空间中的视口

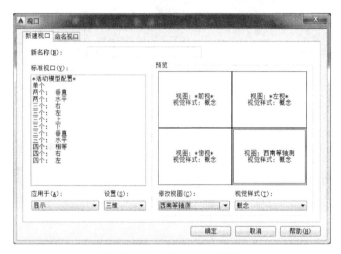

图 10.31　"视口"对话框

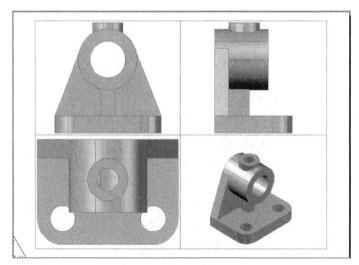

图 10.32　创建多视口

(5) 执行命令。

MSPACE↙/从图纸空间切换到浮动模型空间。

(6) 执行 SOLPROF 命令，创建实体轮廓线。

命令：SOLPROF✓

选择对象：/激活主视图视口，在此视口中选择实体对象。

选择对象：✓

是否在单独的图层中显示隐藏的轮廓线？[是(Y)/否(N)] <是>:✓

是否将轮廓线投影到平面？[是(Y)/否(N)] <是>:✓

是否删除相切的边？[是(Y)/否(N)] <是>:✓

已选定一个实体。/为主视图创建了实体轮廓线。

重复执行 SOLPROF 命令，用同样方法创建了俯视图、左视图和轴测图的实体轮廓线。

(7) 打开"视口"工具栏，激活主视图视口，在此工具栏的"视口缩放控制"下拉列表中，选择"1：1"选项。用同样方法将俯视图和左视图的比例设为 1：1，轴测图调整为合适大小。

(8) 执行命令。

PSPACE✓/从模型空间切换到图纸空间。

(9) 执行 LAYER 命令，打开"图层特性管理器"对话框，关闭 0 图层(实体图层)和 PH-353 图层(轴测图不可见轮廓线图层)，将 PH－开头的图层线型改为 DASHED2(虚线)。新建"中心线"图层，线型改为 CENTER2。

(10) 执行 LINE 命令，补齐中心线。完成图形，如图 10.33 所示。

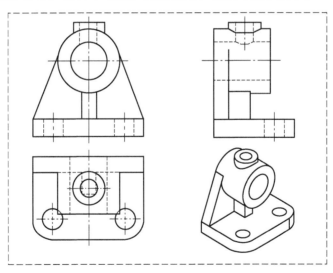

图 10.33　绘制完成的三视图及轴测图

10.6　思考与练习 10

1．浮动视口与平铺视口有什么区别？

2．什么是模型空间和图纸空间？两者有什么区别和联系？

3．如何在模型空间和图纸空间之间进行切换？

4．如何使用"页面设置"对话框设置打印环境？

5．绘制如图 10.34 所示的图形，并将其转换为三视图和轴测图。

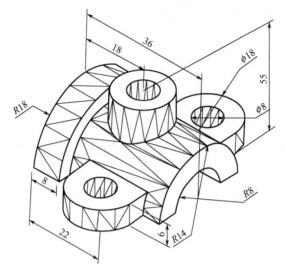

图 10.34　习题 5

6．由泵盖的三维实体(图 10.35)生成剖视图，尺寸如图 9.53 所示。

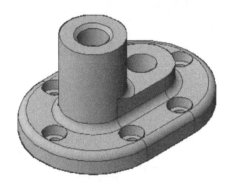

图 10.35　习题 6

第11章

AutoCAD 综合
技能实训

教学提示

　　前面已分章节介绍了 AutoCAD 的主要知识，读者对 AutoCAD 已经有了全面的了解。但是，学习 AutoCAD 的目的是为了实际应用，只有进行大量的实际绘图训练，才能真正掌握 AutoCAD 的绘图技巧，从而提高绘图速度。本章将通过一些具体的工程图形实例，详细介绍 AutoCAD 在机械制图中的实际应用方法，帮助读者建立 AutoCAD 绘图的整体概念，综合应用所学知识，提高实际绘图能力。

教学要求

- ◆ 掌握机械制图国家标准
- ◆ 掌握三视图和轴测图的绘图方法
- ◆ 掌握零件图的绘图方法
- ◆ 掌握装配图的绘制方法
- ◆ 掌握三维实体造型的方法
- ◆ 进行机械零件测绘综合训练

11.1 机械制图的标准和规定

11.1.1 图幅的国家标准与设置

1）图幅的国家标准

图幅的国家标准(GB/T 14691—1993)见表 11-1 及图 11.1 和图 11.2。

表 11-1 国标图纸基本幅面尺寸

幅面代号	A0	A1	A2	A3	A4
$B×L$	841×1189	594×841	420×594	297×420	210×297
a	25				
c	10			5	
e	20		10		

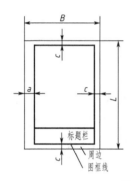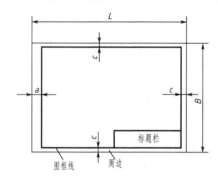

图 11.1 图框格式(留装订边)

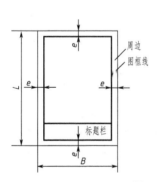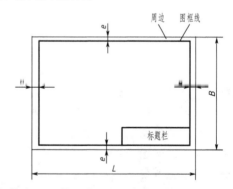

图 11.2 图框格式(不留装订边)

2）设置绘图单位、绘图界限、比例

AutoCAD 简体中文版的默认单位为毫米，符合国家标准规定。

图形界限应根据所绘图形的大小确定，用户指定的绘图界限或范围大小应与国家标准规定的图幅一致。AutoCAD 默认的绘图范围是 A3 规格的图纸幅面。

绘图比例应根据图形的尺寸大小与出图纸张的大小确定，应符合国家标准规定的比例，如 1：2、1：5、5：1 和 2：1 等，必要时，也可以使用 1：1.5、1：2.5、1：3、1：4、4：1 和 2.5：1 等。(参阅 GB/T 14691—1993 中的有关规定)。一般，应尽量采用 1：1 比例绘图。

3) 图框

图框可按表 11-1 和图 11.1、图 11.2 所示的尺寸绘制，也可以直接使用 AutoCAD 中提供的 GB 图框格式。

11.1.2　文字的国家标准规定与设置

1) 字体的国家标准规定(GB/T 14691—1993)

字体的号数用字高 h(mm)表示，分为 1.8mm、2.5mm、3.5mm、5mm、7mm、10mm、14mm 和 20mm 共 8 种。图样中的汉字应写成长仿宋体(直体)，并应采用国家正式公布推行的简化字。字宽一般为 $h/\sqrt{2}$ $(\approx 0.7h)$，汉字高度不小于 3.5mm。

数字和字母可以写成直体或斜体。斜体字头向右倾斜，与水平基准线约成 75°。在技术文件中，数字和字母一般写成斜体，而与汉字混合书写时，可采用直体。

在同一图样中，应采用同一型号的字体。用作指数、分数、极限偏差、注脚及字母的字号，一般采用比基本尺寸小一号的字体。

2) 文字样式设置

基于国家标准规定，文字样式设置中，样式名定为"工程字"，字体采用 gbenor.shx 和 txt.shx，激活使用大字体，大字体采用 gbcbig.shx，两种字体中，前者用于标注字母和数字，后者用于标注汉字。

11.1.3　图线的国家标准规定与设置

1) 图线的国家标准规定

绘制机械工程图时，应采用国家标准 GB/T 17450—1998(《技术制图　图线》)和 GB/T 4457.4—2002(《机械制图　图样画法　图线》)中所规定的图线，见表 11-2。

表 11-2　图线的国家标准规定

序号	图线名称		图线型式	图线宽度	应用举倒
01	实线	粗实线	———————	$d\approx0.5\sim0.7$	可见轮廓线，剖切符号线
		细实线	———————	约 $d/2$	尺寸线，尺寸界线，剖面线，重合断面轮廓线，引出线，过渡线
		波浪线	～～～～	约 $d/2$	断裂处的边界线，视图与剖视图的分界线
		双折线	—∨—∨—	约 $d/2$	断裂处的边界线
02	虚线	细虚线	- - - - - - - -	约 $d/2$	不可见轮廓线
		粗虚线	▬ ▬ ▬ ▬	d	允许表面处理的表示线
04	点画线	细点画线	——— · ——	约 $d/2$	轴线，对称中心线，分度(线)
		粗点画线	▬▬ ▬ ▬	d	限定范围表示线
05	细双点画线		——— ·· ——	约 $d/2$	相邻辅助零件的轮廓线，极限位置的轮廓线，假想投影的表示线

图线宽度 d 应按图样的类型和尺寸大小在下列 9 个数值中选取：0.13mm、0.18mm、

0.25mm、0.35mm、0.5mm、0.7mm、1mm、1.4mm 和 2mm。粗细线比例为 2：1。在 AutoCAD 绘图时，可取粗实线宽 d=0.5mm。

2）建立图层并指定图层特性

AutoCAD 绘图中，应根据图形中的线型不同，分别建立图层及特性。绘制机械工程图时，一般需要建立以下图层。

(1) 粗实线图层：线宽为 0.5mm，其余为默认设置。

(2) 虚线图层：颜色为"青"色，线型为 DASHED2，线宽为 0.25mm，其余为默认设置。

(3) 中心线图层：颜色为"红"色，线型为 CENTER2，线宽为 0.25mm，其余为默认设置。

(4) 技术要求及尺寸标注图层：颜色为"蓝"色，线宽为 0.25mm，其余为默认设置。

(5) 剖面线图层：颜色为"绿"色，线宽为 0.25mm，其余为默认设置。

(6) 细实线图层：线宽为 0.25mm，其余为默认设置。

11.1.4　标注样式设置

标注样式的设置也应符合国家标准的规定，选择菜单"格式"|"标注样式"命令，具体参数设置如下。

1）"文字"选项卡

在尺寸标注中，可以直接选用已设置好的文字样式，文字高度一般应根据图形大小及在布局视图中的出图比例进行设置。一般情况下，字高设为 5mm。

2）"直线"选项卡

对应于 5mm 字高，"基线间距"修改为 8mm。

3）"符号与箭头"选项卡

"箭头大小"列表框可设为 4mm，或与文字高度值相同。国家标准中，不使用圆心标记，可选中"无"单选按钮。

4）"调整"选项卡

为便于调整尺寸标注中的文字位置，可选中"优化"区域中的"手动放置文字"复选框。

5）"主单位"选项卡

国家标准规定的尺寸标注采用小数格式，"小数分隔符"为 "."(句点)，角度单位格式为"度/分/秒"，根据需要，选择角度标注的精度。

11.1.5　标题栏

国家标准形式的标题栏和(装配图中的)明细栏的构成与尺寸如图 11.3 所示。学生绘图的简易标题栏可参考第 5 章图 5.42。

用户也可以使用 AutoCAD 中的"表格"功能绘制所需的标题栏，或者用"直线"命令结合"偏移""修剪"等命令绘制标题栏。

装配图中使用的明细栏需要使用 AutoCAD 的"表格"功能，或用"直线"命令结合"偏移"命令，"修剪"命令按需要绘制。然后，保存为块的形式，以方便后续绘图使用。

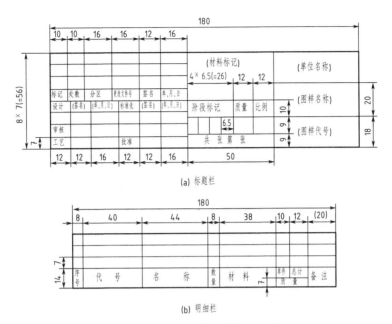

(a) 标题栏

(b) 明细栏

图 11.3　国家标准标题栏和明细栏

11.2　绘制三视图和轴测图

11.2.1　绘制支座三视图

1) 实训目标

根据图 11.4 所示尺寸绘制支座三视图。

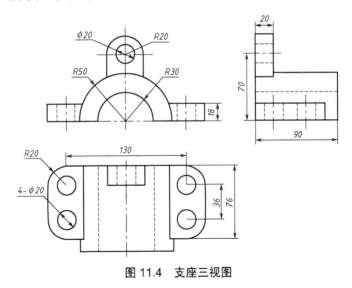

图 11.4　支座三视图

2）实训目的

掌握三视图的绘制方法，巩固基本绘图命令、编辑命令的使用技巧，熟练应用 AutoCAD 绘制基本图形。

3）操作步骤

（1）使用保存的样板文件"机械设计样板.dwt"，建立图形文件"支座三视图.dwg"。综合使用"动态标注输入""对象捕捉""偏移""复制"命令等初步确定图中各关键要素的位置，绘制-45°方向的参照线为保证"宽相等"的辅助线，如图 11.5 所示。

（2）绘制圆(弧)部分，以及主要的定位图线，完成图形如图 11.6 所示。

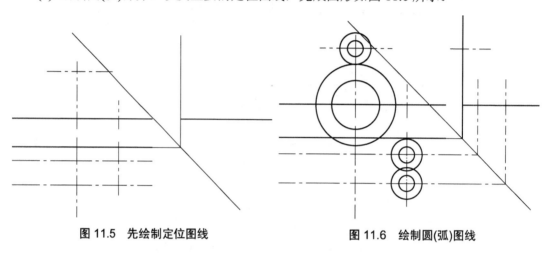

图 11.5　先绘制定位图线　　　　图 11.6　绘制圆(弧)图线

（3）修剪圆弧及多余的图线，结果如图 11.7 所示。

（4）使用"对象捕捉追踪"功能、"动态标注输入法"，灵活使用对象捕捉方法，根据投影关系绘制视图间可见轮廓线，如图 11.8 所示。

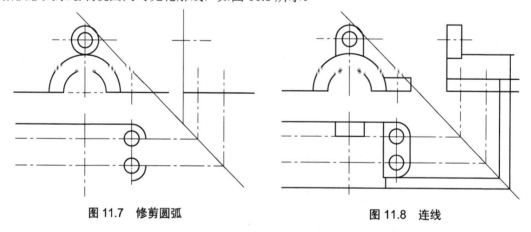

图 11.7　修剪圆弧　　　　图 11.8　连线

（5）使用"对象捕捉追踪""偏移"命令，在虚线图层绘制视图间不可见轮廓线，修剪多余图线，删除参照线，如图 11.9 所示。

（6）使用"镜像"命令，将主视图右下角的图形和俯视图右半部分的图形镜像到左边，结果如图 11.10 所示。

（7）最后标注尺寸，完成三视图绘制，如图 11.4 所示。

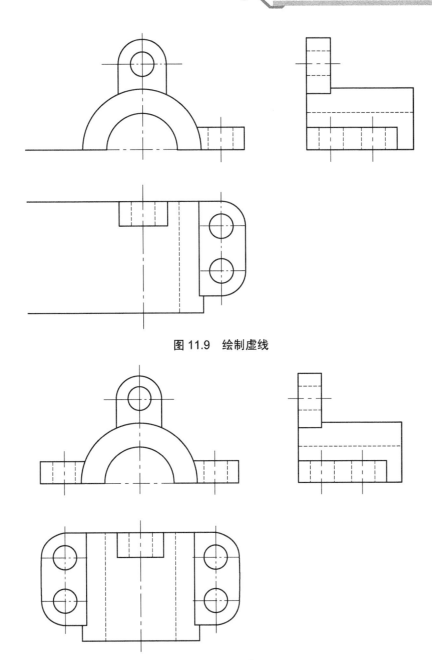

图 11.9　绘制虚线

图 11.10　镜像操作后图形

11.2.2　绘制轴测图的基本方法

　　用 AutoCAD 绘制的轴测图不是三维图形，而是具有三维视觉效果的二维图形。要绘制轴测图，首先要打开"草图设置"对话框，在"捕捉和栅格"选项卡中将捕捉类型设为"等轴测捕捉"，如图 11.11 所示。

　　在"极轴追踪"选项卡选中将增量角设为 30，对象捕捉追踪设置中选中"用所有极轴角设置追踪"，如图 11.12 所示。打开"正交""对象捕捉"和"对象捕捉追踪"模式。

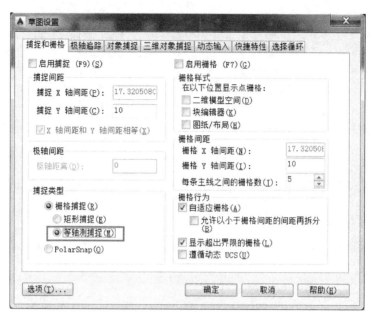

图 11.11　等轴测栅格捕捉

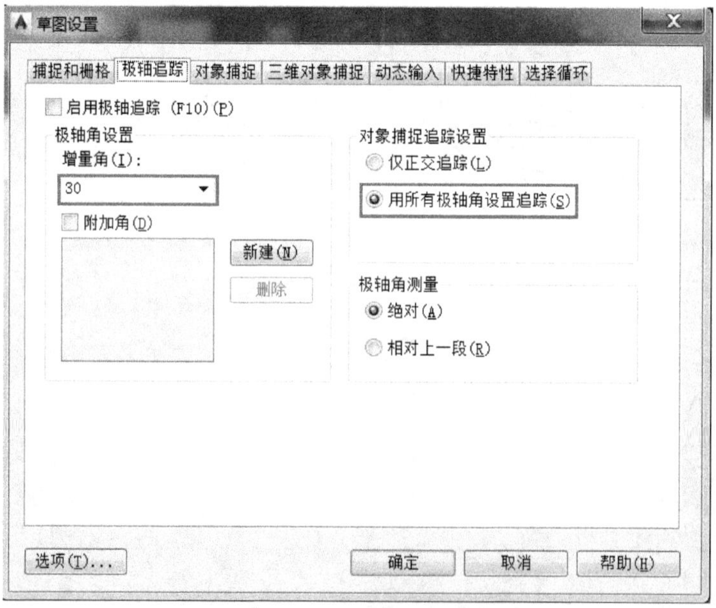

图 11.12　等轴测极轴追踪

　　绘制等轴测图时，需按 F5 键切换光标的不同方位，如图 11.13 所示。部分编辑命令在等轴测绘制时不能使用，如 Offset 命令，因为 Offset 命令的偏移距离是沿当前对象的垂直方向(对于曲线是切线方向)度量的。所以，在绘制等轴测图时，主要使用"复制""移动""修剪""延伸"等编辑命令完成绘图。

　　绘制等轴测圆，需要用椭圆命令 ellipse 中的 I 选项绘制。绘制直线，须注意在不同方位变换光标，灵活应用对象捕捉追踪功能确定直线方向，然后直接输入距离，该方法在等轴测图中绘制直线方便可行。

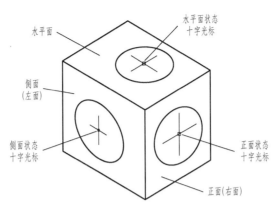

图 11.13 等轴测状态下十字光标的 3 种状态

11.2.3 绘制支撑板等轴测图

1) 实训目标

根据图 11.14 所示尺寸绘制支撑板等轴测图。

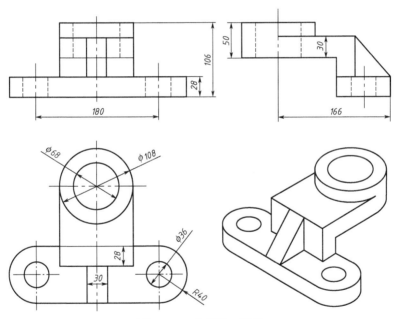

图 11.14 支撑板三视图

2) 实训目的

掌握等轴测图的绘制方法，掌握等轴测捕捉设置，掌握绘图过程中的光标变换，掌握 AutoCAD 的绘图命令和编辑命令在绘制等轴测图时的使用技巧。

3) 操作步骤

(1) 打开"正交""对象捕捉"和"对象捕捉追踪"，按 F5 键切换光标到俯视，绘制 30°极轴方向直线 80，150°极轴方向直线 180 的矩形。切换光标到右视，向下 28 复制矩形，如图 11.15(a)所示。

(2) 切换光标到俯视，单击"椭圆"命令，选择 I 选项，在矩形右前端边长中点绘制

*R*40 圆，切换光标到右视，向下 28 复制圆，切换光标到俯视，向 150° 极轴角方向 180 复制两圆，如图 11.15(b)所示。

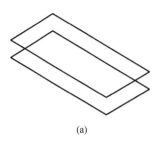

(a)

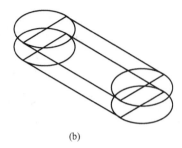

(b)

图 11.15　绘制底板

(3) 切换光标到右视，在两端圆弧捕捉"象限点"绘制直线，修剪、删除不可见图线，如图 11.16(a)所示。

(4) 切换光标到右视，单击"直线"命令，绘制支撑板侧面图形，如图 11.16(b)所示。向 150° 极轴角方向 108 复制侧面图形。

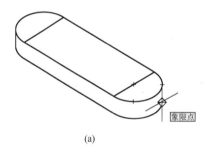

(a)

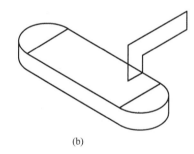

(b)

图 11.16　完成底板绘制

(5) 切换光标到俯视，连接直线，单击"椭圆"命令，选择 I 选项，在直线中点绘制 ϕ108 圆，切换光标到右视，分别沿垂直方向向下 30、向上 20 复制圆，如图 11.17(a)所示。

(6) 在圆的右侧对象捕捉 ϕ108 圆的"象限点"绘制垂线，修剪、删除不可见图线。单击"椭圆"命令，选择 I 选项，绘制 ϕ68 圆与 ϕ108 的圆同心，如图 11.17(b)所示。

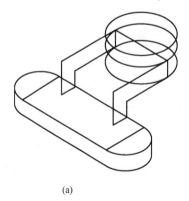

(a)

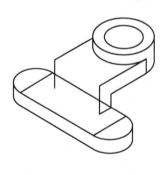

(b)

图 11.17　绘制支撑板

(7) 切换光标到左视，在支撑板左侧面连接 150° 极轴角方向的直线，将左侧面的竖线复制到中点，再分别沿 150° 极轴角方向两边各 15 复制一条竖线，如图 11.18(a)所示。

(8) 单击"直线"命令，关闭"正交"命令，绘制肋板。修剪、删除不可见图线。单击"椭圆"按钮，选择 I 选项，在底板两侧绘制 $\phi 36$ 圆，如图 11.18(b)所示。完成轴测图的绘制。

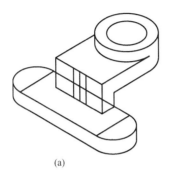 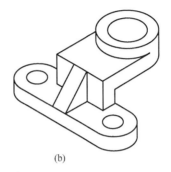

(a)　　　　　　　　　　　　　　　(b)

图 11.18　绘制肋板

11.3　绘制零件图

11.3.1　零件图的内容

一张完整的零件图应包含以下内容：

(1) 图形：用一组图形(包括各种表达方法)准确、清楚和简便地表达出零件的结构形状。

(2) 尺寸：正确、齐全、清晰、合理地标出零件各部分的大小及其相对位置尺寸，即提供制造和检验零件所需的全部尺寸。

(3) 技术要求：将制造零件应达到的质量要求(如表面粗糙度、尺寸公差、几何公差、材料的热处理及表面镀涂处理等)，用规定的符号、数字、字母或文字，准确、简明地表示出来。

(4) 标题栏：标题栏应按格式要求画在图样的右下角，填写零件的名称、材料、图样的编号、比例及设计、审核人员的签名、日期等。

使用 AutoCAD 绘制机械零件图时，线型、字体和标注样式等都应符合国家标准和规定。因此在绘图之前首先应设置符合国家标准和规定的专业绘图环境，对于多次重复使用的图形和符号，如标题栏、表面粗糙度符号和基准符号等，可将其制成带属性的动态块，在需要时，可插入块并输入属性值，以提高绘图效率。完成上述全部设置后，将当前文件保存为样板文件"机械设计样板.dwt"，供绘制零件图时使用。

11.3.2　绘制支架零件图

1) 实训目标

绘制如图 11.19 所示的支架零件图。

2) 实训目的

掌握零件图的绘制方法，熟练应用 AutoCAD 的基本绘图命令、编辑命令绘制图形，掌握文字样式设置与标注，掌握尺寸样式设置与标注，掌握属性块、动态块的制作与应用。

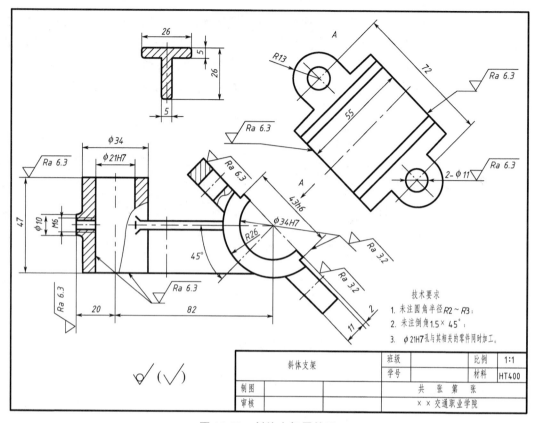

图 11.19　斜体支架零件图

3) 操作步骤

(1) 使用保存的样板文件"机械设计样板.dwt"，建立新的图形文件。切换图层到"中心线"，在适当位置绘制定位图线十字中心线，将垂直线向右偏移 82。再将偏移的垂直线复制旋转 45°，水平线复制旋转-135°，如图 11.20 所示。

(2) 切换图层到"粗实线"，使用 Offset 命令，将水平线向上、下各偏移 23.5，左侧的垂直中线向两边各偏移 17 和 10.5，再将垂直中线向左偏移 20。用特性匹配工具将偏移的图线转换为粗实线，修剪轮廓线，如图 11.21 所示。

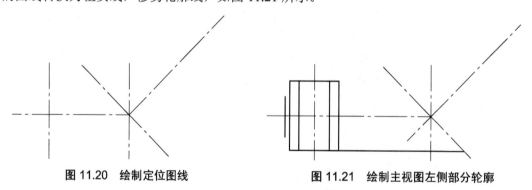

图 11.20　绘制定位图线　　　　**图 11.21　绘制主视图左侧部分轮廓**

(3) 完成主视图左侧部分图形，以右侧中心线交点为圆心，绘制 R26、φ34 圆，修剪多余图线，如图 11.22 所示。

(4) 使用 Offset 命令，将−45°中心线依次向左下方偏移 2 和 11。在右侧适当位置复制 −45°线 *ab*，再向两边分别偏移 27.5。将 45°线向两边偏移 36，绘制定位图线，在定位图线 交点绘制 *R*13 和 ϕ11 的圆，修剪多余图线，如图 11.23 所示。

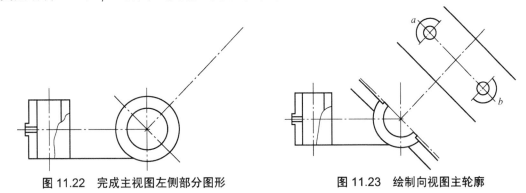

图 11.22 完成主视图左侧部分图形   图 11.23 绘制向视图主轮廓

(5) 选择"工具"|"新建 UCS"|"Z"命令，将坐标系绕 *Z* 轴旋转 45°，使用"对象 捕捉追踪"、夹点编辑和"正交"模式，按照投影关系连接图线，修剪图线，完成 *A* 向视 图，如图 11.24 所示。

(6) 按照投影关系连接图线，绘制主视图右上角局部剖视图，修剪图线。返回世界坐 标系 WCS，绘制主视图肋板部分，如图 11.25 所示。

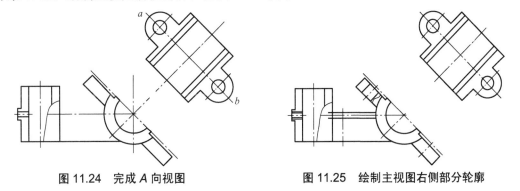

图 11.24 完成 *A* 向视图   图 11.25 绘制主视图右侧部分轮廓

(7) 在主视图上方适当位置绘制断面图，如图 11.26 所示。

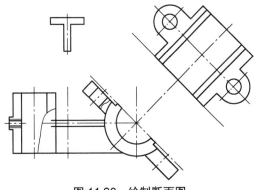

图 11.26 绘制断面图

(8) 在主视图下方绘制一个辅助图形。利用投影关系，使用"对象捕捉追踪"，结合 "夹点编辑"和"倒圆角"命令，完成主视图过渡线部分的绘制，如图 11.27 所示。

(9) 绘制过渡圆角。绘制剖面线。删除不需要的图线；将辅助视图移动到"辅助线"图层，然后关闭"辅助线"图层，结果如图 11.28 所示。

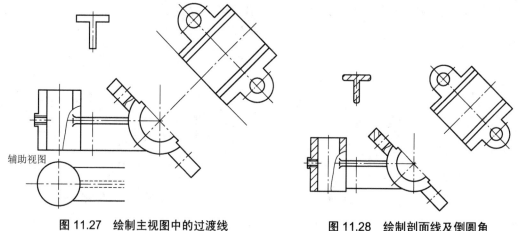

图 11.27　绘制主视图中的过渡线　　　　图 11.28　绘制剖面线及倒圆角

(10) 标注尺寸，标注表面粗糙度符号和向视图符号，结果如图 11.29 所示。

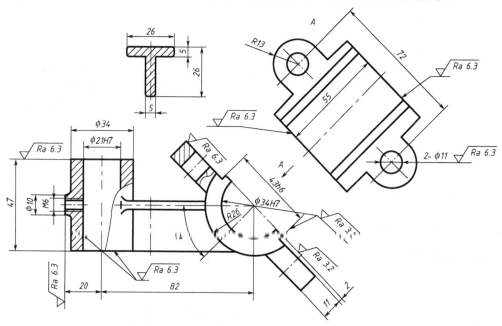

图 11.29　完成尺寸、表面粗糙度标注

(11) 插入图幅标题栏动态块，将图形移动到图框内，在标题旁标注其余表面的粗糙度符号，在适当位置，填写技术要求。完成零件图的绘制，如图 11.19 所示。

11.4　绘制装配图

11.4.1　装配图的内容

一张完整的装配图应包含以下内容：

(1) 一组视图：视图应正确、完整、清晰地表达产品或部件的工作原理、各组成零件间的相互位置和装配关系及主要零件的结构形状。

(2) 必要的尺寸：标注出反映产品或部件的规格、外形、装配、安装所需的必要尺寸和一些重要尺寸。

(3) 技术要求：用文字或国家标准规定的符号注写出该装配体在装配、检验、使用等方面的要求。

(4) 零部件序号、标题栏和明细栏：按国家标准规定的格式绘制标题栏和明细栏，并按一定格式将零、部件进行编号，填写标题栏和明细栏内容。

使用 AutoCAD 绘制装配图时，最主要的绘制方法就是先将零件图制成外部块，然后，按照装配关系逐一插入零件，然后进行调整和修剪，标注尺寸，完成装配图。

11.4.2 绘制虎钳装配图

1) 实训目标

绘制如图 11.30 所示的机用虎钳装配图。

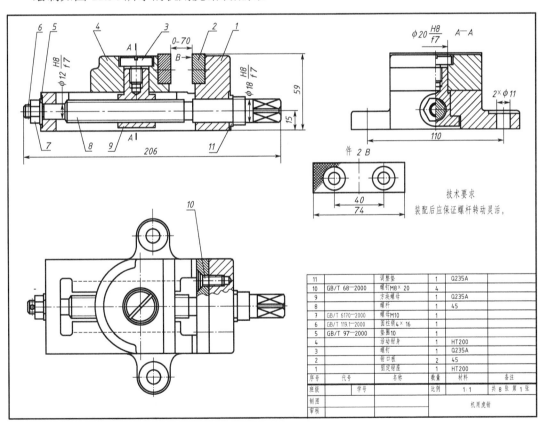

图 11.30 机用虎钳装配图

2) 实训目的

掌握装配图的绘制方法，熟练应用 AutoCAD 的基本绘图命令、编辑命令绘制图形，掌握文字样式设置与标注，掌握尺寸样式设置与标注，掌握属性块、动态块的制作与应用。

3）操作步骤

（1）看懂装配图，找出装配图的关键零件及装配关系，确定视图的表达方法。

（2）画图框，确定主要零件的基准位置，布置图面。

（3）按照零件图的绘制方法绘制好所有零件图，并进行编号存盘。

（4）按照装配顺序，依次用插入外部块的方法插入零件图。

主视图画成全剖视图，在钳座上，首先装入调整垫和螺杆，再装入方块螺母、活动钳口及螺钉，然后装上两块钳口铁。

俯视图采用局部剖视，将钳口铁的安装螺钉表达清楚，依次装入调整垫、螺杆和活动钳口等。

左视图采用半剖视图，视图用于表达虎钳左端的外形及螺母位置；剖视用于表达螺杆、方螺母、活动钳口和钳座的垂直于轴向的连接关系。

（5）按照装配图的表达方法及可见性增减调整图线，修剪掉多余的线条。

【注意】 每装入一个零件，就应调整修剪一次，以免线条太多，修改困难。

（6）根据国家标准规定画法和给定的标记代号，画出各种连接的标准件。

（7）标注必要尺寸、零件序号，填写标题栏、明细表和技术要求等，完成装配图。

11.5　绘制典型零件的三维建模

11.5.1　渐开线齿轮画法和实体建模

1）实训目标

绘制如图 11.31 所示的渐开线齿轮，齿轮参数为模数 5mm，齿数 40，齿宽 40mm。

2）实训目的

掌握渐开线齿轮的近似绘制方法，掌握齿轮实体建模的方法，熟练应用 AutoCAD 的基本绘图命令、编辑命令绘制渐开线齿轮图形，灵活应用面域、拉伸实体、布尔运算等命令创建与编辑三维实体模形。

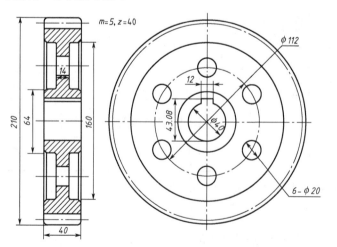

图 11.31　齿轮实体建模

3) 操作步骤

(1) 使用保存的样板文件"机械设计样板.dwt",建立新的图形文件。切换图层到"中心线",绘制分度圆直径 $d=mz=200$,过圆心绘制铅垂线,与分度圆交于点 P。

(2) 切换图层到"细实线",绘制基圆 $d_b = mz\cos 20° =187.9$,过 P 点绘制水平线,再过 P 点绘制直线与基圆相切,切点为 K,该切线与水平线的夹角为 $20°$,如图 11.32 所示。

(3) 切换图层到"0",绘制 $\phi 210$ 的齿顶圆和 $\phi 187.5$ 的齿根圆。以切点 K 为圆心,KP 为半径绘制圆弧,该圆弧用来近似代替渐开线,如图 11.33 所示。

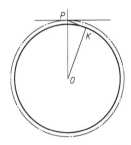

图 11.32　绘制基圆切线

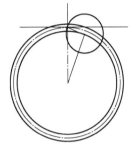

图 11.33　绘制近似渐开线

(4) 关闭"细实线"图层,修剪齿顶圆和齿根圆以外的圆弧,如图 11.34 所示。

(5) 将修剪的圆弧相对于 OP 线镜像,再将镜像圆弧分别绕 O 点逆时针、顺时针旋转 $\dfrac{180°}{z}=4.5°$,修剪得一个齿厚和齿槽的齿廓曲线,如图 11.35 所示。

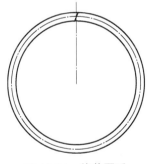

图 11.34　修剪圆弧

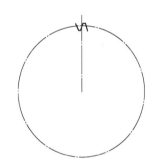

图 11.35　绘制齿廓曲线

(6) 删除最右侧的一条曲线,保留一个完整齿廓,将保留部分环形阵列 40 个齿数。关闭中心线图层,完成渐开线齿轮图形的绘制,如图 11.36 所示。

(7) 将工作空间切换为三维建模。对渐开线齿轮图形创建面域。在功能区"建模"面板单击"拉伸"按钮,选择面域,拉伸高度 40,生成齿轮模型,切换视图到"东南等轴测",视觉样式为"概念",观察绘图效果,如图 11.37 所示。

(8) 视图切换为"前视",对齐底边绘制矩形 105×40,分解矩形,将最右侧垂直线向左分别偏移 20,32,80,上下水平线向内偏移 13,修剪得旋转截面图形和旋转轴线 AB,在尖角处倒角,倒圆,如图 11.38 所示。

(9) 创建截面图形面域,在功能区"建模"面板单击"旋转"按钮,将截面图形绕 AB 旋转,生成旋转实体。切换视图到"东南等轴测",视觉样式为"概念",如图 11.39 所示。

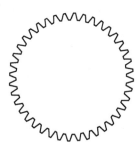

图 11.36　绘制渐开线齿轮图形

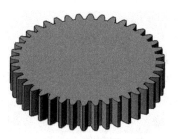

图 11.37　拉伸齿轮模型

图 11.38　绘制旋转截面图形

（10）执行"移动"命令，将齿轮模型与旋转实体重合，如图 11.40 所示。

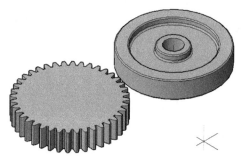

图 11.39　旋转实体

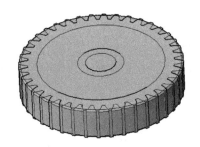

图 11.40　齿轮模型与旋转实体重合

（11）执行布尔运算交集，为渐开线齿轮倒角，结果如图 11.41 所示。

（12）视图切换为"俯视"，视觉样式为"二维线框"，绘制键槽线框，创建面域，拉伸生成键槽模型，如图 11.42 所示。布尔运算差集去除键槽。

图 11.41　布尔运算交集

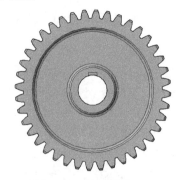

图 11.42　绘制键槽模型

（13）过圆心绘制铅垂线，绘制 R56 的定位圆，过定位圆交点绘制 ϕ20，高度 40 的圆柱体，环形阵列 6 个圆柱体，布尔运算差集生成 6 圆柱孔，完成齿轮实体建模。

(14) 选择适当材质渲染，效果如图 11.31 所示。

【注意】　在三维建模过程中应根据需要随时变换视角和视觉样式。

11.5.2　齿轮轴实体建模

1) 实训目标

根据如图 11.43 所示尺寸，创建齿轮轴的三维实体模型。建模效果如图 11.44 所示。

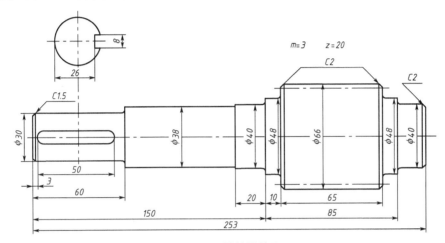

图 11.43　转轴零件图

图 11.44　转轴实体建模

2) 实训目的

掌握齿轮轴的建模方法，熟练应用 AutoCAD 的基本绘图命令、编辑命令绘制图形，灵活应用面域、旋转实体、布尔运算等命令创建与编辑三维实体模型。

3) 操作步骤

(1) 使用保存的样板文件"机械设计样板.dwt"，建立新的图形文件。根据零件图尺寸绘制轴的半剖面，作为旋转曲面，如图 11.45 所示。

图 11.45　绘制截面轮廓 1

(2) 选择菜单"绘图"|"面域"命令，创建面域。选择菜单"绘图"|"建模"|"旋转"命令，将轴的半剖面绕轴线旋转生成实体，切换视图为"西南等轴测"，视觉样式为"概念"，如图 11.46 所示。

(3) 按尺寸绘制键模型，长 50，宽 8，高 7，如图 11.47 所示。

(4) 变换 UCS 坐标原点到轴心前端点，将键模型底面前端点移动至点(3,0,11)，如图 11.48 所示。差集去除键模型，生成键槽。

图 11.46　旋转生成轴的模型

图 11.47　键的模型

(5) 切换视图到"左视"，根据 11.5.1 节所述方法绘制模数 3，齿数 20，齿宽 65 的齿轮图形，创建面域，拉伸生成齿轮实体，切换视图为"西南等轴测"，如图 11.49 所示。

图 11.48　键模型装入轴中

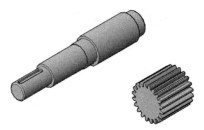

图 11.49　创建齿轮模型

(6) 绘制直径 ϕ66，高 65 的圆柱体，对圆柱体两端面倒角，距离 2。如图 11.50 所示，移动圆柱体与齿轮模型重合，布尔运算交集为齿轮模型端面倒角。

(7) 变换 UCS 坐标原点到轴心前端点，将齿轮模型轴心前端点移动到点(160,0,0)，布尔运算并集齿轮轴模型，如图 11.51 所示。

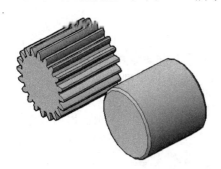

图 11.50　移动圆柱体与齿轮模型重合

图 11.51　并集齿轮轴

(8) 将阶梯轴过渡处倒角圆 R2。选择适当材质渲染，效果如图 11.44 所示。

11.5.3　异形件的实体建模

1）实训目标

根据如图 11.52 所示尺寸，创建异形件的三维实体。

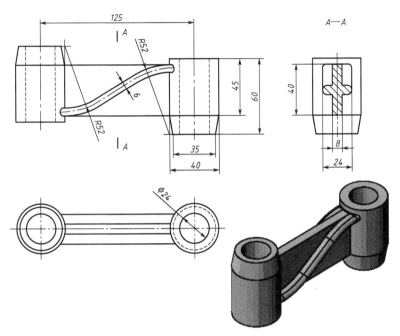

图 11.52　异形件的实体建模

2) 实训目的

掌握异形件的建模方法，熟练应用 AutoCAD 的基本绘图命令、编辑命令绘制图形，灵活应用面域、扫掠实体、布尔运算等命令创建与编辑三维实体模型。

3) 操作步骤

(1) 使用保存的样板文件"机械设计样板.dwt"，建立新的图形文件。为便于绘图，建立新图层截面轮廓 1、2、3、4，指定其颜色。

切换图层为"截面轮廓 1"，切换视图至"主视"，绘制左、右两侧的截面轮廓 1。绘制完成后，分别创建面域，如图 11.53 所示。

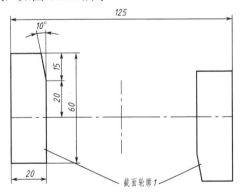

图 11.53　绘制截面轮廓 1

(2) 切换图层为"截面轮廓 2"，视图为"左视"，绘制截面轮廓 2，将用户坐标系 XY 平面移动到绘图平面。绘制完成后，创建面域，如图 11.54 所示。

(3) 切换图层为"截面轮廓 3"，绘制截面轮廓 3，将用户坐标系 XY 移动到绘图平面。绘制完成后，创建面域，如图 11.55 所示。

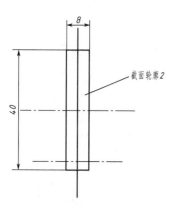

图 11.54　绘制截面轮廓 2

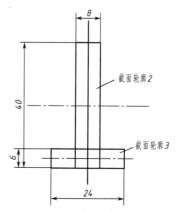

图 11.55　绘制截面轮廓 3

（4）切换图层为"截面轮廓 4"，视图为"主视"，绘制截面轮廓 4，将用户坐标系移动到绘图平面。绘制完成后，将其转换为多义线，如图 11.56 所示。

（5）使用"自由动态观察"命令，将图形设置为适当视角，在"三维实体"图层，将截面轮廓 1 旋转成实体，如图 11.57 所示。

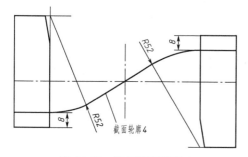

图 11.56　绘制截面轮廓 4

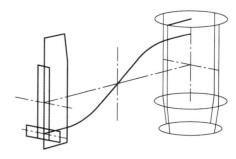

图 11.57　外轮廓建模完成

（6）拉伸截面轮廓 2，拉伸长度为 120。沿路径截面轮廓 4 扫掠截面轮廓 3，执行"并集"运算，把所建成的实体结合为一个整体。改变视觉样式，结果如图 11.58 所示。

（7）将用户坐标系分别移到左、右两圆柱台上表面圆心处，分别绘制两个与左右两侧圆柱台同轴圆柱，直径为 24，长度大于 60。并作"差集"运算，在原模型的基础上减去左右两侧圆柱。结果如图 11.59 所示。

（8）选择"修改"|"倒圆"命令，对扫描实体 3 倒圆，圆角半径为 3，结果如图 11.60 所示。

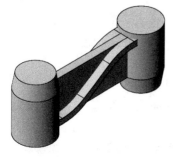

图 11.58　绘制圆柱模型

图 11.59　完成孔的建模

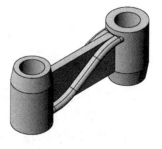

图 11.60　倒圆角完成建模

11.5.4　箱体实体建模

1) 实训目标

根据如图 11.61 所示尺寸，创建减速箱体的三维实体模型，效果如图 11.62 所示。

2) 实训目的

掌握箱体零件的建模方法，熟练应用 AutoCAD 的基本绘图命令、编辑命令绘制图形，灵活应用面域、拉伸实体、旋转实体、布尔运算等命令创建与编辑三维实体模型。

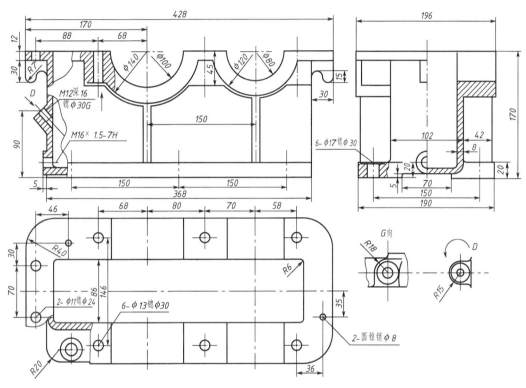

图 11.61　减速箱体零件图

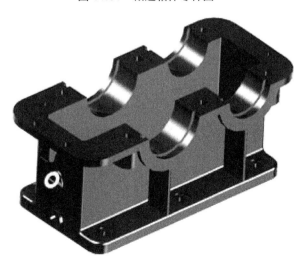

图 11.62　减速箱体模型

3）操作步骤

(1) 绘制底板模型。切换视图为"西南等轴测"，在功能区"建模"面板选择"长方体"按钮，绘制长方体，角点为(0,0,0)，长宽高尺寸为 368×190×20。对 4 个棱边倒圆 R20。绘制 6 个螺钉孔，如图 11.63 所示。

(2) 绘制腔体模型。在功能区"建模"面板选择"长方体"按钮，绘制长方体，角点为(0,44,0)，长宽高尺寸为 368×102×170。布尔运算并集。分别切换"东南等轴测"和"东北等轴测"视图，对腔体两侧尖角处倒圆角 R3，倒圆角时应按链边同时选择圆角对象，如图 11.64 所示。

图 11.63　绘制底板模型

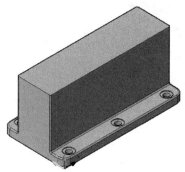

图 11.64　绘制腔体模型

(3) 绘制凸台。选择"长方体"按钮，角点为(52, 4,125)，尺寸为 316×182×45。对凸台 4 个菱边倒圆 R18，如图 11.65 所示。

(4) 绘制凸缘。选择"长方体"按钮，角点为(−30,−3,158)，尺寸为 428×196×12。对凸缘 4 个棱边倒圆 R40，如图 11.66 所示。

(5) 变换 UCS 坐标系，绕 X 轴旋转 90°，绘制轴承座。选择"圆柱体"按钮，分别绘制圆心(140,170,3)、直径 ϕ140、高度为 196 和圆心(290,170,3)、直径 ϕ120、高度为 196 的两圆柱体，布尔运算并集所有对象。返回世界坐标系。在功能区选择常用–实体编辑 按钮，用 XY 平面切除掉上半圆柱，如图 11.67 所示。

(6) 变换 UCS 坐标系，绕 X 轴旋转 90°，选择"圆柱体"按钮，分别绘制圆心(140,170,3)、直径 ϕ100、高度为 196 和圆心(290,170,3)、直径 ϕ80、高度为 196 的两圆柱体，布尔运算差集去除圆柱体，生成轴承座孔，如图 11.68 所示。

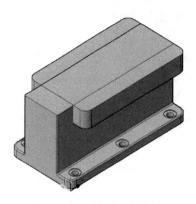

图 11.65　绘制凸台模型

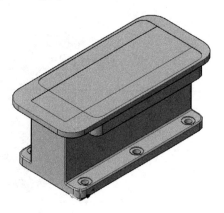

图 11.66　绘制凸缘模型

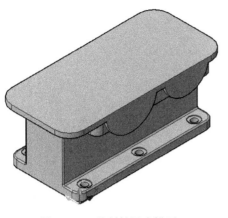

图 11.67　绘制轴承座模型

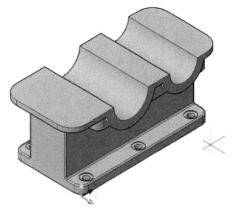

图 11.68　绘制轴承座孔

(7) 返回世界坐标系，绘制箱体内腔。选择"长方体"按钮，角点为(8, 52,13)，尺寸为 352×86×170。对长方体 4 个棱边倒圆 R6，再对长方体底边链接圆角 R6，布尔运算差集去除长方体，如图 11.69 所示。

(8) 变换 UCS 坐标系，绕 X 轴旋转 90°，绘制端盖槽。选择"圆柱体"按钮，分别绘制圆心(140,170,−5)、直径 ϕ110、高度为 8 和圆心(290,170,−5)、直径 ϕ90、高度为 8 的两圆柱体，如图 11.70 所示。

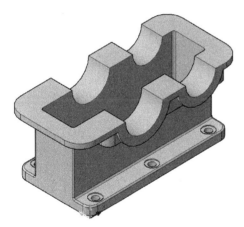

图 11.69　绘制箱体内腔

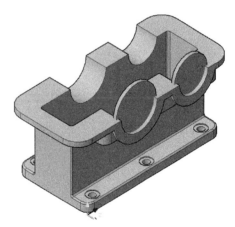

图 11.70　绘制端盖槽

(9) 切换视图到"左视"，相对于对称中线镜像两端盖槽模型，布尔运算差集去除端盖槽模型，生成端盖槽。

(10) 返回世界坐标系，选择"圆柱体"按钮，绘制直径 ϕ13、高度为 45 和直径 ϕ30、高度为 2 的圆柱体，并集两圆柱体。对齐操作，基点为圆柱体上表面圆心，目标点为绝对坐标 (72,22,170)，得轴承旁螺栓孔模型，复制另外 5 个螺栓孔模型，布尔运算差集生成轴承旁螺栓孔，如图 11.71 所示。

(11) 同理，绘制直径 ϕ11、高度为 12 的圆柱体，对齐操作，基点为圆柱体上表面圆心，目标点为绝对坐标 (−16,60,170)，得凸缘螺栓孔模型，复制另一螺栓孔模型，差集生成凸缘螺栓孔；同理绘制 ϕ11、高度为 12 的定位销孔，如图 11.72 所示。

(12) 变换 UCS 坐标，绕 Y 轴旋转−90°，绘制圆心(20,95,5)、直径 ϕ30、高度为 8 的螺

塞模型，并集箱体和螺塞。绘制圆心(20,95,5)、直径 ϕ16、高度为 18 的螺塞孔模型，差集除去圆柱得螺塞孔，如图 11.73 所示。

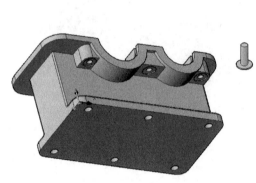

图 11.71 绘制轴承旁螺栓孔

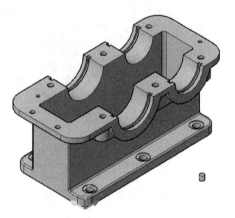

图 11.72 绘制凸缘螺栓和定位销孔

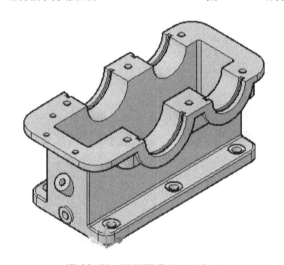

图 11.73 绘制螺塞孔和游标孔

(13) 返回世界坐标系，绘制直径 ϕ30、高度为 30 的圆柱体，将圆柱体绕 Y 轴旋转 45°，移动圆柱体上表面圆心至点(-12,95,90)，与箱体并集得游标凸台，变换 UCS 坐标，绕 Y 轴旋转-45°，捕捉游标凸台圆心，绘制直径 ϕ12、高度为 40 的螺纹孔模型，差集去除圆柱得游标孔。返回世界坐标系，绘制角点(8,57,13)，尺寸为 100×76×170 的长方体，差集去除长方体，修整箱体内壁，如图 11.74 所示。

(14) 返回世界坐标系，视图切换为俯视，绘制肋板的平面图形，如图 11.74 所示，建面域，拉伸平面图形高度分别为 110 和 120，切换视图西南等轴测，分别将高度 110、120 肋板的底面与后面交线之中点移至点(140,44,0)和(290,44,0)，切换视图左视，相对中心线镜像肋板，将肋板与箱体并集。

(15) 视图切换为前视，绘制耳板平面图形，如图 11.75 所示。建面域，拉伸平面图形高度为 12，得耳板模型，将 3 个耳板装入箱体。

(16) 选择适当材质渲染，完成减速箱体设计，效果如图 11.62 所示。

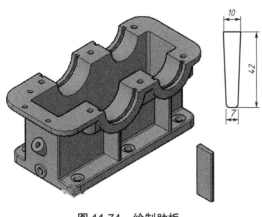

图 11.74　绘制肋板

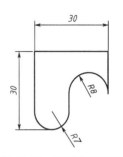

图 11.75　耳板平面图形

11.6　AutoCAD 综合技能实训

11.6.1　绘制三视图

绘制如图 11.76 所示的三视图。

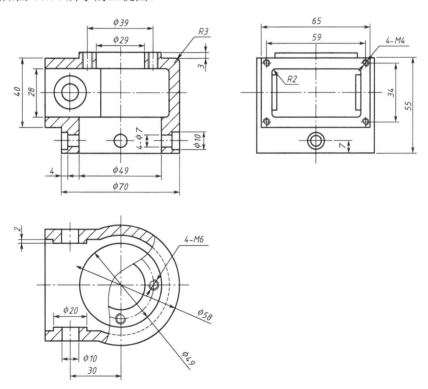

图 11.76　三视图练习

11.6.2　零件图实训

绘制图 11.77 所示托架和图 11.78 所示套筒。

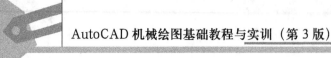

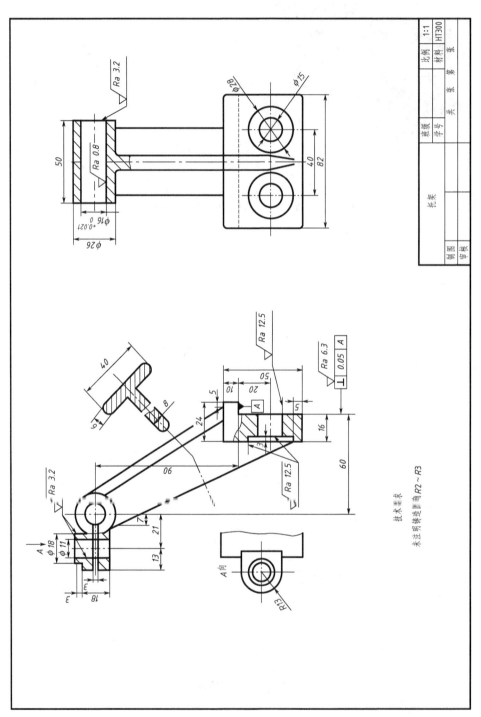

图 11.77　托架

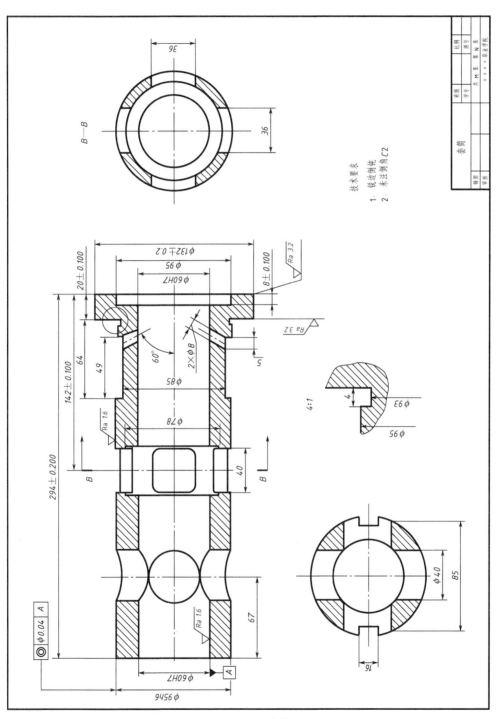

图 11.78　套筒

11.6.3 绘制三维实体

创建图 11.79 所示端盖三维实体。

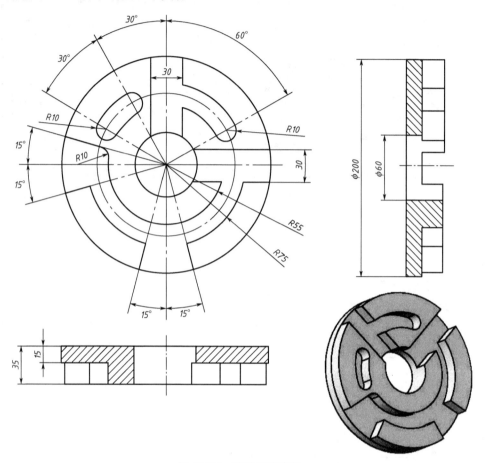

图 11.79　端盖三维实体

11.6.4 装配图实训

(1) 绘制机用虎钳装配图和零件图。机用虎钳装配图如图 11.80 所示，采用 A3 图幅。钳座零件图如图 11.81 所示，采用 A3 图幅。螺杆和活动钳口如图 11.82 所示，采用 A4+A4 图幅。方螺母和螺钉如图 11.83 所示，采用 $\frac{1}{2}$A4+$\frac{1}{2}$A4 图幅。钳口铁和调整片如图 11.84 所示，采用 $\frac{1}{2}$A4+$\frac{1}{2}$A4 图幅。

(2) 绘制千斤顶装配图和零件图。千斤顶装配图如图 11.85 所示，采用 A3 图幅。底座零件图如图 11.86 所示，采用 A3 图幅。螺杆和绞杆如图 11.87 所示，采用 A4+A4 图幅。螺套和顶垫如图 11.88 所示，采用 A4+A4 图幅。

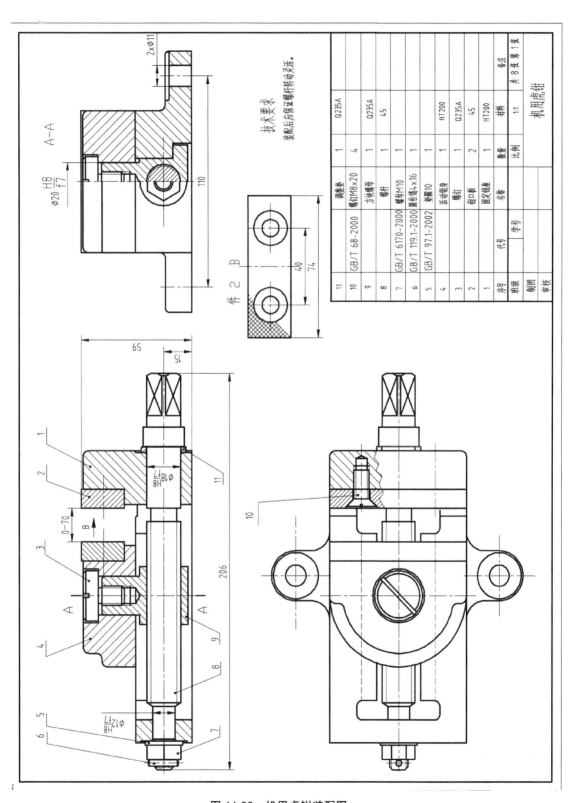

11		调整垫	1	Q235A	
10	GB/T 68-2000	螺钉M8×20	4	Q235A	
9		方块螺母	1	Q235A	
8		螺杆	1	45	
7	GB/T 6170-2000	螺母M10	1		
6	GB/T 119.1-2000	圆柱销4×16	1		
5	GB/T 97.1-2002	垫圈10	1		
4		活动钳身	1	HT200	
3		螺钉	1	Q235A	
2		钳口板	2	45	
1		固定钳座	1	HT200	
序号	代号	名称	数量	材料	备注
	比例	1:1			共 8 页 第 1 页
班级			机用虎钳		
制图					
审核					

技术要求
装配后应保证螺杆转动灵活。

图 11.80　机用虎钳装配图

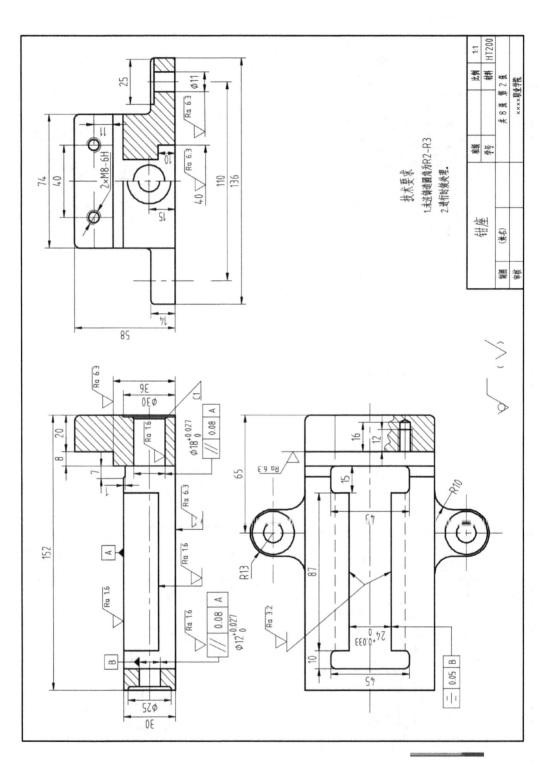

图 11.81　钳座零件图

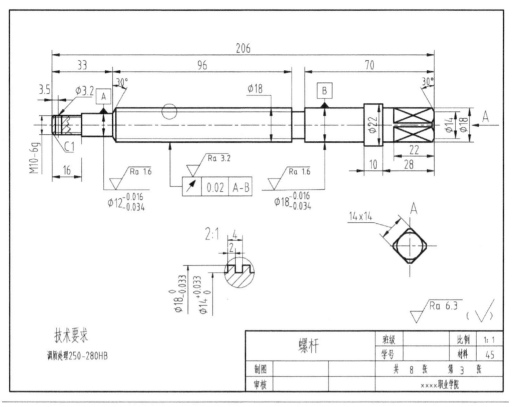

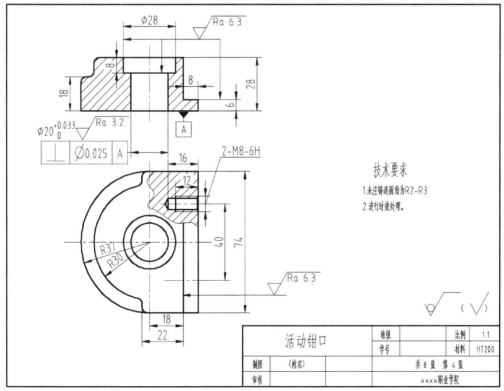

图 11.82　螺杆、活动钳口零件图

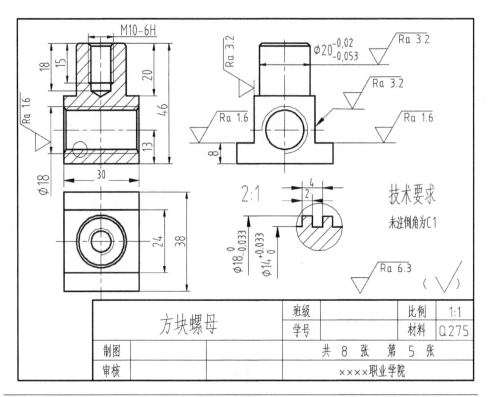

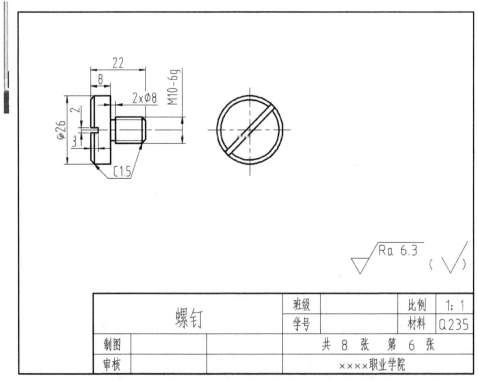

图 11.83　方块螺母、螺钉零件图

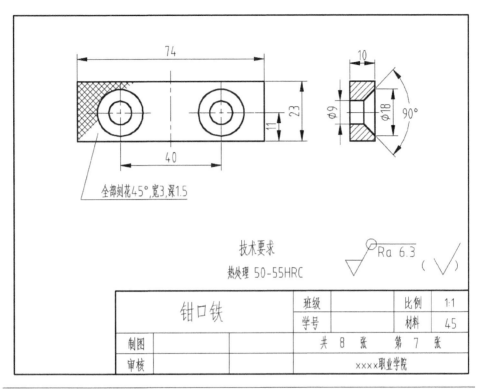

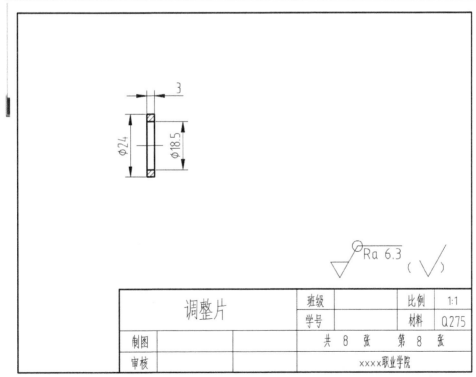

图 11.84　钳口铁、调整片零件图

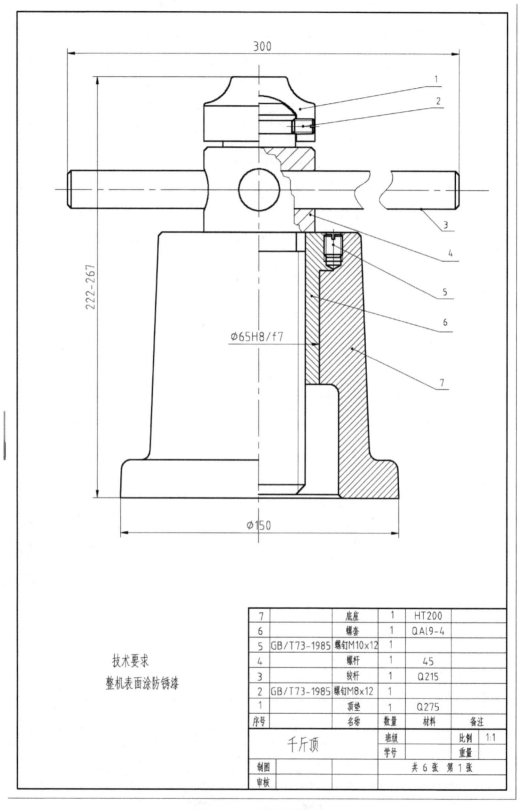

300

222-267

Ø65H8/f7

Ø150

1
2
3
4
5
6
7

技术要求
整机表面涂防锈漆

7		底座	1	HT200	
6		螺套	1	QAl9-4	
5	GB/T73-1985	螺钉M10×12	1		
4		螺杆	1	45	
3		绞杆	1	Q215	
2	GB/T73-1985	螺钉M8×12	1		
1		顶垫	1	Q275	
序号		名称	数量	材料	备注

千斤顶	班级		比例	1:1
	学号		重量	
制图			共 6 张 第 1 张	
审核				

图 11.85　千斤顶装配图

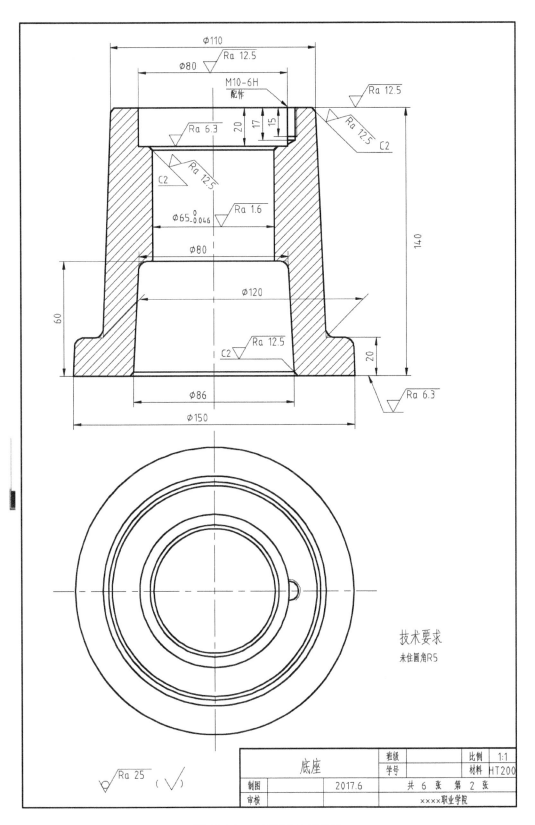

图 11.86　千斤顶底座零件图

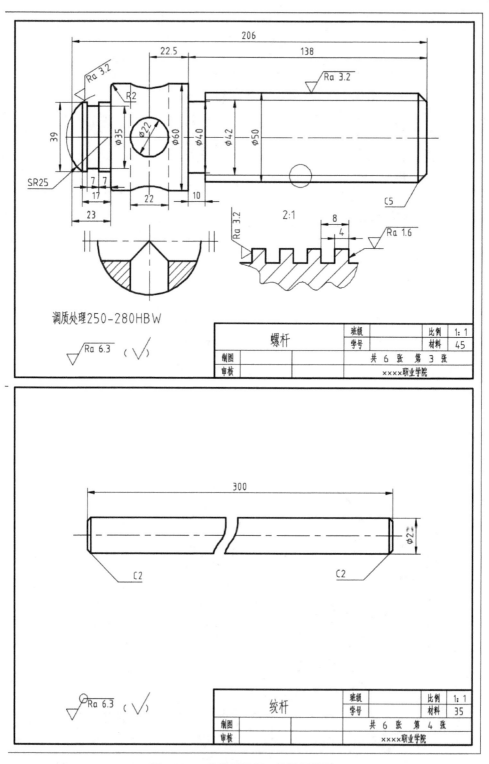

图 11.87　千斤顶螺杆、绞杆零件图

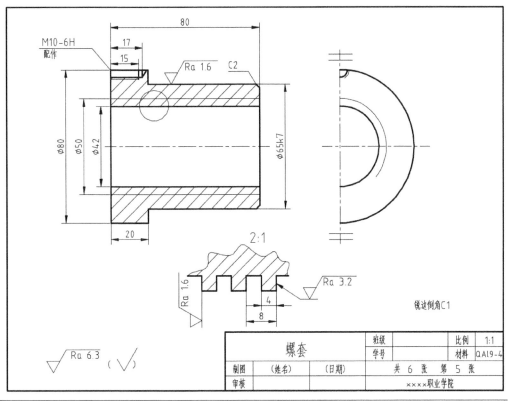

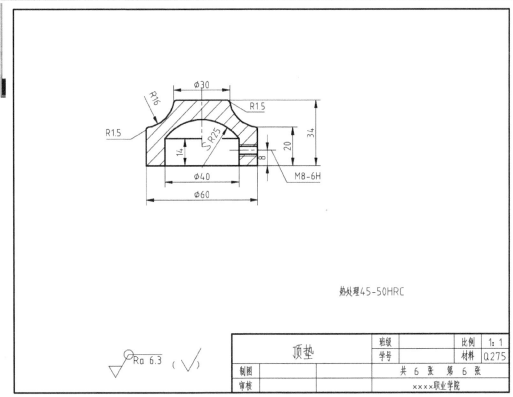

图 11.88　千斤顶螺套、顶垫零件图

参 考 文 献

[1] 王征，王仙红. 中文版 AutoCAD 2010 基础教程[M]. 北京：清华大学出版社，2009.

[2] 王静波，贾立红. AutoCAD 机械制图实用教程(2010 版)[M]. 北京：清华大学出版社，2009.

[3] 黄向裕. AutoCAD 2009(中文版)机械制图实战[M]. 北京：机械工业出版社，2009.

[4] 程绪琦，等. AutoCAD 2006 中文版标准教程[M]. 北京：电子工业出版社，2006.

[5] 郑阿奇. AutoCAD 2000 中文版实用教程[M]. 北京：电子工业出版社，2000.

北京大学出版社高职高专机电系列规划教材

序号	书号	书名	编著者	定价	印次	出版日期	配套情况
		"十二五"职业教育国家规划教材					
1	978-7-301-24455-5	电力系统自动装置(第2版)	王 伟	26.00	1	2014.8	ppt/pdf
2	978-7-301-24506-4	电子技术项目教程(第2版)	徐超明	42.00	1	2014.7	ppt/pdf
3	978-7-301-24227-8	汽车电气系统检修(第2版)	宋作军	30.00	1	2014.8	ppt/pdf
4	978-7-301-24507-1	电工技术与技能	王 平	42.00	1	2014.8	ppt/pdf
5	978-7-301-17398-5	数控加工技术项目教程	李东君	48.00	1	2010.8	ppt/pdf
6	978-7-301-25341-0	汽车构造(上册)——发动机构造(第2版)	罗灯明	35.00	1	2015.5	ppt/pdf
7	978-7-301-25529-2	汽车构造(下册)——底盘构造(第2版)	鲍远通	36.00	1	2015.5	ppt/pdf
8	978-7-301-25650-3	光伏发电技术简明教程	静国梁	29.00	1	2015.6	ppt/pdf
9	978-7-301-24589-7	光伏发电系统的运行与维护	付新春	33.00	1	2015.7	ppt/pdf
10	978-7-301-18322-9	电子EDA技术(Multisim)	刘训非	30.00	2	2012.7	ppt/pdf
		机械类基础课					
1	978-7-301-13653-9	工程力学	武昭晖	25.00	3	2011.2	ppt/pdf
2	978-7-301-13574-7	机械制造基础	徐从清	32.00	3	2012.7	ppt/pdf
3	978-7-301-13656-0	机械设计基础	时忠明	25.00	3	2012.7	ppt/pdf
4	978-7-301-28308-0	机械设计基础	王雪艳	57.00	1	2017.7	ppt/pdf
5	978-7-301-13662-1	机械制造技术	宁广庆	42.00	2	2010.11	ppt/pdf
6	978-7-301-27082-0	机械制造技术	徐 勇	48.00	1	2016.5	ppt/pdf
7	978-7-301-19848-3	机械制造综合设计及实训	裴俊彦	37.00	1	2013.4	ppt/pdf
8	978-7-301-19297-9	机械制造工艺及夹具设计	徐 勇	28.00	1	2011.8	ppt/pdf
9	978-7-301-25479-0	机械制图——基于工作过程(第2版)	徐连孝	62.00	1	2015.5	ppt/pdf
10	978-7-301-18143-0	机械制图习题集	徐连孝	20.00	2	2013.4	ppt/pdf
11	978-7-301-15692-6	机械制图	吴百中	26.00	2	2012.7	ppt/pdf
12	978-7-301-27234-3	机械制图	陈世芳	42.00	1	2016.8	ppt/pdf/素材
13	978-7-301-27233-6	机械制图习题集	陈世芳	38.00	1	2016.8	pdf
14	978-7-301-22916-3	机械图样的识读与绘制	刘永强	36.00	1	2013.8	ppt/pdf
15	978-7-301-27778-2	机械设计基础课程设计指导书	王雪艳	26.00	1	2017.1	ppt/pdf
16	978-7-301-23354-2	AutoCAD应用项目化实训教程	王利华	42.00	1	2014.1	ppt/pdf
17	978-7-301-27906-9	AutoCAD机械绘图项目教程（第2版）	张海鹏	46.00	1	2017.3	ppt/pdf
18	978-7-301-17573-6	AutoCAD机械绘图基础教程	王长忠	32.00	2	2013.8	ppt/pdf
19	978-7-301-28261-8	AutoCAD机械绘图基础教程与实训(第3版)	欧阳全会	42.00	1	2017.6	ppt/pdf
20	978-7-301-22185-3	AutoCAD 2014机械应用项目教程	陈善岭	32.00	1	2016.1	ppt/pdf
21	978-7-301-26591-8	AutoCAD 2014机械绘图项目教程	朱 昱	40.00	1	2016.2	ppt/pdf
22	978-7-301-24536-1	三维机械设计项目教程(UG版)	龚肖新	45.00	1	2014.9	ppt/pdf
23	978-7-301-27919-9	液压传动与气动技术(第3版)	曹建东	48.00	1	2017.2	ppt/pdf
24	978-7-301-13582-2	液压与气压传动技术	袁 广	24.00	5	2013.8	ppt/pdf
25	978-7-301-24381-7	液压与气动技术项目教程	武 威	30.00	1	2014.8	ppt/pdf
26	978-7-301-19436-2	公差与测量技术	余 键	25.00	1	2011.9	ppt/pdf
27	978-7-5038-4861-2	公差配合与测量技术	南秀蓉	23.00	4	2011.12	ppt/pdf
28	978-7-301-19374-7	公差配合与技术测量	庄佃霞	26.00	2	2013.8	ppt/pdf
29	978-7-301-25614-5	公差配合与测量技术项目教程	王丽丽	26.00	1	2015.4	ppt/pdf
30	978-7-301-25953-5	金工实训(第2版)	柴增田	38.00	1	2015.6	ppt/pdf
31	978-7-301-28647-0	钳工实训教程	吴笑伟	23.00	1	2017.9	ppt/pdf
32	978-7-301-13651-5	金属工艺学	柴增田	27.00	2	2011.6	ppt/pdf
33	978-7-301-23868-4	机械加工工艺编制与实施(上册)	于爱武	42.00	1	2014.3	ppt/pdf/素材
34	978-7-301-24546-0	机械加工工艺编制与实施(下册)	于爱武	42.00	1	2014.7	ppt/pdf/素材
35	978-7-301-21988-1	普通机床的检修与维护	宋亚林	33.00	1	2013.1	ppt/pdf

序号	书号	书名	编著者	定价	印次	出版日期	配套情况
36	978-7-5038-4869-8	设备状态监测与故障诊断技术	林英志	22.00	3	2011.8	ppt/pdf
37	978-7-301-22116-7	机械工程专业英语图解教程(第2版)	朱派龙	48.00	2	2015.5	ppt/pdf
38	978-7-301-23198-2	生产现场管理	金建华	38.00	1	2013.9	ppt/pdf
39	978-7-301-24788-4	机械CAD绘图基础及实训	杜洁	30.00	1	2014.9	ppt/pdf
数控技术类							
1	978-7-301-17148-6	普通机床零件加工	杨雪青	26.00	2	2013.8	ppt/pdf/素材
2	978-7-301-17679-5	机械零件数控加工	李文	38.00	1	2010.8	ppt/pdf
3	978-7-301-13659-1	CAD/CAM实体造型教程与实训(Pro/ENGINEER版)	诸小丽	38.00	4	2014.7	ppt/pdf
4	978-7-301-24647-6	CAD/CAM数控编程项目教程(UG版)(第2版)	慕灿	48.00	1	2014.8	ppt/pdf
5	978-7-301-21873-0	CAD/CAM数控编程项目教程(CAXA版)	刘玉春	42.00	2	2013.3	ppt/pdf
6	978-7-5038-4866-7	数控技术应用基础	宋建武	22.00	2	2010.7	ppt/pdf
7	978-7-301-13262-3	实用数控编程与操作	钱东东	32.00	4	2013.8	ppt/pdf
8	978-7-301-14470-1	数控编程与操作	刘瑞已	29.00	2	2011.2	ppt/pdf
9	978-7-301-20312-5	数控编程与加工项目教程	周晓宏	42.00	1	2012.3	ppt/pdf
10	978-7-301-23898-1	数控加工编程与操作实训教程(数控车分册)	王忠斌	36.00	1	2014.6	ppt/pdf
11	978-7-301-20945-5	数控铣削技术	陈晓罗	42.00	1	2012.7	ppt/pdf
12	978-7-301-21053-6	数控车削技术	王军红	28.00	1	2012.8	ppt/pdf
13	978-7-301-25927-6	数控车削编程与操作项目教程	肖国涛	26.00	1	2015.7	ppt/pdf
14	978-7-301-17398-5	数控加工技术项目教程	李东君	48.00	1	2010.8	ppt/pdf
15	978-7-301-21119-9	数控机床及其维护	黄应勇	38.00	1	2012.8	ppt/pdf
16	978-7-301-20002-5	数控机床故障诊断与维修	陈学军	38.00	1	2012.1	ppt/pdf
模具设计与制造类							
1	978-7-301-23892-9	注射模设计方法与技巧实例精讲	邹继强	54.00	1	2014.2	ppt/pdf
2	978-7-301-24432-6	注射模典型结构设计实例图集	邹继强	54.00	1	2014.6	ppt/pdf
3	978-7-301-18471-4	冲压工艺与模具设计	张芳	39.00	1	2011.3	ppt/pdf
4	978-7-301-19933-6	冷冲压工艺与模具设计	刘洪贤	32.00	1	2012.1	ppt/pdf
5	978-7-301-20414-6	Pro/ENGINEER Wildfire产品设计项目教程	罗武	31.00	1	2012.5	ppt/pdf
6	978-7-301-16448-8	Pro/ENGINEER Wildfire设计实训教程	吴志清	38.00	1	2012.8	ppt/pdf
7	978-7-301-22678-0	模具专业英语图解教程	李东君	22.00	1	2013.7	ppt/pdf
电气自动化类							
1	978-7-301-18519-3	电工技术应用	孙建领	26.00	1	2011.3	ppt/pdf
2	978-7-301-25670-1	电工电子技术项目教程(第2版)	杨德明	40.00	1	2016.1	ppt/pdf
3	978-7-301-22546-2	电工技能实训教程	韩亚军	22.00	1	2013.6	ppt/pdf
4	978-7-301-22923-1	电工技术项目教程	徐超明	38.00	1	2013.8	ppt/pdf
5	978-7-301-12390-4	电力电子技术	梁南丁	29.00	3	2013.5	ppt/pdf
6	978-7-301-17730-3	电力电子技术	崔红	23.00	1	2010.9	ppt/pdf
7	978-7-301-19525-3	电工电子技术	倪涛	38.00	1	2011.9	ppt/pdf
8	978-7-301-24765-5	电子电路分析与调试	毛玉青	35.00	1	2015.3	ppt/pdf
9	978-7-301-16830-1	维修电工技能与实训	陈学平	37.00	1	2010.7	ppt/pdf
10	978-7-301-12180-1	单片机开发应用技术	李国兴	21.00	2	2010.9	ppt/pdf
11	978-7-301-20000-1	单片机应用技术教程	罗国荣	40.00	1	2012.2	ppt/pdf
12	978-7-301-21055-0	单片机应用项目化教程	顾亚文	32.00	1	2012.8	ppt/pdf
13	978-7-301-17489-0	单片机原理及应用	陈高锋	32.00	1	2012.9	ppt/pdf
14	978-7-301-24281-0	单片机技术及应用	黄贻培	30.00	1	2014.7	ppt/pdf
15	978-7-301-22390-1	单片机开发与实践教程	宋玲玲	24.00	1	2013.6	ppt/pdf
16	978-7-301-17958-1	单片机开发入门及应用实例	熊华波	30.00	1	2011.1	ppt/pdf
17	978-7-301-16898-1	单片机设计应用与仿真	陆旭明	26.00	2	2012.4	ppt/pdf

序号	书号	书名	编著者	定价	印次	出版日期	配套情况
18	978-7-301-19302-0	基于汇编语言的单片机仿真教程与实训	张秀国	32.00	1	2011.8	ppt/pdf
19	978-7-301-12181-8	自动控制原理与应用	梁南丁	23.00	3	2012.1	ppt/pdf
20	978-7-301-19638-0	电气控制与PLC应用技术	郭燕	24.00	1	2012.1	ppt/pdf
21	978-7-301-19272-6	电气控制与PLC程序设计(松下系列)	姜秀玲	36.00	1	2011.8	ppt/pdf
22	978-7-301-12383-6	电气控制与PLC(西门子系列)	李伟	26.00	2	2012.3	ppt/pdf
23	978-7-301-18188-1	可编程控制器应用技术项目教程(西门子)	崔维群	38.00	2	2013.6	ppt/pdf
24	978-7-301-23432-7	机电传动控制项目教程	杨德明	40.00	1	2014.1	ppt/pdf
25	978-7-301-12382-9	电气控制及PLC应用(三菱系列)	华满香	24.00	2	2012.5	ppt/pdf
26	978-7-301-22315-4	低压电气控制安装与调试实训教程	张郭	24.00	1	2013.4	ppt/pdf
27	978-7-301-24433-3	低压电器控制技术	肖朋生	34.00	1	2014.7	ppt/pdf
28	978-7-301-22672-8	机电设备控制基础	王本轶	32.00	1	2013.7	ppt/pdf
29	978-7-301-18770-8	电机应用技术	郭宝宁	33.00	1	2011.5	ppt/pdf
30	978-7-301-23822-6	电机与电气控制	郭夕琴	34.00	1	2014.8	ppt/pdf
31	978-7-301-21269-1	电机控制与实践	徐锋	34.00	1	2012.9	ppt/pdf
32	978-7-301-12389-8	电机与拖动	梁南丁	32.00	2	2011.12	ppt/pdf
33	978-7-301-18630-5	电机与电力拖动	孙英伟	33.00	1	2011.3	ppt/pdf
34	978-7-301-16770-0	电机拖动与应用实训教程	任娟平	36.00	1	2012.11	ppt/pdf
35	978-7-301-28710-1	电机与控制	马志敏	31.00	1	2017.9	ppt/pdf
36	978-7-301-22632-2	机床电气控制与维修	崔兴艳	28.00	1	2013.7	ppt/pdf
37	978-7-301-22917-0	机床电气控制与PLC技术	林盛昌	36.00	1	2013.8	ppt/pdf
38	978-7-301-28063-8	机房空调系统的运行与维护	马也骋	37.00	1	2017.4	ppt/pdf
39	978-7-301-26499-7	传感器检测技术及应用(第2版)	王晓敏	45.00	1	2015.11	ppt/pdf
40	978-7-301-20654-6	自动生产线调试与维护	吴有明	28.00	1	2013.1	ppt/pdf
41	978-7-301-21239-4	自动生产线安装与调试实训教程	周洋	30.00	1	2012.9	ppt/pdf
42	978-7-301-18852-1	机电专业英语	戴正阳	28.00	2	2013.8	ppt/pdf
43	978-7-301-24764-8	FPGA应用技术教程(VHDL版)	王真富	38.00	1	2015.2	ppt/pdf
44	978-7-301-26201-6	电气安装与调试技术	卢艳	38.00	1	2015.8	ppt/pdf
45	978-7-301-26215-3	可编程控制器编程及应用(欧姆龙机型)	姜凤武	27.00	1	2015.8	ppt/pdf
46	978-7-301-26481-2	PLC与变频器控制系统设计与高度(第2版)	姜永华	44.00	1	2016.9	ppt/pdf
		汽车类					
1	978-7-301-17694-8	汽车电工电子技术	郑广军	33.00	1	2011.1	ppt/pdf
2	978-7-301-26724-0	汽车机械基础(第2版)	张本升	45.00	1	2016.1	ppt/pdf/素材
3	978-7-301-26500-0	汽车机械基础教程(第3版)	吴笑伟	35.00	1	2015.12	ppt/pdf/素材
4	978-7-301-17821-8	汽车机械基础项目化教学标准教程	傅华娟	40.00	2	2014.8	ppt/pdf
5	978-7-301-19646-5	汽车构造	刘智婷	42.00	1	2012.1	ppt/pdf
6	978-7-301-25341-0	汽车构造(上册)——发动机构造(第2版)	罗灯明	35.00	1	2015.5	ppt/pdf
7	978-7-301-25529-2	汽车构造(下册)——底盘构造(第2版)	鲍远通	36.00	1	2015.5	ppt/pdf
8	978-7-301-13661-4	汽车电控技术	祁翠琴	39.00	6	2015.2	ppt/pdf
9	978-7-301-19147-7	电控发动机原理与维修实务	杨洪庆	27.00	1	2011.7	ppt/pdf
10	978-7-301-13658-4	汽车发动机电控系统原理与维修	张吉国	25.00	2	2012.4	ppt/pdf
11	978-7-301-27796-6	汽车发动机电控技术(第2版)	张俊	53.00	1	2017.1	ppt/pdf/
12	978-7-301-21989-8	汽车发动机构造与维修(第2版)	蔡兴旺	40.00	1	2013.1	ppt/pdf/素材
13	978-7-301-18948-1	汽车底盘电控原理与维修实务	刘映凯	26.00	1	2012.1	ppt/pdf
14	978-7-301-24227-8	汽车电气系统检修(第2版)	宋作军	30.00	1	2014.8	ppt/pdf
15	978-7-301-23512-6	汽车车身电控系统检修	温立全	30.00	1	2014.1	ppt/pdf
16	978-7-301-18850-7	汽车电器设备原理与维修实务	明光星	38.00	2	2013.9	ppt/pdf
17	978-7-301-29483-3	汽车电器设备技术	戚金凤	41.00	1	2018.5	ppt/pdf
18	978-7-301-20011-7	汽车电器实训	高照亮	38.00	1	2012.1	ppt/pdf

序号	书号	书名	编著者	定价	印次	出版日期	配套情况
19	978-7-301-22363-5	汽车车载网络技术与检修	闫炳强	30.00	1	2013.6	ppt/pdf
20	978-7-301-14139-7	汽车空调原理及维修	林钢	26.00	3	2013.8	ppt/pdf
21	978-7-301-16919-3	汽车检测与诊断技术	娄云	35.00	2	2011.7	ppt/pdf
22	978-7-301-22988-0	汽车拆装实训	詹远武	44.00	1	2013.8	ppt/pdf
23	978-7-301-18477-6	汽车维修管理实务	毛峰	23.00	1	2011.3	ppt/pdf
24	978-7-301-19027-2	汽车故障诊断技术	明光星	25.00	1	2011.6	ppt/pdf
25	978-7-301-17894-2	汽车养护技术	隋礼辉	24.00	1	2011.3	ppt/pdf
26	978-7-301-22746-6	汽车装饰与美容	金守玲	34.00	1	2013.7	ppt/pdf
27	978-7-301-25833-0	汽车营销实务(第2版)	夏志华	32.00	1	2015.6	ppt/pdf
28	978-7-301-27595-5	汽车文化（第2版）	刘锐	31.00	1	2016.12	ppt/pdf
29	978-7-301-20753-6	二手车鉴定与评估	李玉柱	28.00	1	2012.6	ppt/pdf
30	978-7-301-26595-6	汽车专业英语图解教程(第2版)	侯锁军	29.00	1	2016.4	ppt/pdf/素材
31	978-7-301-27089-9	汽车营销服务礼仪(第2版)	夏志华	36.00	1	2016.6	ppt/pdf
电子信息、应用电子类							
1	978-7-301-19639-7	电路分析基础(第2版)	张丽萍	25.00	1	2012.9	ppt/pdf
2	978-7-301-27605-1	电路电工基础	张琳	29.00	1	2016.11	ppt/fdf
3	978-7-301-19310-5	PCB板的设计与制作	夏淑丽	33.00	1	2011.8	ppt/pdf
4	978-7-301-21147-2	Protel 99 SE 印制电路板设计案例教程	王静	35.00	1	2012.8	ppt/pdf
5	978-7-301-18520-9	电子线路分析与应用	梁玉国	34.00	1	2011.7	ppt/pdf
6	978-7-301-12387-4	电子线路CAD	殷庆纵	28.00	4	2012.7	ppt/pdf
7	978-7-301-12390-4	电力电子技术	梁南丁	29.00	2	2010.7	ppt/pdf
8	978-7-301-17730-3	电力电子技术	崔红	23.00	1	2010.9	ppt/pdf
9	978-7-301-19525-3	电工电子技术	倪涛	38.00	1	2011.9	ppt/pdf
10	978-7-301-18519-3	电工技术应用	孙建领	26.00	1	2011.3	ppt/pdf
11	978-7-301-22546-2	电工技能实训教程	韩亚军	22.00	1	2013.6	ppt/pdf
12	978-7-301-22923-1	电工技术项目教程	徐超明	38.00	1	2013.8	ppt/pdf
13	978-7-301-25670-1	电工电子技术项目教程（第2版）	杨德明	49.00	1	2016.2	ppt/pdf
14	978-7-301-26076-0	电子技术应用项目式教程(第2版)	王志伟	40.00	1	2015.9	ppt/pdf/素材
15	978-7-301-22959-0	电子焊接技术实训教程	梅琼珍	24.00	1	2013.8	ppt/pdf
16	978-7-301-17696-2	模拟电子技术	蒋然	35.00	1	2010.8	ppt/pdf
17	978-7-301-13572-3	模拟电子技术及应用	刁修睦	28.00	3	2012.8	ppt/pdf
18	978-7-301-18144-7	数字电子技术项目教程	冯泽虎	28.00	1	2011.1	ppt/pdf
19	978-7-301-19153-8	数字电子技术与应用	宋雪臣	33.00	1	2011.9	ppt/pdf
20	978-7-301-20009-4	数字逻辑与微机原理	宋振辉	49.00	1	2012.1	ppt/pdf
21	978-7-301-12386-7	高频电子线路	李福勤	20.00	3	2013.8	ppt/pdf
22	978-7-301-20706-2	高频电子技术	朱小祥	32.00	1	2012.6	ppt/pdf
23	978-7-301-18322-9	电子EDA技术(Multisim)	刘训非	30.00	2	2012.7	ppt/pdf
24	978-7-301-14453-4	EDA技术与VHDL	宋振辉	28.00	1	2013.8	ppt/pdf
25	978-7-301-22362-8	电子产品组装与调试实训教程	何杰	28.00	1	2013.6	ppt/pdf
26	978-7-301-19326-6	综合电子设计与实践	钱卫钧	25.00	1	2013.8	ppt/pdf
27	978-7-301-17877-5	电子信息专业英语	高金玉	26.00	2	2011.11	ppt/pdf
28	978-7-301-23895-0	电子电路工程训练与设计、仿真	孙晓艳	39.00	1	2014.3	ppt/pdf
29	978-7-301-24624-5	可编程逻辑器件应用技术	魏欣	26.00	1	2014.8	ppt/pdf
30	978-7-301-26156-9	电子产品生产工艺与管理	徐中贵	38.00	1	2015.8	ppt/pdf

如您需要更多教学资源如电子课件、电子样章、习题答案等，请登录北京大学出版社第六事业部官网 www.pup6.cn 搜索下载。

如您需要浏览更多专业教材，请扫下面的二维码，关注北京大学出版社第六事业部官方微信（微信号：pup6book），随时查询专业教材、浏览教材目录、内容简介等信息，并可在线申请纸质样书用于教学。

感谢您使用我们的教材，欢迎您随时与我们联系，我们将及时做好全方位的服务。联系方式：010-62750667，329056787@qq.com，pup_6@163.com，lihu80@163.com，欢迎来电来信。客户服务 QQ 号：1292552107，欢迎随时咨询。